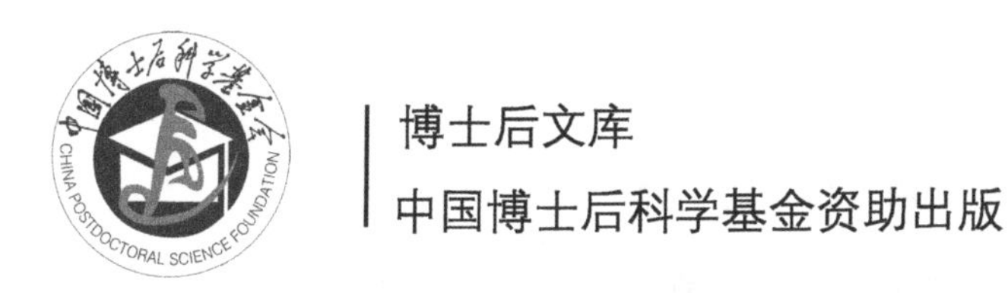

U0170695

黎曼流形优化及其应用

潘 汉 著

科 学 出 版 社
北 京

内 容 简 介

本书围绕黎曼流形优化发展过程中的理论前沿与热点问题，比较全面和系统地介绍了黎曼流形优化的基本原理和应用实践的最新成果。全书共7章，分为理论与应用两个部分。理论部分包括黎曼流形内涵、常用黎曼流形及其几何结构、收缩、低秩流形收缩、黎曼最速下降法、黎曼牛顿法、黎曼共轭梯度法、黎曼信赖域法和黎曼拟牛顿法等内容。应用部分包括鉴别性结构化字典学习、多源多波段图像融合、特征值问题求解（单位球面约束的 Rayleigh 商最小化、Stiefel 流形上的 Brockett 函数最小化）等。本书内容新颖、体系完整，具有系统性、实用性、先进性和前瞻性。

本书可作为控制科学与工程、应用数学、信息与通信工程等专业的研究生教材，也可供航空航天信号处理、信息融合、自动控制、应用数学等领域的研究人员参考。

图书在版编目(CIP)数据

黎曼流形优化及其应用/潘汉著. —北京: 科学出版社, 2020.6

(博士后文库)

ISBN 978-7-03-065041-2

I. ①黎…　II. ①潘…　III. ①黎曼流形–研究　IV. ①O189.3

中国版本图书馆 CIP 数据核字 (2020) 第 076691 号

责任编辑：朱英彪　赵微微 / 责任校对：王萌萌

责任印制：赵　博 / 封面设计：陈　敬

科学出版社 出版

北京东黄城根北街 16 号

邮政编码：100717

http://www.sciencep.com

北京凌奇印刷有限责任公司印刷

科学出版社发行　各地新华书店经销

*

2020 年 6 月第 一 版　开本: 720 × 1000　1/16

2025 年 1 月第五次印刷　印张: 12 3/4

字数: 257 000

定价: 98.00 元

(如有印装质量问题, 我社负责调换)

《博士后文库》编委会名单

主　任： 李静海

副主任： 侯建国　李培林　夏文峰

秘书长： 邱春雷

编　委： (按姓氏笔画排序)

王明政　王复明　王恩东　池　建　吴　军　何基报

何雅玲　沈大立　沈建忠　张　学　张建云　邵　峰

罗文光　房建成　袁亚湘　聂建国　高会军　龚旗煌

谢建新　魏后凯

《博士后文库》序言

1985 年，在李政道先生的倡议和邓小平同志的亲自关怀下，我国建立了博士后制度，同时设立了博士后科学基金。30 多年来，在党和国家的高度重视下，在社会各方面的关心和支持下，博士后制度为我国培养了一大批青年高层次创新人才。在这一过程中，博士后科学基金发挥了不可替代的独特作用。

博士后科学基金是中国特色博士后制度的重要组成部分，专门用于资助博士后研究人员开展创新探索。博士后科学基金的资助，对正处于独立科研生涯起步阶段的博士后研究人员来说，适逢其时，有利于培养他们独立的科研人格、在选题方面的竞争意识以及负责的精神，是他们独立从事科研工作的“第一桶金”。尽管博士后科学基金资助金额不大，但对博士后青年创新人才的培养和激励作用不可估量。四两拨千斤，博士后科学基金有效地推动了博士后研究人员迅速成长为高水平的研究人才，“小基金发挥了大作用”。

在博士后科学基金的资助下，博士后研究人员的优秀学术成果不断涌现。2013 年，为提高博士后科学基金的资助效益，中国博士后科学基金会联合科学出版社开展了博士后优秀学术专著出版资助工作，通过专家评审遴选出优秀的博士后学术著作，收入《博士后文库》，由博士后科学基金资助、科学出版社出版。我们希望，借此打造专属于博士后学术创新的旗舰图书品牌，激励博士后研究人员潜心科研，扎实治学，提升博士后优秀学术成果的社会影响力。

2015 年，国务院办公厅印发了《关于改革完善博士后制度的意见》(国办发〔2015〕87 号)，将“实施自然科学、人文社会科学优秀博士后论著出版支持计划”作为“十三五”期间博士后工作的重要内容和提升博士后研究人员培养质量的重要手段，这更加凸显了出版资助工作的意义。我相信，我们提供的这个出版资助平台将对博士后研究人员激发创新智慧、凝聚创新力量发挥独特的作用，促使博士后研究人员的创新成果更好地服务于创新驱动发展战略和创新型国家的建设。

祝愿广大博士后研究人员在博士后科学基金的资助下早日成长为栋梁之才，为实现中华民族伟大复兴的中国梦做出更大的贡献。

中国博士后科学基金会理事长

前　言

随着现代机器人学与信息处理技术的快速发展，黎曼流形优化在空间机器人、信息融合、计算机视觉等领域中展现出巨大的潜力，已成为一个日益兴起的学科。黎曼流形优化理论可针对矩阵变量，如旋转矩阵、定秩矩阵等，处理相关优化问题。

目前， 深空探测及空间飞行器在轨服务与维护系统已成为我国科技创新 2030— 重大项目之一。其中，多传感器信息融合、姿态估计、轨迹规划已成为空间飞行器在轨服务与维护系统的核心问题和关键技术。然而，传统欧几里得空间上的最优化方法不能从根本上解决上述问题。在这种背景下，本书吸取了近年来国际上最新研究成果及动向，以期推动黎曼流形优化理论研究与应用的进一步深入与普及。

与传统欧几里得空间上的最优化方法相比，黎曼流形优化理论的独特优势在于：①在黎曼流形上迭代，减少建模误差，提高一些非线性问题的表示能力；②充分利用目标函数的内在几何结构，通过选取合适的黎曼度量可将一些非凸优化问题转化为凸优化问题；③保持最优化问题的尺度不变性。

本书共 7 章，主要内容安排如下：第 1 章总结黎曼流形优化理论的内涵和研究现状；第 2 章介绍黎曼流形优化的几何基础，即黎曼几何及其几何结构，主要包含光滑流形、切空间、嵌入子流形、商流形、黎曼梯度、联络和定秩矩阵的嵌入几何等；第 3 章论述基于收缩的黎曼流形优化理论与方法，主要包括线搜索、收缩、黎曼最速下降法、黎曼牛顿法、黎曼共轭梯度法、黎曼信赖域法和黎曼拟牛顿法；第 4 章介绍低秩流形收缩，主要有黎曼投影收缩、黎曼正交收缩、黎曼紧/非紧 Stiefel 商收缩、二阶收缩、二阶平衡收缩、Lie-Trotter 扩展收缩和指数收缩；第 5 章阐述基于 Grassmann 流形优化的鉴别性结构化字典学习及应用；第 6 章重点介绍黎曼流形优化方法在多源多波段图像融合中的应用；第 7 章给出黎曼流形优化方法在特征值问题中的应用，如单位球面约束的 Rayleigh 商最小化以及 Stiefel 流形上的 Brockett 函数最小化等。为了让读者更好地理解和使用书中的示例，本书提供了一些算法的示例代码。

本书相关研究得到了 “十二五” 国家 863 计划项目（编号：2015AA7046202）、国家自然科学基金项目（编号：61603249, 61673262）、中国博士后科学基金特别资助项目（编号：2015T80432），以及中国博士后科学基金面上项目（编号：2014M561474）的联合资助。在本书的写作过程中得到了导师敬忠良教授，以及上海交通大学博士后管理办公室主任安梅的帮助和支持，在此表示感谢。在成书之际，感谢父母、妻子和妹妹，以及魏坤、金博、刘荣利、李旻哲、梁君、乔凌峰、任炫光、押莹等同窗的支持，特别感谢师弟任炫光为本书绘制了部分插图。此外，向加拿大卡尔加里大学 Henry Leung 教授（IEEE Fellow）致谢，感谢他在信息处理领域对作者在学术上的指导。

由于作者水平有限，书中难免存在不妥之处，敬请广大读者批评指正。

作　者

2019 年 7 月于上海交通大学

目　　录

第1章　概　　论

1.1　黎曼流形优化理论的内涵

微分流形（manifold）是几何学中一类重要的空间，是微分几何的主要研究对象。在流形的空间中建立黎曼度量，可以得到黎曼流形。黎曼流形上的几何学，简称黎曼几何 [1-5]，属于非欧几里得几何的一个分支，是现代数学中比较重要的一个基本理论。19 世纪中叶，德国数学家黎曼（Bernhard Riemann）创立了黎曼几何，其主要思想是将 Gauss 的曲面内蕴微分几何推广至任意维数。黎曼在著名的就职演说《论奠定几何学基础的假设》中，首次提出了流形的概念。此后，黎曼几何的影响越来越大。然而，数学界还是用了差不多一个世纪来完善黎曼的思想。后续的数学家，如 Christoffel、Ricci 和 Levi-Civita 等，提出并创建了一系列张量分析的理论与方法，其基础概念有联络、黎曼度量、测地线、曲率等。值得注意的是，著名物理学家爱因斯坦（Albert Einstein）将黎曼几何成功应用于著名的广义相对论中。因此，黎曼几何受到了不同领域的普遍重视。其中，我国著名数学家陈省身在他的论文中揭示了联络、曲率、切丛和球丛的内在联系及机理。该领域学者，如丘成桐等 [6]、陈维桓等 [2]、William[7]、Jost[8] 等出版了一系列专著。随着应用数学理论与计算机技术的进步，黎曼几何在线性代数、信号处理、机器学习、神经网络、力学、控制等方面有着深入的应用，已成为一种强有力的数学建模与分析工具。

黎曼流形优化理论及其方法可以求解具有光滑搜索空间的矩阵最优化问题，这些最优化问题的特点是目标函数或正交约束中具有非线性流形结构等。近年来，黎曼流形优化已取得了一些重要的技术成果 [9,10]，在大数据、地理目标检测、目标跟踪和模式识别等领域有了广泛应用。其中，收缩（retraction）的引入使得黎曼流形优化理论在计算上变得可行和有效。此外，黎曼流形在建模及问题描述方面的优异性也使得黎曼流形优化理论得到进一步应用。也就是说，基于欧几里得空间（Euclidean space）（以下简称欧氏空间）的经典微积分学、向量和张量分析等要求一个统一的坐标系，使一些非线性问题无法正常表示。换句话说，一些非线性问题不能用单个坐标系进行描述或表示。相反，黎曼流形中的几何和拓扑思想，可建立一种不依赖于局部坐标系的内蕴表示，使得一些非线性问题的表示和求解成为可能。

传统欧氏空间上的凸优化理论与方法不断发展与成熟，并扩展至非线性情况下的优化，得到了广泛应用 [11-18]。国内外相关学者提出了一系列最优化方法，如牛顿法、共轭梯度法、信赖域法、拟牛顿法、内点法、增广拉格朗日乘子法等，并建立了一系列性能评估与分析方法。另外，国外学者还给出了很多开源软件包，如凸优化模拟系统 CVX[19]、一阶圆锥曲线求解器范式 [20]（templates for first-order conic solvers，TFOCS）软件等。国内也取得了较多的理论和技术成果，如袁亚湘等 [21-24]、谢政等 [25] 和席少霖 [26] 等出版的著作。基于欧氏空间的最优化理论不能直接扩展至黎曼流形，而黎曼流形优化理论可以摆脱欧氏空间的限制，揭示最优化问题的内在几何性质与规律。

不同于传统欧氏空间上的最优化理论及流形学习理论 [27-31]，基于收缩的黎曼流形优化理论与方法具有如下优势。

(1) 充分利用目标函数的约束条件及其内在几何结构，其主要思想是将约束条件嵌入搜索空间中，求解基于约束搜索空间的无约束最优化问题，如高光谱图像各个波段之间的高阶相关性所产生的低秩约束 [32]。此外，基于矩阵分解的求解方法，如奇异值分解（singular value decomposition, SVD）等，将会导致流形上的优化问题。黎曼流形优化理论可以解决矩阵分解不唯一性所产生的模型误差 [33]，满足原有的约束条件，并保持最优化问题的尺度不变性。

(2) 收缩、向量传输等概念的引入，为黎曼流形上的迭代及搜索方向计算提供了有效的数学工具。

(3) 减少高维数据向量化操作对原有结构化信息的破坏。

在实际问题中，应用场景比较复杂，使得一些最优化问题无法自适应更新低维子空间。因此，研究黎曼流形优化理论与方法，可以进一步揭示高维/低维嵌入子流形（embedded submanifold）空间的内在本质规律。特别地，基于奇异值分解的子空间更新方法不适用于高维空间下的目标函数最优化 [33]，需要设计新的算法以实现子空间跟踪（subspace tracking）。

本书主要讨论一类几何约束的最优化问题。这一类问题的解空间是矩阵流形（matrix manifold）。不同于传统欧氏空间上的最优化方法，黎曼流形上的最优化过程可能存在以下难点。

(1) 黎曼流形优化问题的非线性搜索空间给优化过程带来了困难。

(2) 黎曼几何中的图卡（chart）概念将会使优化过程变得不可行。

(3) 黎曼流形优化过程陷入局部图卡将会导致收敛过程较慢。

(4) 指数映射有可能在计算上是不可行的。

在实际工程问题中，许多目标函数的求解空间或动态系统的状态空间不是整个欧氏空间，而是限制在某些曲线或曲面上。因此，约束情况下的解空间具有较为复杂的拓扑结构。面向具体应用场景 [34-44]，新的黎曼流形优化理论与方法已逐渐得到相关研究人员的重视 [9,45]，可以解决许多工程上难以或无法解决的问题，因而得到国内外学者的广泛关注。

1.2　黎曼流形优化理论的研究现状

1.2.1　黎曼流形优化理论的发展历史

黎曼流形优化理论的发展历史如图 1.1 所示，可以追溯到 Luenberger[12,46] 于 1972 年完成的工作。Luenberger 定义了流形上的实值函数，并讨论了基于测地线的黎曼流形优化方法。Luenberger 认为基于测地线的线搜索在计算上是可行的。相关研究人员受此启发，充分利用基本微分几何概念，提出一些任意非纯流形上的优化策略。1982 年，Gabay[47] 探讨了可微流形可微函数的最优化方法。1994 年，Helmke 等 [48] 探讨了黎曼流形上的动态系统最优化问题。1998 年，Edelman 等 [49] 提出了面向正交约束的最优化方法，并讨论算法的微分几何特性。因此，黎曼流形优化理论与方法逐渐受到了相关学者的重视。

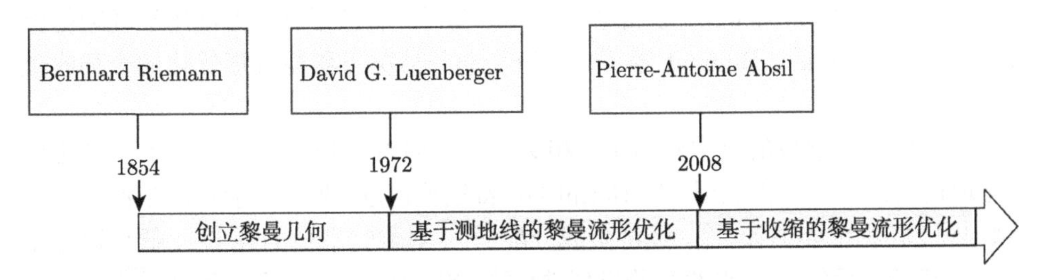

图 1.1　黎曼流形优化理论的发展历史

自 2008 年起，黎曼流形优化理论与方法 [9,50] 取得了较大的发展，流形上的最优化过程变得可行和便利，并逐步应用于相关工程技术领域。Absil 等 [9] 提出基于收缩的黎曼流形优化理论及分析方法。在经典黎曼几何分析方法中，测地线、Levi-Civita 联络（connection）、并行向量传输（parallel vector transport）都可以使用新的方法进行近似 [9]，且这些近似过程不会影响算法的收敛性 [9]。Baker[51] 在其博士论文中提出了黎曼流形信赖域方法。Vandereycken[52] 提出了黎曼流形上的 Lyapunov 方程低秩近似方法。Qi[53] 将经典的 BFGS（Broyden-Fletcher-Goldfarb-Shanno）优化方法扩展为黎曼流形上的优化方法，并给出了收敛性分析结果。需要注意的是，Qi 仅给出了 BFGS 方法在指数映射（exponential mapping）和并行向量传输下的收敛性分析。

近年来，黎曼流形优化理论与方法得到了许多研究人员的重视 [54-64]，并逐步扩展至相关领域 [65,66]。Meyer 等 [65] 将黎曼流形优化理论应用于机器学习领域中的线性回归（linear regression）问题。Ring 等 [67] 提出了黎曼流形上的 BFGS 优化算法，并重点讨论了无限维数下的黎曼流形优化方法。Wen 等 [68] 提出了一种基于 Cayley 变换的 Stiefel 流形优化方法，并应用于求解极大特征值等问题。Boumal

等[69]根据收缩提出了基于黎曼共轭梯度的最优化方法，并应用于低秩矩阵填充、鲁棒旋转同步（robust synchronization of rotations）和 Cramer-Rao 界估计等，并在此基础上，给出了一个黎曼流形优化的 MATLAB 工具箱[69]，以方便相关研究人员进行对比与分析。与此同时，Mishra[54] 将黎曼流形优化方法应用于对称矩阵情况下的大规模最小二乘问题。Zhang 等[60] 提出了一种黎曼流形上的随机最优化算法。针对低秩矩阵填充问题，Boumal 等[70] 提出 Grassmann 流形上的最优化方法。针对特征值问题，Xu 等[61] 提出了一种基于随机黎曼流形优化的快速求解方法。Kasai 等[62] 提出了基于黎曼随机方差既约梯度的最优化方法。在文献 [63] 中，Kasai 等又提出了一种黎曼随机拟牛顿优化方法，并进行了收敛性分析。在文献 [71] 中，Huang 等提出了一种黎曼对称秩一的信赖域（symmetric rank-one trust region）法。Uschmajew 等[72] 提出了基于黎曼流形的秩更新方法，并用于低秩矩阵填充。Pompili 等[73] 提出了一种用于高光谱图像解混（hyperspectral image unmixing）的 Stiefel 流形优化方法。Jia 等[74] 将流形优化方法用于视频稳像（video stabilization）。Boumal 等[75] 讨论了非凸情况下黎曼流形优化的全局收敛特性。

在各个应用领域的需求牵引下，相关学者的研究工作极大地促进了黎曼流形优化理论的发展与工程应用，如 Hermitian 特征值问题[76]、自适应正则化[77]、迹范数[78]、相机位姿估计[79]、经济负载分配[80]、对称特征值问题[81]、低秩矩阵填充[82]、线性方程组[83]、低秩矩阵近似[84]等。Xie 等[85] 提出了一种基于黎曼流形的在线子空间跟踪方法。针对系统辨识（system identification）问题，Usevich 等[86] 提出一种 Grassmann 流形上的优化算法。Hosseini 等[87] 将黎曼流形优化理论用于高斯混合模型（Gaussian mixture model）参数估计的优化求解。Pedersen[88] 提出黎曼流形上的无敏卡尔曼滤波（unscented Kalman filtering）方法。Michael 等将黎曼流形优化方法用于视频分离（video separation）[89]。Rakhuba 等[90] 提出了黎曼流形上的 Jacobi-Davidson 方法。Laus 等[91] 提出了一种基于非局部均值（non-local means）框架的流形值图像去噪声算法。Breiding 等[92] 针对正则张量秩近似问题，提出了一种黎曼流形信赖域方法。上述的应用案例及相关算法架构进一步证明了黎曼流形优化的理论优势。可见，黎曼流形优化理论已成为一个十分活跃的研究方向，将对现代最优化算法的设计和研究产生重要影响。

1.2.2 黎曼流形优化理论的相关应用

黎曼流形优化理论及其技术成果已成功应用于相关学科，如航空航天、理论物理、力学、无线通信、医学成像、自动控制、计算机视觉、机器学习等。本节将回顾一系列与黎曼流形优化相关的最优化问题[9,93]，并进行简要介绍。

1. 独立主成分分析

独立主成分分析也称为盲源分离（blind source separation），主要目的在于从线性混合的阵列信号中恢复在概率上独立的一个或多个信号。假设 n 个量测信号 $x(t) = [x_1(t), x_2(t), \cdots, x_n(t)]^{\mathrm{T}}$ 是 p 个在概率上独立的源信号 $s(t) = [s_1(t), s_2(t), \cdots, s_p(t)]^{\mathrm{T}}$ 的瞬时线性混合。上述过程可表示为

$$x(t) = As(t) \tag{1.1}$$

其中，A 是大小为 $n \times p$ 的矩阵，表示未知的混合系数矩阵。

因此，独立主成分分析基于量测信号 $x(t)$ 重建源信号 $s(t)$ 或混合系数矩阵 A。上述问题也可转化为寻找大小为 $n \times p$ 的分离矩阵 W，使得信号 $y(t)$ 尽可能地独立，有

$$y(t) = W^{\mathrm{T}} x(t) \tag{1.2}$$

上述建模方法允许定义一个目标函数 $f(W)$，以评估信号的不相关性。上述问题具有结构对称特性，即目标函数 f 应满足不变特性 $f(WD) = f(W)$。其中，D 是一个非奇异的对角矩阵。因此，一个可用的目标函数为

$$f(W) = \sum_{k=1}^{W} n_k(\text{logdetdiag}(W^* C_k W) - \text{logdet}(W^* C_k W)) \tag{1.3}$$

其中，C_k 是一个由 $x(t)$ 产生的协方差矩阵；$\text{diag}(W^* C_k W)$ 是矩阵 $W^* C_k W$ 的对角元素。

另外，基于黎曼几何观点的独立主成分分析方法研究已经得到相关研究人员的重视 [9,94-102]。

2. 位姿估计与运动恢复

在位姿估计的问题中，一个物体可以通过一组关键点 $\{m_i\}_{i=1,2,\cdots,N}$ 进行表示。其中，$m_i = (x_i, y_i, z_i)^{\mathrm{T}} \in \mathbf{R}^3$ 是第 i 个关键点的三维坐标（物体中心坐标系）。关键点在相机坐标系下的坐标 m_i' 遵守刚体位移定律：

$$m_i' = Rm_i + t \tag{1.4}$$

其中，$R \in \mathcal{SO}_3$(也就是 $R^{\mathrm{T}}R = I$ 和 $\det(R) = 1$) 表示一个旋转；$t \in \mathbf{R}^3$ 表示位移。

物体的每一个关键点可在图像平面产生一个归一化的图像点，其坐标可表示为

$$u_i = \frac{Rm_i + t}{e_3^{\mathrm{T}}(Rm_i + t)} \tag{1.5}$$

那么位姿估计问题可转化为从流形 $\mathcal{SO}_3 \times \mathbf{R}^3$（一组匹配点 $\{(u_i, m_i)\}_{i=1,2,\cdots,N}$）估计位姿 (R,t) 的最优化问题。其具体形式为

$$\min_{R,t} \sum_{i=1}^{N} \|(I - u_i u_i^{\mathrm{T}})(Rm_i + t)\|^2 \tag{1.6}$$

其中，u_i 是和 m_i' 共线的点；$\|\cdot\|$ 表示 ℓ_2 范数；I 是单位矩阵。上述方程是多视几何约束的黎曼流形优化问题。

另外一个相关的问题是从序列图像中重建运动和结构 [103]（structure from motion）。其中，目标物体是不可知的，但是可以得到从不同角度拍摄到的图像。假设得到 N 个目标物体上的关键点，m_i' 和 m_i'' 分别是第 i 个关键点在第一个和第二个图像中的坐标。其刚体运动可由下面的方程表示：

$$m_i'' = Rm_i' + t \tag{1.7}$$

第 i 个关键点的坐标在每个图像平面中的映射可由 $p_i = m_i'/(e_3^{\mathrm{T}} m_i')$ 和 $q_i = m_i''/(e_3^{\mathrm{T}} m_i'')$ 表示。那么，基于图像序列的运动和结构重建问题是如何从一组图像匹配特征点 $\{(p_i, q_i)\}_{i=1,2,\cdots,N}$ 中恢复相机运动 (R,t) 和图像特征点的三维位置。考虑计算机视觉中的经典结论，p 和 q 满足极线约束（epipolar constraint）：

$$p^{\mathrm{T}} R^{\mathrm{T}} t^{\wedge} q = 0 \tag{1.8}$$

其中，$t^{\wedge}$ 是一个 3×3 的反称矩阵，即

$$\begin{bmatrix} 0 & -t_3 & t_2 \\ t_3 & 0 & -t_1 \\ -t_2 & t_1 & 0 \end{bmatrix}$$

为了从给定的一组图像特征点 $\{(p_i, q_i)\}_{i=1,2,\cdots,N}$ 中重建运动变量 $(R,t) \in \mathcal{SO}_3 \times \mathbf{R}^3$，考虑下面的目标函数：

$$f(R,t) = \sum_{i=1}^{N} (p_i^{\mathrm{T}} R^{\mathrm{T}} t^{\wedge} q_i)^2, \quad p_i, q_i \in \mathbf{R}^3, (R,t) \in \mathcal{SO}_3 \times \mathbf{R}^3 \tag{1.9}$$

方程 (1.9) 是齐次的。将 t 限制于单位球面 S^2 上，那么上述方程可等价为

$$f(E) = \sum_{i=1}^{N} (p_i^{\mathrm{T}} E q_i)^2, \quad p_i, q_i \in \mathbf{R}^3, E \in \varepsilon_1 \tag{1.10}$$

其中，ε_1 是归一化本征流形（normalized essential manifold），有

$$\varepsilon_1 = \left\{ Rt^{\wedge} : R \in \mathcal{SO}_3, t^{\wedge} \in \mathcal{SO}_3, \frac{1}{2}\mathrm{tr}((t^{\wedge})^{\mathrm{T}} t^{\wedge}) = 1 \right\} \tag{1.11}$$

$\mathcal{SO}_3 = \{\Omega \in \mathbf{R}^{3\times 3} : \Omega^{\mathrm{T}} = -\Omega\}$ 是 $\mathcal{SO}_3$ 的李代数（Lie algebra）；符号 $\mathrm{tr}(\cdot)$ 代表迹函数。相关概念参考文献 [104]~[106]。

3. 特征值问题

特征值问题主要针对 Brokett 函数进行求解，以计算出 p 个最小特征值，并基于对称矩阵 $B \in \mathbf{R}^{n\times n}$ 给出相应的特征向量。Brokett 函数的形式为

$$\min_{X\in \mathrm{St}(p,n)} \mathrm{tr}(X^{\mathrm{T}}BXD) \tag{1.12}$$

其中，$\mathrm{St}(p,n) = \{X \in \mathbf{R}^{n\times p} | X^{\mathrm{T}}X = I_p\}$，$D = \mathrm{diag}(\mu_1, \mu_2, \cdots, \mu_p)$，$\mu_1 > \mu_2 > \cdots > \mu_p$。该目标函数的求解方法可参考文献 [9],[107] 和 [108]。

4. 稀疏主成分分析

稀疏主成分分析包含奇异值分解过程。考虑数据矩阵 $A = [a_1, a_2, \cdots, a_j] \in \mathbf{R}^{m\times n}$ 可以由 $U\Sigma V^{\mathrm{T}}$ 表示。其中，$U \in \mathbf{R}^{m\times p}$ 和 $V \in \mathbf{R}^{n\times p}(p = \min(m,n))$ 具有正交特性，也就是满足（$U^{\mathrm{T}}U = I, VV^{\mathrm{T}} = I$），对角矩阵 Σ 具有非负的元素，并进行降序排序。用 u_l 表示矩阵 U 的第 l 列，可以认为其是矩阵 A 的第 l 个主成分。在基因表达这个应用中，U 的所有列代表特征阵列，V 的列代表特征基因。

本章主要关注第一个主成分 u_1，其被认为是在最小二乘准则下对数据点 $a_1, a_2, \cdots, a_j$ 具有最优拟合特性的向量。也可以这样说，最优化问题 $\max\limits_{u\in \mathbf{R}^m, \|u\|=1} u^{\mathrm{T}}AA^{\mathrm{T}}u$ 的解是 u_1，代表数据矩阵 A 的列在 u_1 方向下是最大的。然而，由于 u_1 可能存在非零元素，难以计算。为解决这个问题，需要使函数 $u^{\mathrm{T}}AA^{\mathrm{T}}u$ 最大化，并在向量的非零个数 $\|u\|_0$ 中进行平衡。因此，主要关注下面的目标函数：

$$\max_{u\in \mathbf{R}^n} u^{\mathrm{T}}AA^{\mathrm{T}} - \rho\|u\|_0, \quad u^{\mathrm{T}}u = 1 \tag{1.13}$$

其中，$\rho \geqslant 0$。

方程 (1.13) 不仅是非光滑的，也是不连续的。将 u_0 松弛至 ℓ_1 范数：

$$\max_{u\in \mathbf{R}^n} u^{\mathrm{T}}AA^{\mathrm{T}} - \rho\|u\|_1, \quad u^{\mathrm{T}}u = 1 \tag{1.14}$$

该函数是一个具有非线性约束的连续且非光滑的最优化问题。其中，非线性约束 $u^{\mathrm{T}}u = 1$ 是 $\mathbf{R}^n$ 的一个子流形。相关的研究工作可以参考文献 [109]~[114]。

5. 在子空间中寻找最稀疏向量

在子空间中寻找最稀疏向量的问题主要出现于基于字典学习的图像处理算法中。假定一个嵌于 $\mathbf{R}^m$ 的线性 n 维子空间 W 包含一个稀疏向量。用 $Q \in \mathbf{R}^{m\times n}$

表示正交基矩阵。其中，W 的每一列代表一个正交基向量。给定一个任意正交基 W，希望在 W 下重建一个最稀疏的向量。使用下面的方程进行建模：

$$\min \|Qx\|_0, \quad x \in S \tag{1.15}$$

其中，S 表示欧氏空间 $\mathbf{R}$ 的单位球面（unit sphere）约束；$\|Qx\|_0$ 表示 Qx 的非零元素个数。

方程 (1.15) 可以松弛为下面的方程：

$$\min \|Qx\|_1, \quad x \in S \tag{1.16}$$

由于 S 是 $\mathbf{R}$ 的子流形，在一组正交基下寻找最稀疏向量是一个黎曼流形上非光滑函数的最优化问题。

6. 低秩矩阵填充

低秩矩阵填充的目标是，已知很小一部分矩阵元素（观测矩阵），重建一个低秩矩阵。其中，观测矩阵可能受到噪声影响，或是包含异常点。在无噪声情况下，低秩矩阵填充问题变为从一个观测矩阵中重建一个低秩矩阵 X 以匹配原数据矩阵 M。低秩矩阵填充的一个重要应用是推荐系统（recommended system）。该系统需要维护一个大的数据矩阵，其中每一个元素记录着客户 i 对电影 j 的评分。也就是说，需要基于观测数据集合 Ω 重建矩阵 M。因此，低秩矩阵填充的目标函数是

$$\min_X \operatorname{rank}(X), \quad X_{ij} = M_{ij}, \quad (i,j) \in \Omega \tag{1.17}$$

类似地，上述目标函数也可松弛至其他形式，如 ℓ_1 范数，并应用于矩阵的特征值。在已知矩阵秩的情况下，一些学者直接求解下面的目标函数：

$$\min_X \|P_\Omega(X-M)\|_F, \quad \text{s.t.} \quad X \in M_r = \{X \in \mathbf{R}^{n\times m} : \operatorname{rank}(X) = r\} \tag{1.18}$$

其中，P_Ω 是一个线性算子，其定义为 $(P_\Omega(X))_{ij} = X_{ij}$，如果 $(i,j) \in \Omega$，则其他元素为 0；符号 $\|\cdot\|_F$ 表示 Frobenius 范数。

但是，观测矩阵也会被异常点所污染。为解决这一问题，文献 [115] 选择求解基于 ℓ_1 范数的鲁棒低秩矩阵填充问题：

$$\min_X \|P_\Omega(X-M)\|_1, \quad \text{s.t.} \quad X \in M_r = \{X \in \mathbf{R}^{n\times m} : \operatorname{rank}(X) = r\} \tag{1.19}$$

其中，符号 $\|\cdot\|_1$ 表示 ℓ_1 范数。需要注意的是，上述问题是一个黎曼流形上的非光滑函数的最优化问题。其他细节可参考文献 [64]、[115]。

7. **相位重建问题**

相位重建问题的具体形式是

$$f: \mathcal{C}_*^{n\times r}/\mathcal{O}_r \to \mathbf{R}: [Y] \mapsto f([Y]) = \min_{Y} \frac{\|b - \operatorname{diag}(ZYY^*Z^*)\|_2^2}{\|b\|_2^2} + \kappa \operatorname{tr}(X) \tag{1.20}$$

其中，$Y \in \mathcal{C}_*^{n\times r}$ 表示一个复矩阵且列满秩；$\mathcal{O}_r$ 表示单位矩阵集合；$\mathcal{C}_*^{n\times r}/\mathcal{O}_r$ 表示商流形。

根据给定信号傅里叶变换或小波变换的模重建原信号，是相位重建问题中的一项重要任务。它已是许多重要应用的关键问题，如 X 射线晶体成像（X-ray crystallography imaging）、衍射成像（diffraction imaging）等。近年来，算法框架 PhaseLift[116] 就是利用凸优化方法进行相位的精确重建。

8. **对称正定矩阵的 Karcher 平均数**

对称正定矩阵的 Karcher 平均数问题 [117] 的具体形式是

$$f(X) = \frac{1}{2K}\sum_{k=1}^{K} \operatorname{dist}^2(X, A_i) \tag{1.21}$$

其中，$A_i \in S_+(n)$ 是 $m \times n$ 的正定矩阵集合；$\operatorname{dist}(X, A_i) = \|\ln(X^{-1/2}A_iX^{-1/2})\|_F$ 是仿射不变度规 $g(\eta_x, \xi_x) = \operatorname{tr}(\eta_x X^{-1}\xi_x X^{-1})$ 下的距离。

对称正定矩阵的 Karcher 平均数在医学成像、弹性力学和机器学习等方面都有重要应用。相关解法及实现细节可参考文献 [118]~[122]。

9. **加权低秩矩阵近似**

加权低秩矩阵近似问题的具体形式为

$$\min_{X\in\mathbf{R}_r^{m\times n}} \|A - X\|_W^2 = \operatorname{vec}(A - X)^{\mathrm{T}} W \operatorname{vec}(A - X) \tag{1.22}$$

其中，$\operatorname{vec}(\cdot)$ 表示将每个列串成一个向量的操作；$\mathbf{R}_r^{m\times n}$ 是一个大小为 $m\times n$ 且秩为 r 的流形；$W \in \mathbf{R}^{nm\times nm}$ 是一个对称正定矩阵；$A \in \mathbf{R}^{m\times n}$ 是给定的数据矩阵。

该问题的一种解法可参考文献 [123]。此外，Zhou 等 [124] 提出了基于黎曼流形优化的求解方法，与其他算法 [123] 相比效果较好。

10. **流形值图像复原**

流形值图像复原问题的具体形式是

$$\min J(u) = \frac{1}{2}\operatorname{dist}^2(u_i, u_i^n) + \lambda \operatorname{TV}(u), \quad u \in \mathcal{M}^V \tag{1.23}$$

其中，u_i^n 表示输入图像；$\mathrm{TV}(u) = \sum_{(i,j)\in E} \mathrm{dist}(u_i, u_j), E \subset V\times V$，$\mathrm{dist}: \mathcal{M}\times\mathcal{M} \to \mathbf{R}$ 是流形 $\mathcal{M}$ 上的黎曼距离。针对上述问题，一些学者给出了相关的解法 [125-127]。

11. **单位球面约束的 Rayleigh 商最小化**

单位球面约束的 Rayleigh 商最小化函数的具体形式是

$$\begin{aligned} \bar{f}:\ & \mathbf{R}^n \to \mathbf{R} \\ & x \mapsto \bar{f}(x) = x^{\mathrm{T}} A x \end{aligned} \tag{1.24}$$

其中，A 是 $n\times n$ 的正定矩阵。

该函数于 20 世纪 20 年代由 Rayleigh 提出。需要注意的是，Rayleigh 商最小化函数 (1.24) 的主要性质有齐次性、平移不变性、正交性、有界性、最小残差。此外，该函数可用于类鉴别有效性评估，以及干扰抑制的鲁棒波束生成。

此外，黎曼流形优化方法还可用于求解球面约束的 Lipschitz/非 Lipschitz 极小极大问题、曲线弹性形态分析 [128-132]（elastic shape analysis of curves)、图的最大割 [133]（maximum cut of a graph)、非线性特征值问题 [134]（nonlinear eigenvalue problem)、传感器网络定位 [135]（sensor network localization)、图像去噪声 [91,136]、广义 Procrustes 问题、无线电干涉校准 [137]（radio interferometric calibration)、天文角差分成像 [138]（astronomical angular differential imaging)、图像盲去模糊 [139]（blind deblurring)、曲线拟合 [140]（curve fitting）和多参照对齐 [141]（multireference aligment）等。

1.3 本章小结

本章综述了黎曼流形优化理论研究的最新动态，对黎曼流形优化的发展脉络进行了梳理与分析，并给出了其内涵。自 2008 年以来，黎曼流形优化无论在理论研究上还是在应用方面都取得了较快发展，显示出了巨大的发展潜力。其中，收缩对于该领域的发展具有重要的推动作用。从某种程度上来说，收缩是广义的“指数映射”。然而，由于微分几何的基本概念较抽象，黎曼流形优化理论及其应用研究具有固有的难度，不仅要有对所研究的问题深刻理解，还需要较强的技术积累。为填补这一缺失，本章重点介绍了一些典型应用实例，如独立主成分分析、特征值问题、低秩矩阵填充、Rayleigh 商最小化等。

第 2 章　黎曼流形优化的几何基础

本章将回顾黎曼几何的一些基本概念，重点讨论光滑流形、切空间、嵌入子流形、商流形、黎曼结构、黎曼梯度等。在此基础上，本章进一步分析定秩对称矩阵的嵌入几何特性 [9,52]。最后，本章将给出 Grassmann 和 Stiefel 流形的几何结构，为后续的应用奠定理论基础。

2.1　光 滑 流 形

定义 2.1(图卡，chart)　设 M 是一个集合。M 上的图卡是 (U,ϕ)。其中，U 是图卡的定义域且 $U\subset M$，ϕ 是 U 和 $\mathbf{R}^n$ 中一个开集的双向映射。n 是图卡的维数。给定 $x\in U$，$\phi(x)=(x_1,x_2,\cdots,x_n)$ 中的元素称为图卡 (U,ϕ) 中的坐标 x。

定义 2.2(相容图卡，compatible charts)　给定 M 中的两个图卡 (U,ϕ) 和 (V,ψ)，维数分别为 n 和 m，如果 $U\cap V=\varnothing$ 或者 $U\cap V\neq\varnothing$，且满足

(1) $\phi(U\cap V)$ 是 $\mathbf{R}^n$ 的一个开集;

(2) $\psi(U\cap V)$ 是 $\mathbf{R}^m$ 的一个开集;

(3) $\phi\circ\psi^{-1}:\phi(U\cap V)\to\psi(U\cap V)$ 是光滑微分同胚（光滑可逆函数且有光滑逆）。

那么，这两个图卡是光滑且相容的。当 $U\cap V\neq\varnothing$ 时，有 $n=m$。

定义 2.3（图册，atlas）　集合 $\mathcal{A}=\{(U_i,\phi_i),i\in H\}$ 是一一对应的相容图卡，因此 $\bigcup\limits_{i\in H}U_i=M$ 是 M 的光滑图册。

如果 $\mathcal{A}_1\cap\mathcal{A}_2$ 是一个图册，那么称两个图册 $\mathcal{A}_1$ 和 $\mathcal{A}_2$ 是相容的。给定一个图册 $\mathcal{A}$，可以生成一个唯一最大图册 $\mathcal{A}^+$。因此，一个图册包含 $\mathcal{A}$ 以及所有相容于 $\mathcal{A}$ 的所有图卡。

定义 2.4 (流形，manifold)　光滑流形记为 $\mathcal{M}=(M,\mathcal{A}^+)$。其中，$M$ 是一个集合，$\mathcal{A}^+$ 是 M 的最大图册。考虑一个光滑流形 $(\mathcal{M},\mathcal{A})$，其中 $\mathcal{A}$ 表示 $\mathcal{M}$ 中的一个光滑图册。图 2.1 展示了上述定义 [52]。此外，图卡 ϕ_1 和 ϕ_2 具有共同的定义域 $\mathcal{U}_i\cap\mathcal{U}_j$。$\mathcal{M}$ 的光滑特性可由映射 $\phi_j\circ\phi_i^{-1},\forall i,j$ 的光滑特性表示。

(1) 对于每个 i，在 $\mathbf{R}^d$ 子集中，图卡 $\phi_i:\mathcal{U}_i\to\mathbf{R}^d$ 与 $\phi_i(\mathcal{U}_i)$ 同胚;

(2) 对任何一对 i,j 且 $\mathcal{U}_i\cap\mathcal{U}_j\neq 0$，集合 $\phi_i(\mathcal{U}_i\cap\mathcal{U}_j)$ 和 $\phi_j(\mathcal{U}_i\cap\mathcal{U}_j)$ 在 $\mathbf{R}^d$ 中是

开的，且有映射

$$\phi_j \circ \phi_i^{-1}\mathbf{R}^d \to \mathbf{R}^d$$

并在 $\mathcal{U}_i \cap \mathcal{U}_j$ 上是光滑的。

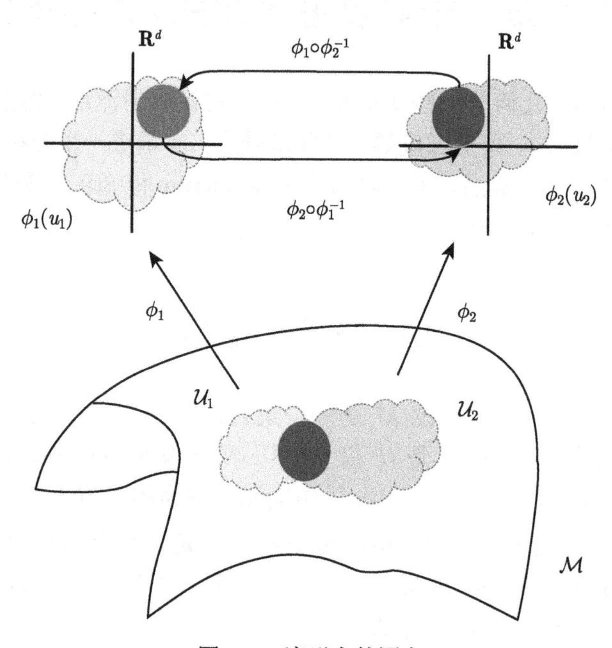

图 2.1　流形上的图卡

定义 2.5（光滑映射，smooth mapping）　设 $\mathcal{M}$ 和 $\mathcal{N}$ 是两个光滑流形。映射 $f:\mathcal{M}\to\mathcal{N}$ 是 $\mathcal{C}^k$ 类函数，对所有点 $x\in\mathcal{M}$，存在 $\mathcal{M}$ 上的图卡 (U,ϕ) 和 $\mathcal{N}$ 上的图卡 (V,ψ)，使得 $x\in\mathcal{M}, f(U)\subset V$，以及

$$\phi\circ f\circ\psi^{-1}:\psi(U)\to\phi(V)$$

是 $\mathcal{C}^k$ 类函数，也就是说，如果 $\phi\circ f\circ\psi^{-1}$ 为 k 次连续可微分，那么称该函数为 f 在图卡 (U,ϕ) 和 (V,ψ) 的局部表达。此外，本书假设光滑映射是 $\mathcal{C}^\infty$ 类函数。

如果任何两个点可以由分段光滑曲线连接，那么该流形是连通的，这意味着流形不能表示为两个非空开集的不相交并集合。在某些情况下，图册比较少用，因为图卡可以是全局意义上的。

例 2.1　向量空间 $\mathbf{R}^n$ 也具有明显的黎曼结构，可以考虑 $\mathcal{M}=(\mathbf{R}^n,\mathcal{A}^+)$，其中图册 $\mathcal{A}^+$ 包含单位映射 $(\mathbf{R}^n,\phi)$，也就是 $\phi:U=\mathbf{R}^n\to\mathbf{R}^n:x\to\phi(x)=x$。

例 2.2　假设 $n\times p$ 矩阵的欧氏空间（$\mathbf{R}^{n\times p}$）可表示为 $\mathbf{R}^{np}$。上述的向量化操作可表示为 $\mathrm{vec}:\mathbf{R}^{n\times p}\to\mathbf{R}^{np}$，即将矩阵的列堆叠在一起，方向从左到右。因为这个图卡的定义是整个流形 $\mathbf{R}^{n\times p}$，所以图册只包含一个图卡。

上述例子仅是一些很普通的例子。虽然可以为一些特殊的流形构造严格意义上的图册，如 n 球面，但是使用图册来定义流形通常比较麻烦。因此，大多数情况下，使用间接的方式构建流形。

定义 2.6 (维数，dimension) 给定流形 $\mathcal{M}=(M,\mathcal{A}^+)$，如果 $\mathcal{A}^+$ 的所有图卡有相同的维数 n，那么 $\dim\mathcal{M}=n$ 是流形的维数。

在本书中，所有的流形都认为是光滑的。一旦清晰地将可微分流形结构表示出来，符号 $\mathcal{M}\subset\mathbf{R}^n$ 就代表 $M\subset\mathbf{R}^n$。

2.2 切 空 间

流形的一个最重要的性质是切空间：对每一个点 $x\in\mathcal{M}$，存在一个线性空间 $T_x\mathcal{M}$，其中的元素称为切向量。如果流形 $\mathcal{M}$ 是欧氏空间 $\mathbf{R}^n$ 上的一个曲面，那么切空间通常是 x 的切平面。虽然这个特性是正确的，但它过分依赖 $\mathbf{R}^n$ 的特定结构而不适用于一般的流形。一个较抽象的切空间定义应该是基于曲线的微分。

假定 $\gamma(t)$ 是一个定义于 $\mathcal{M}$ 的光滑曲线且有光滑映射：

$$\gamma:\mathbf{R}\to\mathcal{M},\quad t\to\gamma(t)$$

假定 $f:\mathcal{M}\to\mathbf{R}$ 是一个函数，且在 $x\in\mathcal{M}$ 邻域是光滑的。所有的实值函数集合用 $\xi_x(\mathcal{M})$ 表示。因此 $f\circ\gamma$（$\mathbf{R}\to\mathbf{R}$）是一个光滑函数。经典的导数在此具有较好的定义。下面直接给出切向量的定义。

定义 2.7 假定 γ 是在 $\mathcal{M}$ 上的一条光滑曲线且 $\gamma(0)=x$。下面的映射

$$v_x:\mathfrak{F}_x\to\mathbf{R},\quad f\to v_xf=\frac{\mathrm{d}f(\gamma(t))}{\mathrm{d}t}|_{t=0}$$

称为基于曲线 γ（$t=0$）的切向量。

上述曲线 γ 的定义即实现了切向量 v_x，因此，存在无限条曲线可以实现给定的切向量。

假定 $\mathcal{M}$ 的维数是 d，那么切空间 $T_x\mathcal{M}$ 具有一个 d 维的线性空间结构：给定 $a,b\in\mathbf{R}$ 和 $v_x,\eta_x\in T_x\mathcal{M}$，那么 $av_x+b\eta_x$ 定义为

$$(av_x+b\eta_x)f=a(v_xf)+b(\eta_xf),\quad\forall f\in\xi_x(\mathcal{M})$$

是一个在 $T_x\mathcal{M}$ 上的切向量，且满足定义 2.7。在此，给出切空间（tangent space）和切向量（tangent vector）的定义。

定义 2.8（切空间、切向量） 流形 $\mathcal{M}$ 在点 x 处的切空间，记为 $T_x\mathcal{M}$，且是商空间

$$T_x\mathcal{M}=C_x/\sim=\{[c]:c\in C_x\}$$

定义 2.8 中/∼ 表示商空间。给定 $c \in C_x$，等价类 $[c]$ 是 $T_x\mathcal{M}$ 的一个元素，称为 $\mathcal{M}$ 上在点 x 处的一个切向量。映射

$$\theta_x^\phi = T_x\mathcal{M} \to \mathbf{R}^n : [c] \to \theta_x^\phi([c]) = \frac{\mathrm{d}}{\mathrm{d}t}\phi(c(t))|_{t=0} = (\phi \circ c)'(0)$$

是双向映射，且在 $T_x\mathcal{M}$ 上定义一个向量空间结构：

$$a[c_1] + b[c_2] = (\theta_x^\phi)^{-1}(a\theta_x^\phi([c_1]) + b\theta_x^\phi([c_2]))$$

上述结构与图卡的选择无关。当 $\mathcal{M} \subset \mathbf{R}^n$ 时，可以建立一个同构向量空间。设 $\mathcal{M}$ 是一个光滑流形，$\mathcal{M}$ 上的标量场（scalar field）是一个光滑函数 $f : \mathcal{M} \to \mathbf{R}$。$\mathcal{M}$ 上的标量场集合记为 $\mathfrak{F}(\mathcal{M})$。

定义 2.9（方向微分，directional derivative）　标量场 f 在点 $x \in \mathcal{M}$，以及 $\xi = [c] \in T_x\mathcal{M}$ 上的方向微分是标量：

$$\mathrm{D}f(x)[\xi] = \frac{\mathrm{d}}{\mathrm{d}t}f(c(t))|_{t=0} = (f \circ c)'(0)$$

$\mathcal{C}_x$ 上的等价关系可以使这个定义与 c 的选择、等价类 ξ 是不相关的。在上述表示中，与 ξ 相关的括号用于表示变量 ξ 是方向。流形上的每个点都有一个切向量与之相关，因此需要给出向量场的定义。在给出这个定义之前，先给出切丛这一概念。

定义 2.10（切丛, tangent bundle）　设 $\mathcal{M}$ 是一个光滑流形，切丛 $T\mathcal{M}$ 定义为 $\mathcal{M}$ 中所有元素的切空间组合：

$$T\mathcal{M} : \bigcup_{x \in \mathcal{M}} T_x\mathcal{M}$$

其中，$\cup$ 代表不相交并集。

一个光滑向量场是一个光滑映射 $v : \mathcal{M} \to T\mathcal{M}$。其中，每个 $x \in \mathcal{M}$ 有一个切向量 $v_x \in T_x\mathcal{M}$ 与之对应，也就是

$$v : \mathcal{M} \to T\mathcal{M}, \quad x \to v_x \in T_x\mathcal{M}$$

$\mathcal{M}$ 上的所有光滑向量场组合记为 $\mathcal{X}(\mathcal{M})$。为了更准确地描述这一概念，下面显式地给出向量场的定义。

定义 2.11（向量场，vector field）　向量场 $\mathcal{X}$ 是一个从 $\mathcal{M}$ 至 $T\mathcal{M}$ 的光滑映射，且有 $\pi \circ \mathcal{X} = I_d$（单位映射）。其中，投影 π 用于提取一个向量的起点，也就是 $\pi(\xi) = x$ 当且仅当 $\xi \in T_x\mathcal{M}$。在点 x 处且位于 $T_x\mathcal{M}$ 的向量可表示为 v_x 或 $v(x)$。$\mathcal{M}$ 上的向量场集合记为 $\mathcal{X}(\mathcal{M})$。

对向量场进行映射将产生切向量，如 $v(x) = v_x \in T_x\mathcal{M}$。切向量与向量场之间的主要区别在于下标 x 的使用。由于每一个切向量都可以平滑地扩展至光滑向量场，所以在没有混淆的情况下，有时会忽略这个下标，并简单地使用 v 表示切向量。

将向量场 $v \in \mathcal{X}(\mathcal{M})$ 应用于 $\mathcal{M}$ 上的函数 f，可记为 vf。在 $x \in \mathcal{M}$ 处的度量过程将导致 $(vf)(x) = v_x f$，类似于定义 2.7。

2.3 流形之间的映射

给定 $F : \mathcal{M}_1 \to \mathcal{M}_2$ 是两个流形之间的映射，其维数分别为 d_1 和 d_2。流形之间的映射有一些特定的概念，下面给出相关的定义。

定义 2.12（光滑性，smoothness） $F(x \in \mathcal{M}_1)$ 的光滑性可使用传统欧氏空间中的函数偏导数的光滑性 $\mathcal{C}^\infty$ 来表示，即

$$\hat{F} = \phi_2 \circ F \circ \phi_1^{-1} : \mathbf{R}^{d_1} \to \mathbf{R}^{d_2}$$

其中，ϕ_1 和 ϕ_2 分别是图卡在 $x \in \mathcal{M}_1$ 和 $F(x) \in \mathcal{M}_2$ 邻域的任意匹配对。如果 F 在整个定义域内是光滑的，那么始终认为 F 是光滑的。除非特殊说明，本书假定映射是光滑的。

定义 2.13（可微，differential） 一个映射 $F : \mathcal{M}_1 \to \mathcal{M}_2$ 在任何一个点 $x \in \mathcal{M}_1$ 的可微性是向量空间 Frechet 偏导的广义化表示。这是切空间之间的线性映射：

$$\mathrm{D}F(x) : T_x\mathcal{M}_1 \to T_{F(x)}\mathcal{M}_2, \quad v_x \to \mathrm{D}F(x)[v_x]$$

为了更好地定义 $\mathrm{D}F(x)[v_x]$，这里使用定义 2.7，将切向量解释为一个映射 $\mathfrak{F}_{F(x)}(\mathcal{M}_2) \to \mathbf{R}$。因此，有下面的定义：

$$(\mathrm{D}F(x)[v_x])f = v_x(f \circ F), \quad \forall f \in \mathfrak{F}_{F(x)}(\mathcal{M}_2)$$

从一个几何角度进行分析，$F(\gamma(t))$ 是一条曲线且实现了 $\mathrm{D}F(x)[v_x]$。也就是说，存在任意曲线 $\gamma(t)$ 实现了 v_x，如图 2.2 所示 [52]。

定义 2.14（链式法则，chain rule） 黎曼流形的可微性满足 Frechet 可微的链式法则。给定 $F : \mathcal{M}_1 \to \mathcal{M}_2$ 和 $G : \mathcal{M}_2 \to \mathcal{M}_3$ 两个映射，于是有

$$\mathrm{D}(G \circ F)(x) : T_x\mathcal{M}_1 \to T_{G(F(x))}\mathcal{M}_3, \quad v_x \to \mathrm{D}G(F(x))[\mathrm{D}F(x)[v_x]]$$

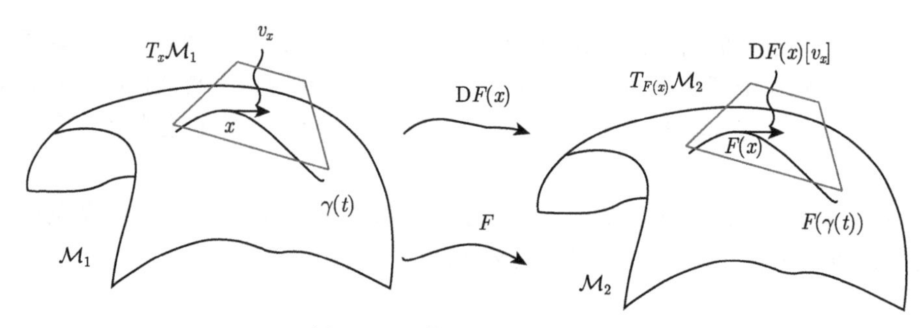

图 2.2 函数 F 的微分 $\mathrm{D}F(x)$

本书给出浸入、淹没以及微分同胚的定义。映射 F 在 $x \in \mathcal{M}_1$ 的秩是微分 $\mathrm{D}F(x)$ 秩的范围。如果 F 在每个点有相同的秩，则 F 是定秩的映射。

下面给出具有定秩的三个映射。

定义 2.15（浸入，immersion） 浸入是一个光滑映射 $F:\mathcal{M}_1 \to \mathcal{M}_2$，且维数 $\dim(\mathcal{M}_1) \leqslant \dim(\mathcal{M}_2)$。其中，其定秩是 $\dim(\mathcal{M}_1)$。

定义 2.16（淹没，submersion） 淹没是一个光滑映射 $F:\mathcal{M}_1 \to \mathcal{M}_2$，且维数 $\dim(\mathcal{M}_1) \geqslant \dim(\mathcal{M}_2)$。其中，其定秩是 $\dim(\mathcal{M}_2)$。

定义 2.17（微分同胚，diffeomorphism） 微分同胚是一个光滑映射 $F:\mathcal{M}_1 \to \mathcal{M}_2$，且维数 $\dim(\mathcal{M}_1) = \dim(\mathcal{M}_2)$。其中，其定秩是 $\dim(\mathcal{M}_1)$。

基于微分 $\mathrm{D}F(x): T_x\mathcal{M}_1 \to T_{F(x)}\mathcal{M}_2$ 的定义，上述定义可以有一个类似的定义方式。

定义 2.18 浸入是一个光滑映射 $F:\mathcal{M}_1 \to \mathcal{M}_2$，其中，$\mathrm{D}F(x)$ 在每个点 $x \in \mathcal{M}_1$ 是单射的。

定义 2.19 淹没是一个光滑映射 $F:\mathcal{M}_1 \to \mathcal{M}_2$，其中，$\mathrm{D}F(x)$ 在每个点 $x \in \mathcal{M}_1$ 是满射的。

定义 2.20 微分同胚是一个光滑映射 $F:\mathcal{M}_1 \to \mathcal{M}_2$，其中，$\mathrm{D}F(x)$ 在每个点 $x \in \mathcal{M}_1$ 是双射的。

下面的定理可对具有定秩的函数进行分析。

定理 2.1 给定的 $F:\mathcal{M}_1 \to \mathcal{M}_2$ 是一个有定秩的映射:

(1) 如果 F 是满射的，那么 F 是淹没的；

(2) 如果 F 是单射的，那么 F 是浸入的；

(3) 如果 F 是双射的，那么 F 是微分同胚的。

从微分几何角度分析，微分同胚代表着流形是同质的。

2.4 嵌入子流形

嵌入子流形与流形在欧氏空间中的曲面直观解释是一致的，例如，在三维空间中取一个球面。然而，并非所有光滑子集都是子流形。

假定有一个光滑流形 $\mathcal{M}$ 的子集 $\mathcal{N}$，如果映射

$$i:\mathcal{N}\to\mathcal{M},\quad x\to x$$

是一个浸入，那么称 $\mathcal{N}$ 是流形 $\mathcal{M}$ 的浸入子流形。需要注意的是，即使 $\mathcal{N}$ 是 $\mathcal{M}$ 的一个浸入子流形，它们的拓扑也是不一样的。一般来说，嵌入子空间 $\mathcal{M}$ 是一些众所周知的流形，该空间一般是欧氏空间的子集。这就要求 $\mathcal{N}$ 的拓扑与 $\mathcal{M}$ 的子空间拓扑是相容的。一般来说，子流形 $\mathcal{N}$ 称为嵌入子流形。如果其拓扑存在，则是唯一的。

定理 2.2（文献 [9] 中的命题 3.3.1） 设 $\mathcal{N}$ 是光滑流形 $\mathcal{M}$ 的一个子集，那么 $\mathcal{N}$ 将具有大部分的可微结构，从而使其成为 $\mathcal{M}$ 的嵌入子流形。

定理 2.3 设 $\mathcal{M}$ 是 $\mathbf{R}^n$ 的子集。下面的描述是等价的：

(1) $\mathcal{M}$ 是 $\mathbf{R}^n$ 的一个光滑嵌入子流形，且维数是 $n-m$；

(2) 对于所有 $x\in\mathcal{M}$，存在 $\mathbf{R}^n$ 的一个开集 V 且包含 x 和一个光滑函数 $f:V\to\mathbf{R}^m$，使得微分 $\mathrm{D}f(x):\mathbf{R}^n\to\mathbf{R}^m$ 的秩是 m，且有 $V\cap\mathcal{M}=f^{-1}(0)$。

更进一步地，x 处的切空间是 $T_x\mathcal{M}=\ker\mathrm{D}f(x)$。

例 2.3 $\mathbf{R}^3$ 中的光滑二维子流形是球面 $\mathcal{S}^2=\{x\in\mathbf{R}^3:x^{\mathrm{T}}x=1\}$。假设 $f:\mathbf{R}^3\to\mathbf{R}:x\to f(x)=x^{\mathrm{T}}x-1$，那么其切空间为

$$T_x\mathcal{S}^2=\{v\in\mathbf{R}^3:v^{\mathrm{T}}x=0\}$$

2.5 商 流 形

商流形（quotient manifold）是一种抽象空间，且在一个流形中有相似的子集。这些相似子集可使用等价关系进行描述。假定 $\mathcal{M}$ 是一个流形，通常是一个向量空间 $\mathbf{R}^{n\times p}$ 且有相应的等价关系 $(\sim)$。如果 $\mathcal{M}$ 上所有元素与 $x\in\mathcal{M}$ 是等价的，那么可得到 x 的等价类，并记为

$$[x]=\{y\in\mathcal{M}|y\sim x\}$$

称 $\mathcal{M}$ 子集的等价关系为纤维（fiber）。因为 $\mathcal{M}$ 上所有元素属于同一个纤维且是等价的，所以将它们看成是某个空间下的同一个元素。这个空间称为 $\mathcal{M}$ 的商 $(/\sim)$，是所有等价类的集合 $\mathcal{M}/\sim=\{[x]|x\in\mathcal{M}\}$.

商流形是一个拓扑空间且具有如下映射的商拓扑：

$$\pi : \mathcal{M} \to \mathcal{M}/\sim, \quad x \to [x]$$

映射 π 称为商映射或正交投影。

这些子集并不总是光滑嵌入子流形。类似地，商空间也并不总是光滑商流形。特别地，正交投影 π 应是一个浸没。在这种情况下，存在一个可微结构使得 $\mathcal{M}/\sim$ 是一个光滑商流形。

定理 2.4（文献 [9] 中的命题 3.4.1） 假定 $\mathcal{M}$ 是一个光滑流形，且 $\mathcal{M}/\sim$ 是 $\mathcal{M}$ 的商。那么，$\mathcal{M}/\sim$ 至少拥有一个可微结构，使得它是 $\mathcal{M}$ 的商流形。

2.5.1 李群作用下的商流形

一个较著名的商流形例子是基于李群（Lie group）的分析。本书假定矩阵李群中的乘积规则与常用的矩阵乘法是相容的。

定义 2.21 一个李群 $\mathcal{G}$ 在流形 $\mathcal{M}$ 上的作用是光滑映射 $\delta : \mathcal{G} \times \mathcal{M} \to \mathcal{M}$，且满足：

(1) $\delta(e, x) = x, \forall x \in \mathcal{M}$，其中 e 是 $\mathcal{G}$ 的单元元素；

(2) $\delta(g_1, \delta(g_2, x)) = \delta(g_1 g_2, x), \forall g_1, g_2 \in \mathcal{G}$ 和 $x \in \mathcal{M}$。

李群作用也具有恰定、无约束、可传递的特性。李群作用具有 $\mathcal{M}$ 上的相似关系。考虑作用 δ，并定义 $x \in \mathcal{M}$ 上的映射

$$\delta_x : \mathcal{G} \to \mathcal{M}, p \to \delta_x(p) = \delta(p, x)$$

那么，等价关系

$$x_1 \sim x_2 \Leftrightarrow x_2 = \delta_{x_1}(g), \quad g \in \mathcal{G}$$

可以产生下面的等价类：

$$[x] = \delta_x(\mathcal{M}) = \mathrm{ran}(\delta_x)$$

基于李群理论，等价类 $[x]$ 称为通过 x 的轨道（orbit）。商 $\mathcal{M}/\sim$ 也就是所有轨道的集合，称为轨道空间，记为

$$\mathcal{M}/\mathcal{G} = \mathcal{M}/\sim = \{\delta_x(\mathcal{G}) | x \in \mathcal{M}\}$$

轨道空间不是光滑商流形。然而，商流形定理表明在李群作用的条件下，轨道空间是光滑商流形。

定理 2.5（文献 [142] 中的定理 9.16） 假定一个李群 $\mathcal{G}$ 在光滑流形 $\mathcal{M}$ 上是光滑、自由和恰定的，那么，轨道空间 $\mathcal{M}/\mathcal{G}$ 是 $\mathcal{M}$ 的商流形且维数是 $\dim(\mathcal{M}) - \dim(\mathcal{G})$。此外，正交投影 $\pi : \mathcal{M} \to \mathcal{M}/\mathcal{G}$ 是浸入的。

2.5.2 齐性空间下的商流形

如果轨道空间构建为李群的商且是闭合子群，那么它就是齐性空间。

定义 2.22（齐性空间, homogeneous space） 给定一个光滑流形 $\mathcal{M}$ 且有李群 $\mathcal{G}$ 的作用 $\delta:\mathcal{G}\times\mathcal{M}$。如果一个作用是可传递的，则 $\mathcal{M}$ 是齐性空间。

首先，给出一个通用构建方法，以获取这样的同质空间作为轨道空间。给定一个李群 $\mathcal{G}$ 和闭子群 $\mathcal{H}\subset\mathcal{G}$。对于 $\forall g_1,g_2\in\mathcal{G}$，$\mathcal{G}$ 上的等价关系定义为

$$g_1\sim g_2\Leftrightarrow g_1=g_2h,\quad h\in\mathcal{H}$$

$g\in\mathcal{G}$ 的等价类为

$$g\mathcal{H}=[g]=\{gh|h\in\mathcal{H}\}$$

定义为 g 模 $\mathcal{H}$ 的左陪集。另外，$\mathcal{G}$ 的商（$/\sim$）被命名为 $\mathcal{G}$ 模 $\mathcal{H}$ 的左陪集，并记为

$$\mathcal{G}/\mathcal{H}=\mathcal{G}/\sim$$

一个 $\mathcal{G}$ 的闭子群 $\mathcal{H}$ 是任意群。该群在子空间拓扑 $\mathcal{G}$ 的集合是闭合的。

例 2.4（文献 [142] 中的习题 9.25） 给定 $\mathrm{Grass}^{n,p}$ 是 $\mathbf{R}^n$ 上具有 p 维子空间的 Grassmann 流形。给定 $U\in\mathbf{R}_*^{n\times p}$ 是一个基，且 V 有类似的定义。那么，GL^n 直接作用于左边，也就是 $U=AV$，且有 GL^n。U 稳定项的形式为

$$\mathrm{Stab}_U=\begin{bmatrix}\mathrm{GL}^n & \mathbf{R}^{p\times(n-p)}\\ 0^{p\times(n-p)} & \mathrm{GL}^{n-p}\end{bmatrix}$$

该稳定项是 GL^n 的闭合子群。因此，$\mathrm{Grass}^{n,p}\overset{\mathrm{def}}{=\!=}\mathrm{GL}^n/\mathrm{Stab}_U$。

2.5.3 商流形的切空间

类似于欧氏空间的子流形，欧氏空间商流形的切向量有一个具体的表示形式。给定 $\mathcal{M}=\overline{\mathcal{M}}/\sim$ 是欧氏空间 $\overline{\mathcal{M}}$ 的商流形，$\overline{\mathcal{M}}$ 是 $\mathcal{M}$ 的全空间（total space）。因为 $\pi:\overline{\mathcal{M}}\to\mathcal{M}$ 是一个浸没，所以 $x\in\mathcal{M}$ 的每一个纤维 $\pi^{-1}(x)$ 是 $\overline{\mathcal{M}}$ 的一个嵌入子流形。给定 $\bar{x}\in\pi^{-1}(x)$ 是这个纤维的一个元素，那么在 $\bar{x}$ 处纤维的切空间为垂直空间（vertical space），也就是

$$\mathcal{V}_{\bar{x}}=T_{\bar{x}}(\pi^{-1}(x))$$

此外，定义 $\mathcal{H}_{\bar{x}}$ 为点 $\bar{x}$ 处的水平空间（horizontal space），并作为 $\mathcal{V}_{\bar{x}}$ 在 $T_{\bar{x}}\overline{\mathcal{M}}$ 上的补子空间（complementary subspace），即

$$\mathcal{V}_{\bar{x}}\oplus\mathcal{H}_{\bar{x}}=T_{\bar{x}}\overline{\mathcal{M}}$$

其中，符号 $\oplus$ 代表两个子空间的直接和。这种方式不是唯一的。

图 2.3 为商流形示意图。假定 $\overline{\mathcal{M}}$ 是欧氏空间，$T_{\bar{x}}\overline{\mathcal{M}} \stackrel{\text{def}}{=\!=} \overline{\mathcal{M}}$ 包含具体的向量或矩阵。此外，因为 $\dim(\mathcal{H}_{\bar{x}}) = \dim(T_x\mathcal{M})$，那么有可能通过一个具体向量 $\bar{v}_{\bar{x}} \in \mathcal{H}_{\bar{x}}$ 表示一个切向量 $v_x \in T_x\mathcal{M}$。假定向量 v_x 和 $\bar{v}_{\bar{x}}$ 在正交投影 π 下是相关的，因此有 $\mathrm{D}\pi(\bar{x})[\bar{v}_{\bar{x}}] = v_x$。那么，$\bar{v}_{\bar{x}}$ 被称为切向量 v_x 的唯一垂直空间。

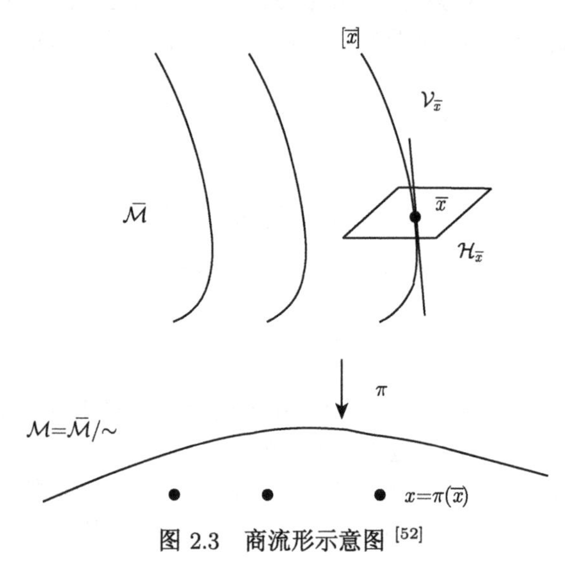

图 2.3 商流形示意图 [52]

2.6 黎曼结构和梯度

切空间是线性子空间。通过将内积与切空间进行联合考虑，可以得到这些空间的长度和角度。

定义 2.23（内积, inner product） 假定 $\mathcal{M}$ 是一个光滑流形，且点 $x \in \mathcal{M}$。一个 $T_x\mathcal{M}$ 上的内积 $\langle\cdot,\cdot\rangle_x$ 具有双线性、对称正定形式，也就是 $\forall \xi,\zeta,\eta \in T_x\mathcal{M}, a,b \in \mathbf{R}$:

(1) $\langle a\xi + b\zeta, \eta\rangle_x = a\langle\xi,\eta\rangle_x + b\langle\zeta,\eta\rangle_x$；

(2) $\langle\xi,\zeta\rangle_x = \langle\zeta,\xi\rangle_x$；

(3) $\langle\xi,\xi\rangle_x \geqslant 0$, $\langle\xi,\xi\rangle_x = 0 \Leftrightarrow \xi = 0$。

切向量 $\xi \in T_x\mathcal{M}$ 的范数是 $\|\xi\|_x = \sqrt{\langle\xi,\xi\rangle_x}$。

基于上述定义，ξ 和 η 的起点是 x，也就是 $\xi,\eta \in T_x\mathcal{M}$。简便起见，本书使用 $\langle\xi,\eta\rangle$，而不是 $\langle\xi,\eta\rangle_x$。需要注意的是，在一个光滑流形的所有切空间上定义一个内积，将会产生一个黎曼度量（Riemann metric）。

定义 2.24（黎曼流形, Riemannian manifold） 黎曼流形定义为 $(\mathcal{M},g)$，其中 $\mathcal{M}$ 是光滑流形，g 是一个黎曼度量。g 是 $\mathcal{M}$ 上的光滑变化内积，且对于每一个

$x \in \mathcal{M}$，

$$g_x(\cdot,\cdot) = \langle\cdot,\cdot\rangle_x$$

是切空间 $T_x\mathcal{M}$ 上的内积。

上述定义中的光滑变化为：对于所有 $\mathcal{M}$ 上的向量场 $X, Y \in \mathcal{X}(\mathcal{M})$，函数 $x \to g_x(X_x, Y_x)$ 是一个光滑函数（$\mathcal{M} \to \mathbf{R}$）。一个具有内积的向量空间（欧氏空间）被认为是黎曼流形的一个特例。

曲线 $\gamma : [0,1] \to \mathcal{M}$ 在黎曼流形 $(\mathcal{M}, g)$ 上的长度为

$$L(\gamma) = \int_0^1 \sqrt{g(\dot{\gamma}(t), \dot{\gamma}(t))}$$

连通流形 $(\mathcal{M}, g)$ 上的黎曼距离（Riemannian distance）的定义为

$$\mathrm{dist} : \mathcal{M} \times \mathcal{M} \to \mathbf{R}, \quad \mathrm{dist}(x_1, x_2) = \inf_{\Gamma(x_1,x_2)} L(\gamma) \tag{2.1}$$

其中，$\Gamma(x_1, x_2)$ 是所有分段连续曲线 γ 的集合且 $\gamma(0) = x_1$，$\gamma(1) = x_2$ 成立。其下确界是一个最小值，但是这条曲线不需要是唯一的。

基于度量 (2.1) 的定义，如果流形 $\mathcal{M}$ 上的每一个柯西序列收敛于 $\mathcal{M}$ 上的一个元素，那么度量空间 $(\mathcal{M}, g)$ 是完备的。假定 dist 和 $\widehat{\mathrm{dist}}$ 分别是 $(\mathcal{M}, g)$ 和 $(\widehat{\mathcal{M}}, \hat{g})$ 上的度量 (2.1)。如果上述两个流形的距离保持相等，即

$$\mathrm{dist}(x_1, x_2) = \widehat{\mathrm{dist}}(F(x_1), F(x_2)), \quad \forall x_1, x_2 \in \mathcal{M}$$

那么微分同胚 $F : (\mathcal{M}, g) \to (\widehat{\mathcal{M}}, \hat{g})$ 称为等距（isometric）。

定义 2.25（黎曼梯度, Riemannian gradient） 设 f 是黎曼流形上的标量场，f 在点 x 处的梯度记为 $\mathrm{grad}f(x)$，并定义为 $T_x\mathcal{M}$ 的唯一元素，且满足

$$\mathrm{D}f[\xi] = \langle \mathrm{grad}f(x), \xi \rangle_x, \quad \forall \xi \in T_x\mathcal{M}$$

因此，$\mathrm{grad}f : \mathcal{M} \to T\mathcal{M}$ 是 $\mathcal{M}$ 上的向量场。

需要注意的是，黎曼梯度取决于黎曼度量，但是黎曼流形上的方向导数与黎曼度量无关。对于欧氏空间上的标量场 f 来说，$\mathrm{grad}f$ 是通常意义上的梯度，记为 ∇f。类似于欧氏空间上的定义，上述的梯度是最速下降的向量场，且范数 $\|\mathrm{grad}f(x)\|_x$ 在 x 处有最陡斜率。更准确地说，

$$\|\mathrm{grad}f(x)\|_x = \max_{\xi \in T_x\mathcal{M}, \|\xi\|_x = 1} \mathrm{D}f(x)[\xi]$$

且 $\xi = \mathrm{grad}f(x)/\|\mathrm{grad}f(x)\|_x$ 时达到最大值。

2.6.1　黎曼子流形

设 $\mathcal{M}$ 是黎曼流形 $(\overline{\mathcal{M}}, \bar{g})$ 的嵌入子流形。因为，切空间 $T_x\mathcal{M}$ 作为一个子空间嵌入 $T_x\overline{\mathcal{M}}$，所以 $T_x\mathcal{M}$ 的切向量被认为是 $T_x\overline{\mathcal{M}}$ 的元素。把 $\bar{g}$ 作用于 $T_x\mathcal{M}$，可以得到一个作用于 $\mathcal{M}$ 的度量 g：$g_x(v,\eta) = \bar{g}_x(v,\eta), \forall v,\eta \in T_x\mathcal{M}$，这使得 $(\mathcal{M}, g)$ 变为 $(\overline{\mathcal{M}}, \bar{g})$ 的黎曼子流形。综上所述，下面给出黎曼子流形的定义。

定义 2.26（黎曼子流形, Riemannian submanifold）　设 $(\overline{\mathcal{M}}, \bar{g})$ 是黎曼流形，且 $(\mathcal{M}, g)$ 中的 $\mathcal{M}$ 是 $\overline{\mathcal{M}}$ 的子流形。同时，g 是 $\mathcal{M}$ 切空间上 $\bar{g}$ 的给定约束。对于所有点 $x \in \mathcal{M}$，以及所有的切向量 $\xi,\eta \in T_x\mathcal{M} \subset T_x\overline{\mathcal{M}}$，如果存在 $g_x(\xi,\eta) = \bar{g}_x(\xi,\eta)$，那么度量 g 和 $\bar{g}$ 是相容的，且 $\mathcal{M}$ 是 $\overline{\mathcal{M}}$ 的黎曼子流形。

子空间 $T_x\mathcal{M}$ 的正交补（othogonal complement）称为 $x \in \mathcal{M}$ 的正空交间（normal space）。其定义为

$$T_x^{\perp}\mathcal{M} = \{\xi \in T_x\overline{\mathcal{M}} : \langle \xi,\eta \rangle_x = 0,\ \forall \eta \in T_x\mathcal{M}\} \tag{2.2}$$

$T_x^{\perp}\mathcal{M}$ 的所有向量可唯一地分解为 $\xi = \mathrm{Proj}_x(\xi) + \mathrm{Proj}_x^{\perp}(\xi)$。其中，$\mathrm{Proj}_x(\xi)$ 和 $\mathrm{Proj}_x^{\perp}(\xi)$ 的具体形式是

$$\mathrm{Proj}_x(\xi) : T_x\overline{\mathcal{M}} \to T_x\mathcal{M}, \quad \mathrm{Proj}_x^{\perp}(\xi) : T_x\overline{\mathcal{M}} \to T_x^{\perp}\mathcal{M}$$

假设 $\bar{f}$ 是 $\overline{\mathcal{M}}$ 上的标量场。类似地，f 是 $\mathcal{M}$ 上的标量场，可得

$$\mathrm{grad} f(x) = \mathrm{Proj}_x \mathrm{grad} \bar{f}(x)$$

将 $\mathrm{grad}\bar{f}(x)$ 分解为正交和切分量，不难验证，对于所有 $\xi \in T_x\mathcal{M}$，有

$$\begin{aligned} \mathrm{D}f(x)[\xi] = \mathrm{D}\bar{f}(x)[\xi] &= \langle \mathrm{Proj}_x \mathrm{grad}\bar{f}(x) + \mathrm{Proj}_x^{\perp} \mathrm{grad}\bar{f}(x), \xi \rangle \\ &= \langle \mathrm{Proj}_x \mathrm{grad}\bar{f}(x), \xi \rangle_x \end{aligned}$$

特别地，如果 $\mathcal{M}$ 是欧氏空间 $\mathbf{R}^n$ 的一个黎曼子流形，那么

$$\mathrm{grad} f(x) = \mathrm{Proj}_x \nabla \bar{f}(x)$$

是一个经典的梯度计算过程并伴随切空间的正交投影。

例 2.5（基于例 2.3）　球面上的黎曼度量可以通过将 $\mathbf{R}^3$ 上的度量用于 $\mathcal{S}^2$ 来实现。因此，对于 $x \in \mathcal{S}^2$ 和 $v_1, v_2 \in T_x\mathcal{S}^2$，有 $\langle v_1, v_2 \rangle = v_1^{\mathrm{T}} v_2$。那么，切空间 $T_x\mathcal{S}^2$ 上的正交投影是

$$\mathrm{Proj}_x = I - xx^{\mathrm{T}}$$

其中，I 为单位矩阵。

2.6.2 黎曼商流形

设 $(\overline{\mathcal{M}}, \bar{g})$ 是黎曼流形，且 $\mathcal{M} = \overline{\mathcal{M}}/\sim$ 是 $\overline{\mathcal{M}}$ 的商流形。对于所有 $\bar{x} \in \overline{\mathcal{M}}$，可得

$$H_{\bar{x}} = V_{x}^{\perp} = \{\bar{\xi} \in T_{\bar{x}}\overline{\mathcal{M}} : \bar{g}_{\bar{x}}(\bar{\xi}, \bar{\eta}) = 0, \forall \bar{\eta} \in V_{\bar{x}}\}$$

因此，一个切向量 $\xi \in T_x\mathcal{M}$ 在 $\bar{x} \in x$ 处的水平提升（horizontal lift）具有唯一的水平向量 $\bar{\xi} \in H_{\bar{x}}$，可使得 $\mathrm{D}\pi(\bar{x})[\bar{\xi}] = \xi$。如果对于每一个 $x \in \mathcal{M}$ 和 $\xi, \eta \in T_x\mathcal{M}$，内积 $\bar{g}_{\bar{x}}(\bar{\xi}, \bar{\eta})$ 与提升点 $\bar{x}$ 是不相关的，也就是

$$g_x(\xi, \eta) = \bar{g}_{\bar{x}}(\bar{\xi}, \bar{\eta})$$

那么将定义 $\mathcal{M}$ 上的黎曼度量，而且 $(\mathcal{M}, g)$ 是 $\overline{\mathcal{M}}$ 的一个黎曼商流形。此外，正交投影 $\pi : \overline{\mathcal{M}} \to \mathcal{M}$ 是一个黎曼浸没，也就是 $H_{\bar{x}}$ 上的度量 $\mathrm{D}\pi(\bar{x})$ 是等距的：对于所有的 $\bar{\xi}, \bar{\eta} \in H_{\bar{x}}$，有

$$\bar{g}_{\bar{x}}(\bar{\xi}, \bar{\eta}) = g_x(\mathrm{D}\pi(\bar{x})[\bar{\xi}], \mathrm{D}\pi(\bar{x})[\bar{\eta}])$$

考虑商空间 $\mathcal{M}$ 上的标量场 f，这里给出 $x \in \mathcal{M}$ 处 f 梯度水平提升的计算方法。给定 $\overline{\mathcal{M}}$ 上的任意标量场 $\bar{f}$，且有 $\bar{f} = f \circ \pi$。需要注意的是，$\bar{f}$ 方向导数沿着垂直向量应置为 0：

$$\mathrm{D}\bar{f}(\bar{x})[\bar{\xi}] = \mathrm{D}f(\pi(\bar{x}))[\mathrm{D}\pi(\bar{x})[\bar{\xi}]] = \mathrm{D}\pi(x)[0] = 0$$

因此，$\bar{f}$ 的梯度是一个水平向量场（horizontal vector field）：$\forall \bar{x} \in \overline{\mathcal{M}}$, $\mathrm{grad}\bar{f}(\bar{x}) \in H_{\bar{x}}$。上述的水平向量场是 f 的梯度水平提升：

$$\overline{\mathrm{grad} f(x)} = \mathrm{grad}\bar{f}(\bar{x})$$

其中，$\overline{\mathrm{grad} f(x)}$ 表示 $\mathrm{grad} f(x)$ 在 $\bar{x}$ 处的水平提升。

另外，对于所有 $x \in \mathcal{M}$ 和 $\xi \in T_x\mathcal{M}$，以及任意提升点 $\bar{x} \in x$，可得

$$\begin{aligned} g_x(\mathrm{grad} f(x), \xi) &= g_x(\mathrm{D}\pi(\bar{x})[\overline{\mathrm{grad} f(x)}], \mathrm{D}\pi(\bar{x})[\bar{\xi}]) \\ &= g_x(\mathrm{D}\pi(\bar{x})[\mathrm{grad}\bar{f}(\bar{x})], \mathrm{D}\pi(\bar{x})[\bar{\xi}]) \\ &= \bar{g}_{\bar{x}}(\mathrm{grad}\bar{f}(\bar{x}), \bar{\xi}) \\ &= \mathrm{D}\bar{f}(\bar{x})[\bar{\xi}] = \mathrm{D}f(x)[\xi] \end{aligned}$$

水平空间和垂直空间在 $\bar{x}$ 处的正交投影分别表示为 $\mathrm{Proj}_{\bar{x}}^{h} : T_{\bar{x}}\overline{\mathcal{M}} \to H_{\bar{x}}$ 和 $\mathrm{Proj}_{\bar{x}}^{v} : T_{\bar{x}}\overline{\mathcal{M}} \to V_{\bar{x}}$，其中的正交性可根据度量 $\bar{g}$ 进行表征。

2.7 仿射联络和黎曼 Hessian

许多最优化方法都需要二阶信息。一般来说，二阶信息可通过计算一个向量场的导数来获得。例如，欧氏空间中的经典牛顿迭代可以通过求解梯度的特定方向导数来获得。

设 $\mathcal{M}$ 是一个黎曼流形，且 X、Y 是 $\mathcal{M}$ 上的向量场。定义 Y 为在 $x\in\mathcal{M}$ 处沿着方向 X_x 的导数。如果 $\mathcal{M}$ 是欧氏空间，可得

$$\mathrm{D}Y(x)[X_x]=\lim_{t\to 0}\frac{Y(x+tX_x)-Y(x)}{t}$$

当 $\mathcal{M}$ 不是欧氏空间时，上述方程将无意义，因为 $x+tX_x$ 是未定义的。此外，即使 $x+tX_x$ 有意义，$Y(x+tX_x)$ 和 $Y(x)$ 也可能不属于相同的向量空间，因此它们的微分未定义或不可行。

为解决上述问题，需要引入联络这一概念。联络是可微流形结构上的附加结构，可以比较邻近点切空间中的向量。这是流形特有的概念。本书主要关注 Levi-Civita 联络。

下面将讨论与黎曼流形相关的仿射联络的定义以及 Levi-Civita 定理，引入黎曼 Hessian(我们把实值函数二阶偏导数 Hessian 矩阵在黎曼流形上的扩展称为黎曼 Hessian) 的概念，给出与黎曼子流形和黎曼商流形这些概念相关的定理。

定义 2.27（仿射联络, affine connection）　设 $\mathcal{X}(\mathcal{M})$ 表示 $\mathcal{M}$ 上光滑向量场的集合，$\mathfrak{F}(\mathcal{M})$ 表示 $\mathcal{M}$ 上光滑标量场的集合。流形 $\mathcal{M}$ 上的仿射联络 ∇ 是一个映射

$$\nabla:\mathfrak{F}(\mathcal{M})\times\mathfrak{F}(\mathcal{M})\to\mathfrak{F}(\mathcal{M}):(X,Y)\to\nabla_X Y$$

且满足下面的性质。

(1) $\mathfrak{F}(\mathcal{M})$-线性：$\nabla_{fX+gY}Z=f\nabla_X Z+g\nabla_Y Z$；

(2) $\mathbf{R}$ 线性：$\nabla_X(aY+bZ)=a\nabla_X Y+b\nabla_X Z$；

(3) 莱布尼茨公式：$\nabla_X(fY)=(Xf)Y+f\nabla_X Y$，其中，$X,Y,Z\in\mathcal{X}(\mathcal{M})$，$f,g\in\mathfrak{F}(\mathcal{M})$ 和 $a,b\in\mathbf{R}$。

需要注意的是，符号 ∇ 不是梯度算子。本书使用向量场的标准解析形式。Xf 记为 $\mathcal{M}$ 上的标量场且 $Xf(x)=\mathrm{D}f(x)[X_x]$。与常见 $\mathbf{R}^n$ 空间上的微分相比，任意光滑流形存在无限的仿射联络，且特定的联络是唯一存在的。除非另有说明，本书总是假定联络是 Levi-Civita 联络。基于这些联络所定义的导数可以给出与坐标无关的曲线（速度向量的导数）和标量场的黎曼 Hessian（梯度向量场的导数）。

定义 2.28（协变导数, covariant derivative）　向量场 $\nabla_X Y$ 称为关于 X 的 Y 协变导数且有相应的仿射联络 ∇。因为 $(\nabla_X Y)_x\in T_x\mathcal{M}$ 仅取决于 X 且通过 X_x 可以使 $\nabla_\xi Y$ 成立，且 $\xi\in T_x\mathcal{M}$，所以对于任意 $X\in\mathcal{X}(\mathcal{M})$，有 $X_x=\xi$。

对于每个点 $x \in \mathcal{M}$，向量 $(\nabla_X Y)_x$ 将表示向量场 Y 在 x 处沿着方向 X_x 变化。例 2.6 展示了欧氏空间中的一个仿射联络。

例 2.6 在 $\mathbf{R}^n$ 中，经典的方向导数可定义为一个仿射联络：

$$(\nabla_X Y)_x = \lim_{t \to 0} \frac{Y(x + tX_x - Y(x))}{t} = \mathrm{D}Y(x)[X_x]$$

这个例子验证了仿射联络是有效的。黎曼流形的附加结构具有较为丰富的内在机理。Levi-Civita 定理确保可以给每个黎曼流形一个特定的仿射联络。

定理 2.6（Levi-Civita 定理） 一个黎曼流形 $\mathcal{M}$ 存在唯一的仿射联络 ∇，且对于所有的 $X, Y, Z \in \mathcal{X}(\mathcal{M})$，满足

(1) 对称性：$\nabla_X Y - \nabla_Y X = [X, Y]$；

(2) 相容性（与黎曼度量）：$Z\langle X, Y\rangle = \langle \nabla_Z, Y\rangle + \langle X, \nabla_Z Y\rangle$。

仿射联络称为 Levi-Civita 联络，或黎曼联络（Riemannian connection）。

在上述定义中，符号 $[X, Y]$ 代表 X 和 Y 之间的李括号，也是一个向量场，定义为 $[X, Y]f = X(Yf) - Y(Xf), \forall f \in \mathfrak{F}(\mathcal{M})$。例 2.6 给出的联络是欧氏空间上的黎曼联络，具有规范内积。由于联络展示了向量场导数的概念，对于黎曼流形，需要定义黎曼 Hessian，作为梯度向量场的导数。

定义 2.29（黎曼 Hessian） 给定一个黎曼流形 $\mathcal{M}$ 上的标量场 f 且有相应黎曼联络 ∇，那么 f 在点 $x \in \mathcal{M}$ 处的黎曼 Hessian 是从 $T_x\mathcal{M}$ 至自身的线性映射 $\mathrm{Hess} f(x)$。其定义为

$$\mathrm{Hess} f(x)[\xi] = \nabla_\xi \mathrm{grad} f = (\nabla_X \mathrm{grad} f)_x$$

其中，X 是任意 $\mathcal{M}$ 上的向量场且 $X_x = \xi$。

特别地，黎曼 Hessian 是一个关于黎曼度量的对称算子：

$$\langle \mathrm{Hess} f(x)[\xi], \eta\rangle_x = \langle \xi, \mathrm{Hess} f(x)[\eta]\rangle_x$$

对于黎曼子流形和黎曼商流形的这些特例，可以较容易计算黎曼联络和黎曼 Hessian。下面给出关于黎曼子流形联络和黎曼商流形联络的两个定理。

定理 2.7（文献 [9] 中的命题 5.3.2） 设 $(\mathcal{M}, g)$ 是黎曼子流形，且嵌入一个黎曼流形 $(\overline{\mathcal{M}}, \bar{g})$，$P_x^t$ 表示正交映射于 $T_x\mathcal{M} (x \in \mathcal{M})$。那么，$\mathcal{M}$ 上的 Levi-Civita 联络 ∇ 满足

$$\nabla_X Y(x) = -P_x^t(\bar{\nabla}_X Y(x))$$

其中，$\bar{\nabla}$ 为 $\overline{\mathcal{M}}$ 上的 Levi-Civita 联络。

定理 2.8（文献 [9] 中的命题 5.3.3） 假设黎曼流形 $(\overline{\mathcal{M}}, \bar{g})$ 及其黎曼商流形 $(\mathcal{M}, g)$，以及 $P_{\bar{x}}^h$ 表示正交映射于 $H_{\bar{x}} (\bar{x} \in \overline{\mathcal{M}})$。那么，$\mathcal{M}$ 上的 Levi-Civita 联络 ∇

的水平提升满足

$$\overline{\nabla_X Y(x)} = P^h_{\bar{x}}(\bar{\nabla}_{\bar{X}}\bar{Y}(x))$$

对于所有的向量场 $X, Y \in \mathcal{X}(\mathcal{M})$，有 $\overline{\mathcal{M}}$ 上的 Levi-Civita 联络 $\bar{\nabla}$。

2.7.1 黎曼子流形的联络

定理 2.9 给出了一个关于黎曼流形的子流形黎曼联络 [9]。

定理 2.9 设 $\mathcal{M}$ 是黎曼流形 $\overline{\mathcal{M}}$ 的黎曼商流形，∇ 和 $\bar{\nabla}$ 分别表示 $\mathcal{M}$ 和 $\overline{\mathcal{M}}$ 上的黎曼联络。那么对于所有的 $X, Y \in \mathcal{X}(\mathcal{M})$，可得

$$(\nabla_X Y)_x = \mathrm{Proj}_x(\bar{\nabla}_X Y)_x$$

特别地，如果 $\overline{\mathcal{M}}$ 是例 2.6 中的欧氏空间，那么

$$(\nabla_X Y)_x = \mathrm{Proj}_x(\mathrm{D}Y(x)[X_x]) \tag{2.3}$$

这意味着 $\mathcal{M}$ 上的黎曼联络可通过一个在嵌入空间的传统方向导数，以及切空间上的投影获得。对于黎曼 Hessian 来说，有

$$\mathrm{Hess} f(x)[\xi] = \mathrm{Proj}_x(\mathrm{D}(x \to \mathrm{Proj}_x \nabla f(x))[\xi])$$

其中，$\nabla f(x)$ 表示 $\mathcal{M}$ 经典意义上的梯度，并可视为在嵌入欧氏空间上的标量场。

2.7.2 黎曼商流形的联络

黎曼流形的黎曼联络与商流形的联络是紧密相关的。

定理 2.10 设 $\overline{\mathcal{M}}$ 是一个黎曼流形，$\mathcal{M} = \overline{\mathcal{M}}/\sim$ 是 $\overline{\mathcal{M}}$ 上的黎曼商流形，且 ∇ 和 $\bar{\nabla}$ 分别是 $\mathcal{M}$ 和 $\overline{\mathcal{M}}$ 的黎曼联络。那么，对于所有的 $X, Y \in \mathcal{X}(\mathcal{M}), x \in \mathcal{M}, \bar{x} \in x$，可得

$$\overline{(\nabla_X Y)_x} = \mathrm{Proj}^h_{\bar{x}}(\bar{\nabla}_{\bar{X}}\bar{Y})_{\bar{x}}$$

其中，$\overline{(\nabla_X Y)_x}$ 表示水平提升；$\mathrm{Proj}^h_{\bar{x}}$ 表示在 $\bar{x}$ 处正交映射于水平空间。

特别地，如果空间 $\overline{\mathcal{M}}$ 是欧氏空间，那么上式将会退化为

$$\overline{(\nabla_X Y)_x} = \mathrm{Proj}^h_{\bar{x}}(\mathrm{D}\bar{Y}(\bar{x})[\bar{X}_{\bar{x}}])$$

也就是，水平向量场 $\bar{Y}$ 的经典方向导数将伴随着水平投影（horizontal projection）。对于黎曼 Hessian 来说，它的形式是

$$\mathrm{Hess} f(x)[\xi] = \mathrm{Proj}^h_{\bar{x}}(\mathrm{D}\overline{\nabla f}(\bar{x})[\bar{\xi}])$$

其中，$\overline{\nabla f}$ 是 f 在欧氏空间上的梯度，且可以认为是全空间上的一个函数。需要注意的是，这个空间是一个水平向量场。

2.8 流形上的曲线

欧氏空间 $\mathbf{R}^n$ 上的线段（可视作参数化弧长的曲线）的一个特性是具有零加速度（zero acceleration）。下面的定义将直线的定义广义化至流形，且保留零加速度特性。这里引入曲线、切线的表示方法。给定一个 $\mathcal{C}^1$ 类曲线：$\gamma:[a,b]\to\mathcal{M}$，且有 $t\in[a,b]$。此外，定义一个 $\mathcal{M}$ 上的曲线：

$$\gamma_t:[a-t,b-t]\to\mathcal{M}:\tau\to\gamma_t(\tau)=\gamma(t+\tau)$$

该曲线满足 $\gamma_t(0)=\gamma(t)$。因此，等价类 $[\gamma_t]\in T_{\gamma(t)}\mathcal{M}$ 是一个向量且在时刻 t 相切于 γ（参见定义 2.8）。将上述过程表示为

$$\dot{\gamma}(t)=[\gamma_t]$$

定义 2.30（沿着曲线加速，acceleration along a curve） 设 $\mathcal{M}$ 是一个光滑流形且有相应的联络 ∇，以及 $\mathcal{M}$ 上的 $\mathcal{C}^2$ 类曲线 $\gamma:H\to\mathcal{M}$。其中，H 是 $\mathbf{R}$ 上的开区间。沿着曲线 γ 的加速为

$$t\to\nabla_{\dot{\gamma}(t)}\dot{\gamma}(t)\in T_{\gamma(t)}\mathcal{M}$$

上述方程被光滑地扩展至任意向量场 $X\in\mathcal{X}(\mathcal{M})$，因此对于所有的 t，有 $X_{\gamma(t)}=\dot{\gamma}(t)$。对于欧氏空间 $\mathbf{R}^n$ 上的子流形，基于定义 2.7，上述方程变为

$$\nabla_{\dot{\gamma}(t)}\dot{\gamma}(t)=\mathrm{Proj}_{\gamma(t)}\gamma''(t)$$

其中，$\gamma''(t)$ 是 γ 的经典二阶导数，且可视为欧氏空间 $\mathbf{R}^n$ 上的曲线。

定义 2.31（测地线, geodesic） 曲线 $\gamma:H\to\mathcal{M}$ 是测地线（其中，H 是 $\mathbf{R}$ 上的开区间）当且仅当它在所有的定义域上具有零加速度。

不同的联络 ∇ 需要引入概念 —— 加速度，因此需要定义 $\mathcal{M}$ 上的测地线。如果 $\mathcal{M}$ 是一个黎曼流形，且 ∇ 是相应的联络，那么测地线将具有一些额外特性。对于黎曼流形 $\mathcal{M}$，基于切空间上的内积，可以得到黎曼流形曲线上长度和距离的定义。

此外，可能存在不能由单条测地线所连接的点。对于一些流形，可以保证这些曲线确实存在，如 Hopf-Rinow 定理。

定理 2.11（Hopf-Rinow 定理） 设 $(\mathcal{M},g)$ 是一个连通流形，于是下面的特性是相互等价的：

(1) 任意测地线都可以无限延伸；

(2) 基于黎曼距离，$(\mathcal{M}, g)$ 是一个完备度量空间；

(3) 基于黎曼距离，$\mathcal{M}$ 的任何有界子集的闭包是紧的；

(4) $\mathcal{M}$ 上的两个点可以用最短测地线连接。

测地线的长度最短特性将产生下面的定义。

定义 2.32　设 $(\mathcal{M}, g)$ 是一个具有联络 ∇ 的黎曼流形。单位速度曲线 $\gamma : (a,b) \to \mathcal{M}$ 称为测地线当且仅当存在下面泛函的一个临界点

$$S(\gamma) = \int_a^b g(\dot{\gamma}(t), \dot{\gamma}(t))\mathrm{d}t$$

测地线具有较好的等距特性，该特性称为 Levi-Civita 联络的内在特性。

定理 2.12　设 $\psi : (\mathcal{M}, g) \to (\widehat{\mathcal{M}}, \hat{g})$ 是等距的。如果 γ 是 $\mathcal{M}$ 上的测地线，那么 $\psi \circ \gamma$ 是 $\widehat{\mathcal{M}}$ 上的测地线。

$\mathcal{M}$ 上的每一个点 x 有邻域且在 Exp_x 下有微分同胚像。若测地线是完备的，则对于每一个 $x \in \mathcal{M}$，Exp_x 的定义域是 $T_x\mathcal{M}$。

定义 2.33（曲线长度, length of a curve）　给定黎曼流形 $(\mathcal{M}, g)$ 上 C^1 类曲线 $\gamma : [a,b] \to \mathcal{M}$，且有 $\langle \xi, \eta \rangle_x = g_x(\xi, \eta)$，其曲线长度的定义为

$$\mathrm{length}(\gamma) = \int_a^b \sqrt{\langle \dot{\gamma}(t), \dot{\gamma}(t) \rangle_{\gamma(t)}} = \int_a^b \|\dot{\gamma}(t)\|_{\gamma(t)}\mathrm{d}t$$

如果 $\mathcal{M}$ 是欧氏空间 $\mathbf{R}^n$ 的黎曼子流形，则 $\dot{\gamma}(t)$ 可用 $\gamma'(t)$ 表示。基于上述讨论，下面直接给出黎曼距离的定义。

定义 2.34（黎曼距离）　$\mathcal{M}$ 上的黎曼距离或测地线距离定义为

$$\mathrm{dist} : \mathcal{M} \times \mathcal{M} \to \mathbf{R}^+ : (p,q) \to \mathrm{dist}(p,q) = \inf_{\gamma \in \varGamma} \mathrm{length}(\gamma)$$

其中，$\varGamma$ 是所有 C^1 类曲线 $\gamma : [0,1] \to \mathcal{M}$ 的集合，且 $\gamma(0) = p$ 和 $\gamma(1) = q$。

在合理的条件下，黎曼距离可以定义一个度量。上述定义预示着两点之间的距离是连接两点的最短路径长度。在欧氏空间中，这样的路径仅仅是两个点的线段。对于邻近点，由黎曼联络所定义的测地线是黎曼度量下的最短路径。但是，这对测地线上的任意两点都不成立。考虑单位球（$\mathbf{R}^3$）上赤道的两点。赤道本身可以通过弧长进行参数化，可以认为是测地线。沿着该测地线，使用长度为 r 或 $2\pi - r$ 的路径将这两点连接起来。除 $r = \pi$ 外，其中的一条路径肯定是次优的。除非特别说明，本书都考虑最小测地线，即最短长度的测地线。

2.8.1　指数映射、收缩与对数映射

指数映射是这样一种映射：给定流形上一个点 x 及相应的切向量 ξ，对 $x + \xi$ 进行扩展。在欧氏空间中，$x + \xi$ 在点 x 处沿着 ξ 的方向移动，移动距离为 ξ。在

具有联络的流形上，$\mathrm{Exp}_x(\xi)$ 是流形上的一个点，并从 x 处出发，沿着 ξ 的方向移动。其中，测地线具有零加速度特性。对于一个具有黎曼联络的黎曼流形，移动的距离等于 ξ 的范数。

定义 2.35（指数映射, exponential map） 设 $\mathcal{M}$ 是一个光滑流形且具有联络 ∇，及 $x \in (\mathcal{M})$。对于每一个 $\xi \in T_x\mathcal{M}$，存在着一个开区间 $H \ni 0$，以及唯一的测地线 $\gamma(t;x,\xi) : H \to \mathcal{M}$，且 $\gamma(0) = x$ 和 $\dot{\gamma}(0) = \xi$。此外，具有同质性 $\gamma(t;x,a\xi) = \gamma(at;x,\xi)$。该映射的定义为

$$\mathrm{Exp}_x : T_x\mathcal{M} \to \mathcal{M} : \xi \to \mathrm{Exp}_x(\xi) = \gamma(1;x,\xi)$$

称其为在 x 处的指数映射。特别地，$\mathrm{Exp}_x(0) = x, \forall x \in \mathcal{M}$。

需要注意的是，计算矩阵指数是指数映射的一种实现方式。另外，测地线 $\gamma(t;x,\xi)$ 中 I 的定义域对于所有的 ξ 并不需要包含 $t = 1$，所以 Exp_x 的定义域不一定包含整个切空间。

定义 2.36（测地完备流形, geodesically complete manifold） 对于所有 $x \in \mathcal{M}$，如果 Exp_x 定义于整个切空间 $T_x\mathcal{M}$，那么流形 $\mathcal{M}$ 称为是测地完备的。

指数映射的计算可能比较耗时。下面将介绍一个比较简单也比较重要的概念：收缩。收缩不需要考虑联络和度量，但是仍能保持指数映射在优化过程中的大部分特性。从本质上来说，收缩的定义将不再依赖如下先验条件：①轨迹 γ 是测地线；②移动距离与 $\|\xi\|$ 等距，如图 2.4 所示。

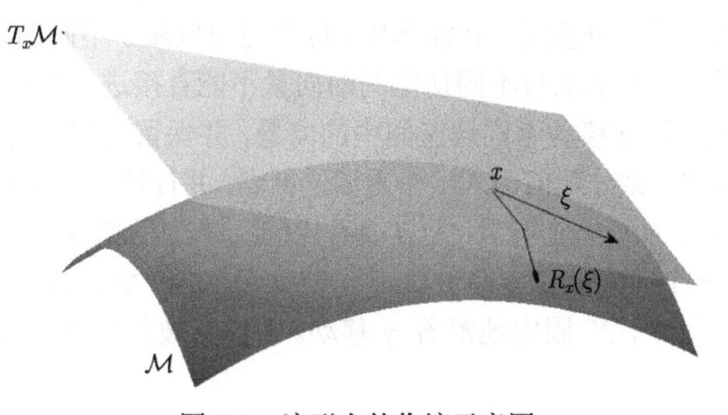

图 2.4 流形上的收缩示意图

定义 2.37（收缩） 流形 $\mathcal{M}$ 上的收缩是从切丛 $T\mathcal{M}$ 映射至 $\mathcal{M}$ 的一个光滑映射 R，并具有下面的特性。对于所有 $x \in \mathcal{M}$，设 R_x 表示对 $T_x\mathcal{M}$ 的限制，于是可得：

(1) $R_x(0) = x$，其中 0 是 $T_x\mathcal{M}$ 的零元素；

(2) 微分 $(\mathrm{D}R_x)_0$：

$$T_0(T_x\mathcal{M}) = T_x\mathcal{M} \to T_x\mathcal{M}$$

是 $T_x\mathcal{M}$ 上的单位映射，也就是 $(\mathrm{D}R_x)_0 = I_d$（局部刚性，local rigidity）。

等效地，局部刚性条件可以表示为 $\forall\xi \in T_x\mathcal{M}$，曲线 $\gamma_\xi : t \to R_x(t\xi)$ 满足 $\dot{\gamma}_\xi(0) = [\gamma_\xi] = \xi$。特别地，一个指数映射是收缩。换句话说，收缩与指数映射具有一些共同特性，但是可以根据不同的情况提出并实现不同形式的收缩，且仅需要较低的计算量。

另外一个重要的概念是对数映射（logarithmic map），定义为指数映射的逆映射，是对概念 $y - x$ 的广义化。这有助于定义用于估计理论的概念：误差向量 $\mathrm{Log}_\theta(\hat{\theta})$。其中，$\theta \in \mathcal{M}$ 是一个用于估计的参数且 $\hat{\theta} \in \mathcal{M}$ 是 θ 的估计。基于上述考虑，θ 处的 $\mathrm{Log}_\theta(\hat{\theta})$ 表示一个用于衡量大小和方向的估计误差 $\hat{\theta} - \theta$。

定义 2.38（对数映射）　设 $\mathcal{M}$ 是一个黎曼流形，定义

$$
\begin{aligned}
&\mathrm{Log}_x : \mathcal{M} \to T_x\mathcal{M} : y \to \mathrm{Log}_x(y) = \xi \\
&\text{s.t.}\quad \mathrm{Exp}_x(\xi) = y, \quad \|\xi\|_x = \mathrm{dist}(x, y)
\end{aligned}
$$

给定一个起始点 x 和目标点 y，对数映射将返回一个从 x 指向 y 的切向量，且有 $\|\mathrm{Log}_x(y)\| = \mathrm{dist}(x, y)$。然而，这个定义是不完善的，很有可能存在多个 ξ。例如，考虑球体 $\mathcal{S}^2$，将 x 和 y 置于两极：对于任意向量 $\eta \in T_x\mathcal{S}^2$ 且 $\|\eta\| = \pi$，有 $\mathrm{Exp}_x(\eta) = y$。只要 x 和 y 距离“足够远”，上述定义就是合适的。

2.8.2　并行移动

在欧氏空间中，许多优化算法需要在不同点（不同空间）对向量进行对比，那么向量的基点就变得不重要了。在流形中，每个切向量属于不同的切空间且处于不同的基点。但是，流形上来自不同切空间的向量不能直接进行对比。因此，本章给出一个数学工具，能够移动不同切空间中的向量，并保留它们原有的信息。

针对上述问题，微分几何引入一个重要的概念：并行移动 (parallel translation)。考虑两个点 $x, y \in \mathcal{M}$、一个向量 $\xi \in T_x\mathcal{M}$，以及 $\mathcal{M}$ 上的曲线 γ 且有 $\gamma(0) = x$ 和 $\gamma(1) = y$。引入一个向量场 X，沿着轨迹 γ 使 $X_x = \xi$ 和 $\nabla_{\dot{\gamma}(t)}X(\gamma(t)) = 0$，该向量场被并行移动。其中，$X$ 固定地沿着 γ 移动。那么，被并行移动的向量是 X_y，且与 γ 相关。

一般而言，计算 X_y 需要求解 $\mathcal{M}$ 上的微分方程。类似于收缩用于近似指数映射，本章介绍并行移动的近似：向量传输。

向量传输的目的在于将一个向量 $\xi \in T_x\mathcal{M}$ 从点 $x \in \mathcal{M}$ 移动至 $R_x(\eta) \in \mathcal{M}(\eta \in T_x\mathcal{M})$。首先引入惠特尼和（Whitney sum）：

$$
T\mathcal{M} \oplus T\mathcal{M} = \{(\eta, \xi) : \eta, \xi \in T_x\mathcal{M}, x \in \mathcal{M}\}
$$

因此，$T\mathcal{M} \oplus T\mathcal{M}$ 是切向量对的集合且属于同一个切空间，如图 2.5 所示。

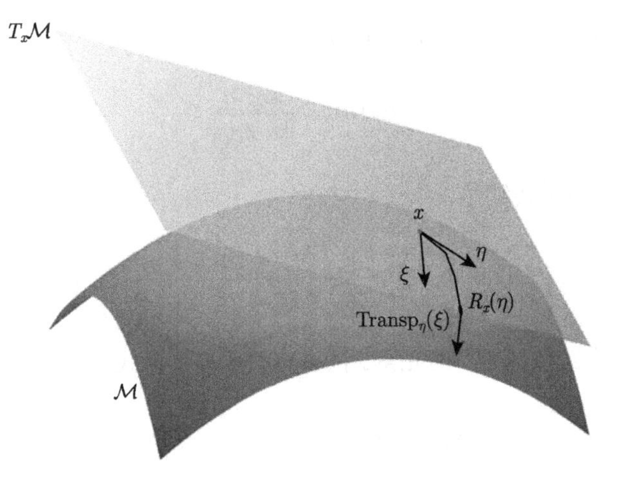

图 2.5 流形上的向量传输示意图

定义 2.39（向量传输, vector transport） 流形 $\mathcal{M}$ 上的向量传输是一个光滑映射

$$\mathrm{Transp}: T\mathcal{M} \oplus T\mathcal{M} \to T\mathcal{M}: (\eta, \xi) \to \mathrm{Transp}_\eta(\xi)$$

且对于所有 $x \in \mathcal{M}$ 满足下面的特性。

(1) 收缩伴随性：存在一个收缩 R，被称为伴 Transp 的收缩，使得 $\mathrm{Transp}_\eta(\xi) \in T_{R_{x(\eta)}}\mathcal{M}$;

(2) 一致性：对于所有的 $\xi \in T_x\mathcal{M}$，有 $\mathrm{Transp}_0(\xi)$;

(3) 线性：

$$\mathrm{Transp}_\eta(a\xi + b\zeta) = a\mathrm{Transp}_\eta(\xi) + b\mathrm{Transp}_\eta(\zeta), \quad \forall \eta, \xi, \zeta \in T_x\mathcal{M}, \quad a, b \in \mathbf{R}$$

这个定义的优点是它可用于分析多种优化算法，如黎曼共轭梯度法和黎曼拟牛顿法等，同时方便研究。该定义可将向量 ξ 从一个点 x 传输至点 y，而不是沿着向量 η 传输。下面给出一个比较有用的表示：

$$\mathrm{Transp}_{y\leftarrow x}(\xi) = \mathrm{Transp}_{R_x^{-1}(y)}(\xi)$$

映射 $\mathrm{Transp}_{y\leftarrow x}: T_x\mathcal{M} \to T_y\mathcal{M}$ 是向量传输，且与 x、y 相关。对 ξ 来说，它是线性的，而且 $\mathrm{Transp}_{x\leftarrow x}$ 是单位映射。

如果一个向量传输满足

$$\langle \mathrm{Transp}_\eta(\xi), \mathrm{Transp}_\eta(\zeta) \rangle = \langle \xi, \zeta \rangle \tag{2.4}$$

那么称其为等距向量传输。

例 2.7　球面 $\mathcal{S}^2$ 上的一个收缩为

$$R_x(\eta)=\frac{x+\eta}{\|x+\eta\|}$$

与之相应的一个向量传输是

$$\text{Transp}_{\eta}(\xi)=\left[I-\frac{(x+\eta)(x+\eta)^{\mathrm{T}}}{(x+\eta)^{\mathrm{T}}(x+\eta)}\right]\xi$$

其中，x、η、ξ 被认为是 $\mathbf{R}^3$ 的元素。同样地，其等价形式为

$$\text{Transp}_{y\leftarrow x}(\xi)=(I-yy^{\mathrm{T}})\xi=\text{Proj}_y\xi$$

因此，ξ 是一个在任意空间 $\mathbf{R}^3$ 上的向量，并在点 y 处正交地投影至切空间。

向量传输这一概念可用于构建黎曼共轭梯度、黎曼拟牛顿等，以求解黎曼流形上的最优化问题。

2.8.3　曲率

本节直接给出黎曼流形曲率的概念。本节的论述仅限于几个关键的概念。如果黎曼流形 $\mathcal{M}$ 局部等距于欧氏空间，那么 $\mathcal{M}$ 是平坦的。从另一个角度看，对于所有 $x\in\mathcal{M}$，存在 x 的邻域 $U\subset\mathcal{M}$ 和一个等距 $\psi:U\to V\subset\mathbf{R}^d$。一个等距可保持距离为

$$\text{dist}(x,y)=\|\psi(x)-\psi(y)\|$$

其中，$\|\cdot\|$ 代表 $\mathbf{R}^d$ 上的欧氏范数。该定义的内蕴是：在局部变平且没有扭曲的情况下，流形是平坦的。此外，具有黎曼子流形几何结构的 $\mathcal{S}^2\subset\mathbf{R}^3$ 是不平坦的。例如，切一小片豌豆，试着使它变平，必然导致其撕裂或损坏。又如，圆柱体 $\mathbf{R}\times\mathcal{S}^1\subset\mathbf{R}^3$ 具有黎曼子流形几何结构，因此圆柱体是平坦的。基于上述例子，所有一维黎曼流形都是平坦的。此外，平坦空间的乘积也是平坦的。

根据内曲率和外曲率之间的差异，基于现有定义，圆形和圆柱体的平坦特性被证明是违反直觉的。圆形可以通过不同的方式嵌入 $\mathbf{R}^2$，但是其距离定义没有变化，因此它的黎曼结构也没有变化。不同的嵌入方式可能产生不同的外曲率。相反，可以想象如果一个人生活在曲线上，而不注意周围的环境，那么这个人就无法感知到曲率（至少在局部），因为不能感觉到圆形嵌入 $\mathbf{R}^2$ 中的特性。因此，从一个内在角度观察，圆形没有曲率，上述定义可以覆盖上述情况，而 $\mathcal{S}^2$ 具有内/外曲率。

考虑黎曼流形 $\mathcal{M}$ 及其相应的黎曼联络 ∇，文献 [143] 中的定理 7.3 认为 $\mathcal{M}$ 是平坦的，当且仅当所有的向量场 X、Y、Z 满足

$$\nabla_X \nabla_Y Z - \nabla_Y \nabla_X Z = \nabla_{[X,Y]} Z$$

其中，$[X,Y]$ 代表李括号。

因此，对于向量场 X、Y，有 $[X,Y]=0$，协变导数使其变为平坦流形。下面直接给出黎曼曲率张量的定义。

定义 2.40（黎曼曲率张量, Riemannian curvature tensor） 给定黎曼流形 $\mathcal{M}$ 上的任意向量场 X、Y、Z，且具有黎曼联络 ∇，那么黎曼曲率张量 $\mathcal{R}:\mathcal{X}(\mathcal{M})\times\mathcal{X}(\mathcal{M})\times\mathcal{X}(\mathcal{M})\to\mathcal{X}$ 的定义是

$$\mathcal{R}(X,Y)Z = \nabla_X \nabla_Y Z - \nabla_Y \nabla_X Z - \nabla_{[X,Y]} Z$$

黎曼曲率张量具有下面的对称性：

$$\begin{aligned}
&\mathcal{R}(X,Y) = -\mathcal{R}(Y,X) \\
&\langle \mathcal{R}(X,Y)Z, W\rangle = -\langle \mathcal{R}(X,Y)Z, W\rangle \\
&\mathcal{R}(X,Y)Z + \mathcal{R}(Z,X)Y + \mathcal{R}(Y,Z)X = 0
\end{aligned} \tag{2.5}$$

文献 [143] 将 $\mathcal{R}$ 视为黎曼曲率自同构（endomorphism），并将 $\mathcal{X}(\mathcal{M})^4$ 至 $\mathfrak{F}(\mathcal{M})$ 的映射

$$(XY,Z,W) \to \langle \mathcal{R}(X,Y)Z, W\rangle$$

视为黎曼曲率张量。那么，可得下面的对称性形式：

$$\langle \mathcal{R}(X,Y)Z, W\rangle = \langle \mathcal{R}(Z,W)X, Y\rangle \tag{2.6}$$

需要注意的是，标量 $\langle \mathcal{R}(X,Y)Z, W\rangle_x$ 仅是 X_x、Y_x、Z_x 和 W_x 的函数。此外，式 (2.5) 和式 (2.6) 具有有限相关性。

定义 2.41（截曲率, sectional curvature） 设 $x\in\mathcal{M}$，X、Y 是 $\mathcal{M}$ 上的两个向量场，且 X_x、Y_x 形成二维子空间 $\Pi\subset T_x\mathcal{M}$。$\mathcal{M}$ 上截曲率的定义为

$$K(\Pi) = K(X_x, Y_x) = \frac{\langle \mathcal{R}(X,Y)Y, X\rangle_x}{\|X_x\|^2\|Y_x\|^2 - \langle X_x, Y_x\rangle}$$

2.9 定秩对称半正定矩阵的嵌入几何

本节将讨论定秩对称半正定矩阵（symmetric positive semidefinite matrices of fixed rank）集合的黎曼几何结构。本节将主要分析嵌入实矩阵且具有欧氏度量的空间。然而，从理论上看，定秩对称半正定矩阵集合的测地线并不是完备的 [144,145]。但是，因为仅仅是简单的嵌入，该集合的几何结构特性使得算法易于实现。

设 r、n 是两个正整数，且 $r\leqslant n$，下面将讨论 $\mathbf{R}_+^{n,r}$ 的嵌入几何结构，即秩为 r 的所有 $n\times n$ 定秩对称半正定矩阵的集合。针对该黎曼子流形，这里给出相关的黎

曼几何概念，如嵌入子流形、切空间、黎曼度量、正交空间、正交投影及 Levi-Civita 联络。在此基础上，给出测地线和收缩的相关定义。定秩对称半正定矩阵 x 使用下面较简单的形式：

$$x = YY^{\mathrm{T}} \in \mathbf{S}_+^{n,r}$$

并作为 $\mathbf{S}_+^{n,r}$ 的一个元素，记为 $Y \in \mathbf{R}_*^{n\times r}$。

2.9.1　嵌入子流形

$\mathbf{S}_+^{n,r}$ 是一个光滑流形 $(r \leqslant n)$，更准确地说，它是 $\mathbf{R}^{n\times n}$ 空间上的一个嵌入子流形。为了方便研究，这里将简述 $\mathbf{S}_+^{n,r}$ 的一些特性。在本书中，$\mathbf{R}_*^{n\times r}$ 表示所有 $n\times r$ 满秩实矩阵的集合，$\mathrm{St}^{n,r}$ 表示 Stiefel 流形。更进一步地，$\mathrm{GL}^n = \mathbf{R}_*^{n\times n}$ 表示广义线性群及其连通组成 $\mathrm{GL}_+^n = \{X \in \mathrm{GL}^n | \det(X) > 0\}$。那么，$\mathbf{S}_+^{n,r}$ 具有下面的特性。

命题 2.1　$\mathbf{S}_+^{n,r} = \{x \in \mathbf{S}_+^n | \mathrm{rank}(x) = r\} = \{YY^{\mathrm{T}} | Y \in \mathbf{R}_*^{n\times r}\}$。

证明　第一部分源于定义故易于证明。

集合 $\{YY^{\mathrm{T}} | Y \in \mathbf{R}_*^{n\times r}\} \subseteq \mathbf{S}_+^{n,r}$ 是显而易见的。集合 $\mathbf{S}_+^{n,r} \subseteq \{YY^{\mathrm{T}} | Y \in \mathbf{R}_*^{n\times r}\}$ 可以使用一个紧特征值分解来表示：对于每个 $x \in \mathbf{S}_+^{n,r}$，具有 $x = VDV^{\mathrm{T}}, V \in \mathrm{St}^{n,r}$，因此 $D = \mathrm{diag}(d)$ 具有严格的正对角元素 $d \in \mathbf{R}^r$。定义 $D^{1/2} = \mathrm{diag}(\sqrt{d})$ 作为 D 的平方根，于是 $Y = VD^{1/2}$。

推论 2.1　$\mathbf{S}_+^{n,r} = \{VDV^{\mathrm{T}} | V \in \mathrm{St}^{n,r}, D = \mathrm{diag}(d),\ d \in \mathbf{R}^r, d_i > 0, i = 1, 2, \cdots, r\}$。

备注 2.1　命题 2.1 和推论 2.1 的参数化过程可以各自进行计算。给定 $x = VDV^{\mathrm{T}}$，计算 $D^{1/2}$ 作为矩阵 D 的平方根，于是可得

$$Y = VD^{1/2} \Rightarrow x = VDV^{\mathrm{T}} = (VD^{1/2})(VD^{1/2})^T = YY^{\mathrm{T}}$$

给定 $x = YY^{\mathrm{T}}$，计算 $Y = Q_1 \varSigma Q_2^{\mathrm{T}}$ 作为紧奇异值分解，于是可得

$$V = Q_1, D = \varSigma^2 \Rightarrow x = YY^{\mathrm{T}} = (Q_1 \varSigma Q_2^{\mathrm{T}})(Q_2 \varSigma Q_1^{\mathrm{T}}) = VDV^{\mathrm{T}}$$

下面讨论李群作用下的一致性。考虑下面的映射：

$$\theta : \mathrm{GL}^n \times \mathbf{S}^n \to \mathbf{S}^n, \quad (A, x) \to AxA^{\mathrm{T}} \tag{2.7}$$

上述方程表示对称矩阵之间的一致性。基于 Sylvester 的惯性定律，一致矩阵有相同数目的正定、负和零特征值。因此，每个矩阵与下面矩阵一致：

$$e = \begin{bmatrix} I_r & 0_{r\times(n-r)} \\ 0_{r\times(n-r)} & 0_{(n-r)\times(n-r)} \end{bmatrix} \in \mathbf{S}_+^{n,r} \tag{2.8}$$

换句话说，每一个 $\mathbf{S}_+^{n,r}$ 中的矩阵与 e 是一致的。具体细节可由命题 2.2 和命题 2.3 给出。

命题 2.2 每一个 $\mathbf{S}_+^{n,r}$ 中的矩阵与 e 是一致的，如方程 (2.8) 所示。

证明 注意到，对于 $x \in \mathbf{S}_+^{n,r}$ 存在 $A \in \mathrm{GL}^n$ 使得 $\theta(A,e)=x$。基于命题 2.1，对于 $Y \in \mathbf{R}_*^{n\times r}$，有 $x = YY^{\mathrm{T}}$。其中，$A = [Y \quad Y_\perp]$ 且 $Y_\perp \in \mathbf{R}^{n\times(n-r)}$ 是用于 Y 正交补的基。

从另一个角度分析，映射

$$\theta_e : \mathrm{GL}^n \to \mathbf{S}_+^{n,r}, \quad A \to AeA^{\mathrm{T}} \tag{2.9}$$

是满射的，且它的范围是 $\mathbf{S}_+^{n,r}$。本书使用 e 作为 $\mathbf{S}_+^{n,r}$ 的正则元素。

命题 2.3 空间 $\mathbf{S}_+^{n,r}$ 是路径连通的。

证明 如果 $\mathbf{S}_+^{n,r}$ 上的曲线与 e 能够连接任意 $x \in \mathbf{S}_+^{n,r}$，则设 $x = YY^{\mathrm{T}}$ 并定义 $X = [Y \quad Y_\perp]$。其中，$Y_\perp$ 位于 GL^n，且是 Y 正交补的基。如果对 Y 的一列乘以 -1 且满足 $x = YY^{\mathrm{T}}$，那么 $\det(X) > 0$。因为 GL_+^n 是路径连通的，所以可以构建曲线 $A(t) \in \mathrm{GL}_+^n$，而且，从 $A(0) = I_n$ 连接至 $A(1) = X$。对于 $0 \leqslant t \leqslant 1$，曲线 $t \to A(t)eA(t)^{\mathrm{T}}$ 在 $\mathbf{S}_+^{n,r}$ 中可以很明显地将 e 与 x 相连。

紧接着，将 $\mathbf{S}_+^{n,r}$ 的几何结构推广至其他定秩流形。考虑映射 (2.7)，设存在另外一个对称矩阵 z 且其惯性定义为 $\mathrm{inertia}(\cdot)$。如果 $\mathrm{inertia}(z) \neq \mathrm{inertia}(e)$，那么通过 z 的轨道与 $\mathbf{S}_+^{n,r}$ 是分离的。从另外一个角度说，映射

$$\theta_z : \mathrm{GL}^n \to \mathcal{M}_z, \quad A \to AzA^{\mathrm{T}}$$

将有一个范围 $\mathcal{M}_z$。下面推导基于映射 θ_z 的 $\mathbf{S}_+^{n,r}$ 几何结构。基于映射 θ_z，有轨道

$$\mathcal{M}_z = \{x \in \mathbf{S}^n | \mathrm{inertia}(x) = \mathrm{inertia}(z)\}$$

因此，每个轨道是具有固定惯性的对称矩阵光滑流形。

备注 2.2 对于任意对称矩阵 z，$\mathcal{M}_z$ 属于谱流形 [146] (spectral manifold)。其中，所有矩阵特征值的有序向量都属于 $\mathbf{R}^n$ 的一些特殊子流形。在文献 [48] 中，秩为 $p \leqslant \min(m,n)$ 且大小为 $m \times n$ 的实矩阵是嵌入 $\mathbf{R}^{m\times n}$ 空间的光滑子流形。基于李群作用，充分利用 δ 的半代数特性，可以得到如下证明过程：

$$\delta : (\mathrm{GL}^m \times \mathrm{GL}^n) \times \mathbf{R}^{m\times n} \to \mathbf{R}^{m\times n}, \quad ((A,B),x) \to AxB^{-1}$$

该方法也可以应用于该流形的轨道，即定秩矩阵的光滑流形。

基于上述讨论，基于文献 [147] 中的命题 8.12, 可知 $\mathbf{S}_+^{n,r}$ 是一个嵌入子流形。因此，$\mathbf{S}_+^{n,r}$ 是某定秩 d 嵌入子流形的组合。为方便表示，对于任意 $x \in \mathbf{S}_+^{n,r}$，构建一个开邻域 $\mathcal{U}_x \subset \mathbf{R}^{n\times n}$，使得 $\mathbf{S}_+^{n,r} \cap \mathcal{U}_x$ 是浸没 $F_x : \mathcal{U}_x \to \mathbf{R}^d$ 的水平集。

下面介绍矩阵 $A \in \mathbf{R}^{n\times n}$ 的块划分过程：

$$A = \begin{bmatrix} A_{11} \in \mathbf{R}^{r\times r} & A_{12} \in \mathbf{R}^{r\times(n-r)} \\ A_{21} \in \mathbf{R}^{(n-r)\times r} & A_{22} \in \mathbf{R}^{(n-r)\times(n-r)} \end{bmatrix} \tag{2.10}$$

上述邻域将基于这种划分方法进行表示。此外，基于矩阵的 Schur 补进行分析。

引理 2.1 设

$$A = \begin{bmatrix} A_{11} & A_{12} \\ A_{21} & A_{22} \end{bmatrix} \in \mathbf{R}^{n\times n} \tag{2.11}$$

使用方程 (2.10) 中的划分方法，如果 A_{11} 是非奇异的，那么有如下等式：

$$\text{rank}(A) = p \Leftrightarrow A_{22} - A_{21}A_{11}^{-1}A_{12} = 0_{n-r}$$

证明 观察到 Schur 补具有相等性 $\mathcal{S} = A_{22} - A_{21}A_{11}^{-1}A_{12}$，那么有

$$A = \begin{bmatrix} A_{11} & A_{12} \\ A_{21} & A_{22} \end{bmatrix} = \begin{bmatrix} I & 0 \\ A_{21}A_{11}^{-1} & I \end{bmatrix} = \begin{bmatrix} A_{11} & 0 \\ 0 & S \end{bmatrix} = \begin{bmatrix} I & A_{11}^{-1}A_{12} \\ 0 & I \end{bmatrix}$$

因为有两个外矩阵都是满秩的，可得到

$$\text{rank}(A) = \text{rank}(A_{11}) + \text{rank}(S) = r + \text{rank}(S)$$

假设 $A \in \mathbf{S}_+^{n,r}$ 采用方程 (2.10) 中的划分方法且 $A_{11} > 0$。一个矩阵的特征值仅与矩阵元素相关 [148]，集合

$$\mathcal{U}_A = \left\{ \begin{bmatrix} X_{11} & X_{12} \\ X_{21} & X_{22} \end{bmatrix} \in \mathbf{R}^{n\times n} : \mathcal{R}\lambda_{\min}(X_{11}) > 0 \right\}$$

使用方程 (2.10) 中的划分方法，将是 A 的邻域，那么会有集合 $\mathbf{S}_+^{n,r} \cap \mathcal{U}_A$。该集合包含所有的矩阵 $X \in \mathbf{S}_+^{n,r}$ 且有一个满秩块 X_{11}。

下面，构建映射

$$\begin{aligned} &F_A : \mathcal{U}_A \to \text{skew}(r) \times \mathbf{R}^{r\times(n-r)} \times \mathbf{R}^{(n-r)\times(n-r)} \\ &\begin{bmatrix} X_{11} & X_{12} \\ X_{21} & X_{22} \end{bmatrix} \to (X_{11} - X_{11}^{\mathrm{T}}, X_{12} - X_{21}^{\mathrm{T}}, X_{22} - X_{21}X_{11}^{-1}X_{12}) \end{aligned} \tag{2.12}$$

其中，skew(r) 是所有 $r \times r$ 斜对称矩阵的集合。因为，skew(r) 是一个向量空间，可以认为 F_A 是一个映射 $\mathcal{U}_A \to \mathbf{R}^d$，则

$$d = r(r-1)/2 + (n-r)r + (n-r)^2 = n^2 - nr + r(r-1)/2 \tag{2.13}$$

观察到 $x \in \mathbf{S}_+^{n,r} \cap \mathcal{U}_A$ 当且仅当 $F_A(x) = (0,0,0)$，水平集 $F^{-1} = (0,0,0)$ 包含 $\mathbf{S}_+^{n,r} \cap \mathcal{U}_A$。下面证明 F_A 是一个浸没。

引理 2.2 方程 (2.12) 中的映射 F_A 是一个浸没。那么，$F^{-1} = (0,0,0)$ 是 $\mathcal{U}_A$ 的一个嵌入子流形且维数是 $nr - r(r-1)/2$。

证明 首先，证明 F_A 是一个浸没。基于浸没的定义，F_A 应该是一个具有满射微分特性的光滑映射。因为 F_A 用于约束 $\mathcal{U}_A$，且仅仅包含光滑矩阵操作，所以它的微分定义为

$$\mathrm{D}F_A(X) : T_X\mathcal{U}_A \overset{\text{def}}{=\!=} \mathbf{R}^{n\times n} \to \text{skew}(r) \times \mathbf{R}^{r\times(n-r)} \times \mathbf{R}^{(n-r)\times(n-r)}$$

且满足

$$\begin{aligned}\mathrm{D}F_A(X)[\Delta] = (&\Delta_{11} - \Delta_{11}^{\mathrm{T}}, \Delta_{12} - \Delta_{21}^{\mathrm{T}},\\ &\Delta_{22} - \Delta_{21}X_{11}^{-1}X_{12} - X_{21}X_{11}^{-1}\Delta_{12} + X_{21}X_{11}^{-1}\Delta_{11}X_{11}^{-1}X_{12})\end{aligned}$$

其中，切向量

$$\Delta = \begin{bmatrix} \Delta_{11} & \Delta_{12} \\ \Delta_{21} & \Delta_{22} \end{bmatrix} \in \mathbf{R}^{n\times n} \tag{2.14}$$

应用方程 (2.10) 中的矩阵划分方法，对于所有

$$X \in \mathcal{U}_A : \forall(\Omega, M, N) \in \text{skew}(r) \times \mathbf{R}^{r\times(n-r)} \times \mathbf{R}^{(n-r)\times(n-r)}$$

$\mathrm{D}F_A(X)$ 是满射的。而且，Δ 中有

$$\Delta_{11} = \Omega/2, \quad \Delta_{12} = M, \quad \Delta_{21} = 0, \quad \Delta_{22} = N + X_{21}X_{11}^{-1}M + X_{21}X_{11}^{-1}\Omega X_{11}^{-1}X_{12}$$

此外，还有 $\mathrm{D}F_A(X)[\Delta] = (\Omega, M, N)$。

因为 F_A 是一个浸没，基于文献 [147] 中的命题 8.9，所以水平集 $F^{-1} = (0,0,0)$ 是 $\mathcal{U}_A$ 的一个嵌入子流形，它的维数等于 $\dim(\mathbf{R}^{n\times n}) - \dim(\mathbf{R}^d) = n^2 - d$。因此，基于式 (2.13)，$\dim(F_A^{-1} = (0,0,0)) = nr - r(r-1)/2$。

到目前为止，本书只定义了一个邻域和矩阵 A（满秩块 A_{11}）相应的浸没，但是这并不包含 $\mathbf{S}_+^{n,r}$ 中的每一个矩阵。如果矩阵的行和列存在摄动，$\mathbf{S}_+^{n,r}$ 中的每一个矩阵具有上述形式，那么在 $x \in \mathbf{S}_+^{n,r}$ 附近创建一个新的邻域且有相应的浸没。

命题 2.4　集合 $\mathbf{S}_+^{n,r}$ 是 $\mathbf{R}^{n\times n}$ 上的嵌入子流形，且维数是 $nr-r(r-1)/2$。

证明　证明过程包含两个步骤。

(1) 假设 $A\in\mathbf{S}_+^{n,r}$ 使用方程 (2.10) 中的矩阵划分方法且有 $A_{11}>0$，那么基于引理 2.2，A 的一个邻域 $\mathcal{U}_A$ 使 $\mathbf{S}_+^{n,r}\cap\mathcal{U}_A$ 是 $\mathcal{U}_A$ 的一个嵌入子流形。

(2) 对于 $B\in\mathbf{S}_+^{n,r}$，假设没有一个正定的块 B_{11}，对 B 的行和列进行扰动。将上述过程表示为双射 R，有 $R(B)=A$。考虑邻域 $\mathcal{U}_B=R^{-1}(\mathcal{U}_A)$ 和映射 $F_B=F_A\circ R$，$F_B:\mathcal{U}_A\to\mathbf{R}^d$ 是一个浸没，且每个 $B\in\mathbf{S}_+^{n,r}$ 有一个邻域 $\mathcal{U}_B\in\mathbf{R}^{n\times n}$ 使 $\mathbf{S}_+^{n,r}\cap\mathcal{U}_B$ 是 $\mathcal{U}_B$ 的嵌入子流形。基于文献 [147] 中的命题 8.12，这意味着 $\mathbf{S}_+^{n,r}$ 是空间 $\mathbf{R}^{n\times n}$ 的嵌入子流形。

备注 2.3　命题 2.4 的证明主要基于文献 [147] 中例 8.14 的思想，并可用于定秩非对称矩阵流形。对命题 2.4 来说，证明过程则比较复杂，因为它需要考虑 $\mathbf{S}_+^{n,r}$ 的对称性和半正定性。

2.9.2　半代数几何中的嵌入子流形

文献 [48]（第 5 章）和文献 [149]（命题 2.1）中的方法可以证明 $\mathbf{S}_+^{n,r}$ 是一个嵌入子流形，它依赖于光滑半代数作用（smooth semialgebraic action）机制。以下重复这一证明过程。

半代数几何（semialgebraic geometry）是将多项式方程和不等式作为几何对象进行研究的数学分支。为节省篇幅，这里不作具体介绍。在本书中，仅需要几个相对简单的定义和定理，关键定理如下。

定理 2.13　设 $\delta:\mathcal{G}\times\mathbf{R}^n\to\mathbf{R}^n$ 是李群 $\mathcal{G}$ 的一个光滑作用，假设 δ 是一个半代数映射，那么对于每个 $x\in\mathbf{R}^n$，通过 x 的 δ 轨道是 $\mathbf{R}^n$ 的一个光滑嵌入子流形。

该定理可以直接应用于证明 $\mathbf{S}_+^{n,r}$。考虑映射

$$\theta:\mathrm{GL}^n\times\mathbf{S}^n\to\mathbf{S}^n,\quad (A,x)\to AxA^{\mathrm{T}}$$

可作为一个光滑李群作用（smooth Lie group action）。如果将向量空间 $\mathbf{S}^n$ 定义为 $\mathbf{R}^{n(n+1)/2}$，那么集合 $\mathrm{GL}^n\times\mathbf{S}^n$ 是半代数的。

2.9.3　切空间

本节将讨论嵌入子流形 $\mathbf{S}_+^{n,r}$ 具有的典型几何结构。$\mathbf{S}_+^{n,r}$ 的切空间可由映射 (2.9) 的微分进行定义，而且是满射映射：

$$\theta_e:\mathrm{GL}^n\to\mathbf{S}_+^{n,r},\quad A\to AeA^{\mathrm{T}}$$

θ_e 在 $A\in\mathrm{GL}^n$ 的微分定义为

$$\mathrm{D}\theta_e(A):T_A\mathrm{GL}^n\to T_{AeA^{\mathrm{T}}}\mathbf{S}_+^{n,r},\quad \varDelta\to\varDelta eA^{\mathrm{T}}+Ae\varDelta^{\mathrm{T}} \tag{2.15}$$

观察到 θ_e 在任意 $A \in \mathrm{GL}^n$ 处的微分与在 I_n 处的微分可以通过满秩线性变换相互联系：

$$\begin{aligned}\mathrm{D}\theta_e(A)[\varDelta] &= \varDelta e A^{\mathrm{T}} + Ae\varDelta^{\mathrm{T}} \\ &= A(A^{-1}\varDelta e + e\varDelta^{\mathrm{T}}A^{-\mathrm{T}})A^{\mathrm{T}} \\ &= A(\mathrm{D}\theta_e(I_n)[A^{-1}]\varDelta)A^{\mathrm{T}}\end{aligned}$$

所以，θ_e 的秩是固定的，这使得 θ_e 是一个浸没（定理 2.1）。基于浸没的定义，$\mathrm{D}\theta_e(X)$ 的范围是在 $x = \theta_e(A) = AeA^{\mathrm{T}}$ 的整个 $\mathbf{S}_+^{n,r}$ 切空间。基于式 (2.15)，可得

$$\begin{aligned}T_x\mathbf{S}_+^{n,r} &= \{\varDelta e A^{\mathrm{T}} + Ae\varDelta^{\mathrm{T}} | \varDelta \in \mathbf{R}^{n\times n}\} \\ &= \{\varDelta A^{-1}x + xA^{-1}\varDelta^{-1} | \varDelta \in \mathbf{R}^{n\times n}\} \\ &= \{\varDelta x + x\varDelta^{\mathrm{T}} | \varDelta \in \mathbf{R}^{n\times n}\}\end{aligned} \tag{2.16}$$

切空间的维数与 $\mathbf{S}_+^{n,r}$ 的维数是相同的，即 $nr - r(r-1)/2$。

很明显，表达式 (2.16) 过参数化。一个最小参数化的表达式可由命题 2.5 给出。

命题 2.5 $\mathbf{S}_+^{n,r}$ 切空间在 $x = YY^{\mathrm{T}}$ 处的定义为

$$T_x\mathbf{S}_+^{n,r} = \left\{[Y \quad Y_\perp]\begin{bmatrix} H & K^{\mathrm{T}} \\ K & 0 \end{bmatrix}\begin{bmatrix} Y^{\mathrm{T}} \\ Y_\perp^{\mathrm{T}} \end{bmatrix} | H \in \mathbf{S}^r, K \in \mathbf{R}^{(n-r)\times r}\right\} \tag{2.17}$$

其中，$Y_\perp \in \mathbf{R}_*^{n\times(n-r)}$ 是 Y 正交补的基。

证明 方程 (2.17) 右边有着明确的自由度数，它是一个线性空间，取 $\varDelta = (YH/2 + Y_\perp K)(Y^{\mathrm{T}}Y)^{-1}Y^{\mathrm{T}}$。

通过显式地引入正交矩阵，可以得到另外一个比较有用的表示形式，那么有推论 2.2。

推论 2.2 $\mathbf{S}_+^{n,r}$ 切空间在 $x = VDV^{\mathrm{T}}$ 处的定义为

$$T_x\mathbf{S}_+^{n,r} = \left\{[V \quad V_\perp]\begin{bmatrix} H & K^{\mathrm{T}} \\ K & 0 \end{bmatrix}\begin{bmatrix} V^{\mathrm{T}} \\ V_\perp^{\mathrm{T}} \end{bmatrix} | H \in \mathbf{S}^r, K \in \mathbf{R}^{(n-r)\times r}\right\} \tag{2.18}$$

其中，$V_\perp \in \mathrm{St}^{n\times(n-r)}$ 是 V 正交补的基。

备注 2.4 观察到命题 2.5 中切空间的表达式使用 $Y_\perp$，而推论 2.2 使用 $V_\perp$，当维数 n 比较大时，这两个矩阵都难以构造。本书给出一个算法并应用于切向量，而不是整个切空间。通过乘以 $Y_\perp$，可保存一个在 $x = YY^{\mathrm{T}}$ 处的切向量：

$$v_x = YHY^{\mathrm{T}} + ZY^{\mathrm{T}} + YZ^{\mathrm{T}}, \quad H \in \mathbf{S}^r, Z \in \mathbf{R}^{n\times r}, Z^{\mathrm{T}}Y = 0 \tag{2.19}$$

或者在 $x = VDV^{\mathrm{T}}$ 处的切向量:

$$v_x = V\tilde{H}V^{\mathrm{T}} + \tilde{Z}V^{\mathrm{T}} + V\tilde{Z}^{\mathrm{T}}, \quad H \in \mathbf{S}^r, \tilde{Z} \in \mathbf{R}^{n\times r}, \tilde{Z}^{\mathrm{T}}Y = 0 \tag{2.20}$$

这两个参数化过程有下面关系:

$$\tilde{H} = \Sigma Q^{\mathrm{T}} H Q \Sigma, \quad \tilde{Z} = ZQ\Sigma$$

其中，$Y = V\Sigma Q^{\mathrm{T}}$ 是紧奇异值分解。

2.9.4　黎曼度量

给定欧氏空间的度量

$$g^E(Z_1, Z_2) = \mathrm{tr}(Z_1^{\mathrm{T}} Z_2), \quad \forall Z_1, Z_2 \in \mathbf{R}^{n\times n} \tag{2.21}$$

它几乎是 $\mathbf{R}^{n\times n}$ 空间上最简单的度量。因此，在 $\mathbf{S}_+^{n,r}$ 上使用这一度量。

命题 2.6　使用下面的关系式:

$$g_x^E(u_x, v_x) = \mathrm{tr}(u_x v_x), \quad \forall u_x, v_x \in T_x\mathbf{S}_+^{n,r}$$

定义一个 $\mathbf{S}_+^{n,r}$ 上的黎曼度量，使得 $(\mathbf{S}_+^{n,r}, g^E)$ 变为一个 $\mathbf{R}^{n\times n}$ 上的子流形。

备注 2.5　备注 2.4 展示了如何在 $T_x\mathbf{S}_+^{n,r}$ 上参数化切向量。假设有

$$\begin{aligned}
u_x &= YH_uY^{\mathrm{T}} + Z_uY^{\mathrm{T}} + YZ_u^{\mathrm{T}} = V\tilde{H}_uV^{\mathrm{T}} + \tilde{Z}_uV^{\mathrm{T}} + V\tilde{Z}_u^{\mathrm{T}} \\
v_x &= YH_vY^{\mathrm{T}} + Z_vY^{\mathrm{T}} + YZ_v^{\mathrm{T}} = V\tilde{H}_vV^{\mathrm{T}} + \tilde{Z}_vV^{\mathrm{T}} + V\tilde{Z}_v^{\mathrm{T}}
\end{aligned}$$

那么，该度量可由下式计算:

$$\begin{aligned}
g_x^E(u_x, v_x) &= \mathrm{tr}[Y^{\mathrm{T}}Y(H_uY^{\mathrm{T}}YH_v + 2Z_u^{\mathrm{T}}Z_v)] \\
&= \mathrm{tr}(\tilde{H}_u\tilde{H}_v + 2\tilde{Z}_u^{\mathrm{T}}\tilde{Z}_v)
\end{aligned}$$

2.9.5　正交空间

在 $x \in \mathbf{S}_+^{n,r}$ 处的正交空间包含所有垂直于切空间的矩阵，也就是

$$N_x\mathbf{S}_+^{n,r} = \{Z \in \mathbf{R}^{n\times n} | \mathrm{tr}(Z^{\mathrm{T}}u) = 0, \forall u \in T_x\mathbf{S}_+^{n,r}\} \tag{2.22}$$

基于式 (2.16)，以及切向量 T，正交约束可重写为

$$\mathrm{tr}(Z^{\mathrm{T}}u) = \mathrm{tr}(Z^{\mathrm{T}}\Delta x + Z^{\mathrm{T}}x\Delta^{\mathrm{T}}) = \mathrm{tr}[\Delta x(Z^{\mathrm{T}} + Z)]$$

正交空间必须具有如下形式:

$$N_x\mathbf{S}_+^{n,r} = \{Z \in \mathbf{R}^{n\times n} | x(Z^{\mathrm{T}} + Z) = 0\} \tag{2.23}$$

通过引入已分解的矩阵，有如下命题。

命题 2.7 $x = YY^{\mathrm{T}}$ 处的正交空间有如下形式:

$$N_x\mathbf{S}_+^{n,r} = \left\{ [Y \quad Y_\perp] \begin{bmatrix} \Omega & -L^{\mathrm{T}} \\ L & M \end{bmatrix} \begin{bmatrix} Y^{\mathrm{T}} \\ Y_\perp^{\mathrm{T}} \end{bmatrix} | \Omega \in \mathrm{skew}(r), \right.$$
$$\left. M \in \mathbf{R}^{(n-r)\times(n-r)}, L \in \mathbf{R}^{(n-r)\times r} \right\} \tag{2.24}$$

正交空间的维数是 $n^2 - rn + r(r-1)/2$。

证明 方程 (2.24) 的右边有着相同的自由度 $n^2 - \dim T_x\mathbf{S}_+^{n,r}$，以及它的线性空间。此外，它包含垂直于 $T_x\mathbf{S}_+^{n,r}$ 的矩阵: 给定 $u_x \in T_x\mathbf{S}_+^{n,r}$，以及 Z，可得

$$\begin{aligned}
\mathrm{tr}(Z^{\mathrm{T}}u_x) &= \mathrm{tr}\left([Y \quad Y_\perp] \begin{bmatrix} -\Omega & L^{\mathrm{T}} \\ -L & M^{\mathrm{T}} \end{bmatrix} \begin{bmatrix} Y^{\mathrm{T}} \\ Y_\perp^{\mathrm{T}} \end{bmatrix} [Y \quad Y_\perp] \begin{bmatrix} H & K^{\mathrm{T}} \\ K & 0 \end{bmatrix} \begin{bmatrix} Y^{\mathrm{T}} \\ Y_\perp^{\mathrm{T}} \end{bmatrix} \right) \\
&= \mathrm{tr}\left(\begin{bmatrix} -\Omega & L^{\mathrm{T}} \\ -L & M^{\mathrm{T}} \end{bmatrix} \begin{bmatrix} Y^{\mathrm{T}}Y & 0 \\ 0 & I \end{bmatrix} \begin{bmatrix} H & K^{\mathrm{T}} \\ K & 0 \end{bmatrix} \begin{bmatrix} Y^{\mathrm{T}}Y & 0 \\ 0 & I \end{bmatrix} \right) \\
&= \mathrm{tr}\left(\begin{bmatrix} -\Omega Y^{\mathrm{T}}YHY^{\mathrm{T}}Y + L^{\mathrm{T}}KY^{\mathrm{T}}Y & 0 \\ 0 & -LY^{\mathrm{T}}YK^{\mathrm{T}} \end{bmatrix} \right) \\
&= \mathrm{tr}(\Omega Y^{\mathrm{T}}YHY^{\mathrm{T}}Y)
\end{aligned}$$

可以看到，因为 $\Omega \in \mathrm{skew}(r)$ 和 $Y^{\mathrm{T}}YHY^{\mathrm{T}}Y \in \mathbf{S}^r$，所以最后一个表达式将会是零。

2.9.6 正交投影

基于上述的两个补空间: 切空间和正交空间，定义沿着正交空间的投影。

命题 2.8 在 $x = YY^{\mathrm{T}} \in \mathbf{S}_+^{n,r}$ 处，定义正交投影至 $T_x\mathbf{S}_+^{n,r}$ 和 $N_x\mathbf{S}_+^{n,r}$ 的形式分别为

$$P_x^t(Z) = \frac{1}{2}[P_Y(Z+Z^{\mathrm{T}})P_Y + P_Y^{\perp}(Z+Z^{\mathrm{T}})P_Y + P_Y(Z+Z^{\mathrm{T}})P_Y^{\perp}]$$

$$P_x^n(Z) = Z - P_x^t(Z) = \frac{1}{2}[P_Y^{\perp}(Z+Z^{\mathrm{T}})P_Y^{\perp} + Z - Z^{\mathrm{T}}]$$

其中，$P_Y = Y(Y^{\mathrm{T}}Y)^{-1}Y^{\mathrm{T}}$ 和 $P_Y^{\perp} = I - P_Y$。

证明 以 $Z - (YH + Y_\perp K)Y^{\mathrm{T}} - Y(YH + Y_\perp K)^{\mathrm{T}}$ 的方式进行重新表示，其中 H 和 K 的约束如命题 2.5 所示，属于正交空间，参见式 (2.23)。

将投影 P_x^t 分离为两个正交投影算子且相互正交。第一个投影算子将投影至子空间 $\{YHY|H\in\mathbf{S}^r\}$，且记为 $P_x^{t,s}$，满足

$$P_x^{t,s}=\frac{1}{2}P_Y(Z+Z^{\mathrm{T}})P_Y \tag{2.25}$$

另一个投影算子投影至 $\{Y_\perp KY^{\mathrm{T}}+YK^{\mathrm{T}}Y_\perp^{\mathrm{T}}|K\in\mathbf{R}^{(n-r)\times r}\}$，记为 $P_x^{t,r}$。这个投影算子引入了垂直于 Y 的矩阵 $Y_\perp$，其具体形式为

$$P_x^{t,r}(Z)=\frac{1}{2}[P_Y^\perp(Z+Z^{\mathrm{T}})P_Y+P_Y(Z+Z^{\mathrm{T}})P_Y^\perp] \tag{2.26}$$

因此，$P_x^t=P_x^{t,s}+P_x^{t,r}$。此外，因为 $\mathrm{tr}(P_YP_Y^\perp)=\mathrm{tr}(P_Y^\perp P_Y)=0$，有 $g^E(P_x^{t,s}(Z), P_x^{t,r}(Z))=0$。

这些投影算子是线性算子，定义向量化操作，记为 $\mathrm{vec}:\mathbf{R}^{n\times n}\to\mathbf{R}^{n^2}$。将算子 $\mathrm{vec}(\cdot)$ 应用于式 (2.25) 和式 (2.26)，可以得到 $n^2\times n^2$ 的矩阵：

$$P_x^{t,s}=\frac{1}{2}(P_Y\otimes P_Y)(I+\Pi) \tag{2.27}$$

$$P_x^{t,r}=\frac{1}{2}(P_Y\otimes P_Y^\perp+P_Y^\perp\otimes P_Y)(I+\Pi) \tag{2.28}$$

$$P_x^t=P_x^{t,s}+P_x^{t,r} \tag{2.29}$$

式 (2.27)~ 式 (2.29) 中的矩阵 Π 是对称置换矩阵（symmetric permutation matrix），且是全移矩阵 [150]。该矩阵满足 $\mathrm{vec}(A^{\mathrm{T}})=\Pi\mathrm{vec}(A)$。为了验证投影矩阵的对称性，使用 Π 的性质：$\Pi(A\otimes B)=B\otimes A$。其中，矩阵 A、B 是方阵且大小相同。

2.9.7 Levi-Civita 联络

常用的联络是 Levi-Civita 联络。$(\mathbf{S}_+^{n,r},g^E)$ 是 $(\mathbf{R}^{n\times n},g^E)$ 的黎曼子流形。需要注意的是，$(\mathbf{R}^{n\times n},g^E)$ 具有欧氏度量 g^E，Levi-Civita 联络等价于经典方向导数正交投影至切空间。

命题 2.9　设 η 是 $(\mathbf{S}_+^{n,r},g^E)$ 上的一个向量场，且有命题 2.6 中的度量 g^E。那么，$(\mathbf{S}_+^{n,r},g^E)$ 上的 Levi-Civita 联络 ∇ 是

$$\nabla_XY(x)=P_x^t(\mathrm{D}Y(x)[X_x]),\quad \forall X_x\in T_x\mathbf{S}_+^{n,r}$$

证明　直接应用文献 [9] 中的命题 5.3.2。

2.9.8 测地线

这里给出 $(\mathbf{S}_+^{n,r},g^E)$ 上的测地线。测地线是一条曲线 $t\to\gamma_t$ 且位于 $\mathbf{S}_+^{n,r}$，具有零加速度 $\nabla_{\dot\gamma(t)}\dot\gamma(t)=0$。对于某些 t，假设 $\gamma(t)\in\mathbf{S}_+^{n,r}$。下面给出用于测地线定义的两个条件，且能被切空间和正交空间所表示：

$$\dot\gamma(t)\in T_{\gamma(t)}\mathbf{S}_+^{n,r} \tag{2.30}$$

$$\ddot{\gamma}(t) \in N_{\gamma(t)}\mathbf{S}_{+}^{n,r} \tag{2.31}$$

任意从 $\mathbf{S}_{+}^{n,r}$ 开始的曲线积分流遵循式 (2.30)，并实现 $\mathbf{S}_{+}^{n,r}$ 上的曲线（文献 [151] 中的定理 5.2）。此外，如果对联络应用命题 2.9，那么条件（2.9）等价于 $\nabla_{\dot{\gamma}(t)}\dot{\gamma}(t) = 0$。

2.10 常用的流形

本节给出实际工作中常见且可以应用黎曼流形优化方法的流形。

(1) 斜流形（oblique manifold）：该流形

$$\mathcal{M} = \{X \in \mathbf{R}^{n\times m} : \mathrm{diag}(X^{\mathrm{T}}X) = 1_m\}$$

是球面的乘积。也就是说，如果 X 中的每一列在 $\mathbf{R}$ 上有单位 ℓ_2 范数，那么 $X \in \mathcal{M}$。Absil 等 [102] 将独立主成分分析问题转化为斜流形上的最优化问题。

(2) 紧斯蒂弗尔流形（compact Stiefel manifold）。该流形是正交矩阵的黎曼子流形，即

$$\mathcal{M} = \{X \in \mathbf{R}^{n\times m} : X^{\mathrm{T}}X = I_m\}$$

Amari[152] 和 Theis 等 [153] 将独立主成分分析问题转化为 Stiefel 流形上的最优化问题。在文献 [113] 中，Journee 等将稀疏主成分分析问题定义为一个 Stiefel 流形上的最优化问题。

(3) 格拉斯曼流形（Grassmann manifold）：该流形为

$$\mathcal{M} = \{\mathrm{col}(X) : X \in \mathbf{R}_{*}^{n\times m}\}$$

其中，$\mathbf{R}_{*}^{n\times m}$ 是 $\mathbf{R}^{n\times m}$ 中满秩矩阵的集合；$\mathrm{col}(X)$ 是矩阵 X 的列张成的子空间，具体来说，$\mathrm{col}(X) \in \mathcal{M}$ 是 $\mathbf{R}^n$ 的子空间且维数为 m。文献 [49] 给出了基于 Stiefel 流形与 Grassmann 流形的最优化方法。

(4) 特殊正交群（special orthogonal group）：该正交群

$$\mathcal{M} = \{X \in \mathbf{R}^{n\times n} : X^{\mathrm{T}}X = I_n, \det(X) = 1\}$$

是旋转群，并被认为是空间 $\mathbf{R}^{n\times n}$ 的黎曼子流形。关于旋转矩阵的最优化问题通常出现在机器人学和计算机视觉等领域，用于估计相机位姿和车辆的姿态。

(5) 定秩矩阵集合（the set of fixed-rank matrices）：该矩阵集合

$$\mathcal{M} = \{X \in \mathbf{R}^{n\times m} : \mathrm{rank}(X) = k\}$$

内含一系列不同的黎曼结构。Vandereycken[154] 讨论了 $\mathcal{M}$ 上的嵌入几何结构，并用于求解低秩矩阵填充问题。Shalit 等 [155] 采取类似的建模方法，求解相似性学习（similarity learning）问题。Mishra 等 [156] 给出了一系列商几何结构，并应用于求解低秩矩阵填充问题。

(6) 定秩对称半正定矩阵（symmetric, positive semidefinite, fixed-rank matrices）：该矩阵

$$\mathcal{M} = \{X \in \mathbf{R}^{n\times n} : X = X^{\mathrm{T}} \geqslant 0, \mathrm{rank}(X) = k\}$$

也形成一个流形。Meyer 等 [65] 基于上述定义，针对度量学习（metric learning）提出了低秩流形优化算法。需要注意的是，该空间与欧氏距离矩阵（Euclidean distance matrice）X 有较密切的关系，并使 X_{ij} 是两个不动点 $x_i, x_j \in \mathbf{R}^k$ 之间的距离。Mishra 等 [157] 考虑定秩对称半正定矩阵的几何结构特性，针对欧氏距离矩阵填充问题，提出了一种有效的低秩流形优化算法。

(7) 定秩四面体（fixed-rank spectrahedron）：

$$\mathcal{M} = \{X \in \mathbf{R}^{n\times n} : X = X^{\mathrm{T}} \geqslant 0, \mathrm{trace}(X) = 1, \mathrm{rank}(X) = k\}$$

如果没有秩约束，则上述问题形式是稀疏主成分分析的松弛形式。Journee 等 [133] 将稀疏主成分分析问题转化为定秩四面体上的最优化问题。Jawanpuria 等 [158] 将标准/非负矩阵填充问题转化为黎曼四面体流形上的优化问题，并提出使用黎曼共轭梯度法和黎曼信赖域法求解。

其他流形还有定秩椭圆 [133,159,160]（fixed-rank elliptope）等。在此，不再一一列举。

2.11 Grassmann 流形和 Stiefel 流形的几何结构

下面重点讨论 Stiefel 流形和 Grassmann 流形的几何结构。

本节将 Grassmann 流形记为 $\mathrm{Grass}(r,n)$，定义为 $\mathbf{R}^n$ 中 r 维子空间的集合:

$$\mathrm{Grass}(r,n) = \{u = \mathrm{col}(U) : U \in \mathbf{R}_*^{n\times r}\}$$

其中，$\mathbf{R}_*^{n\times r}$ 表示满秩 $n\times r$ 矩阵的集合。

Grassmann 流形则有一些不同的表示形式。$\mathrm{Grass}(r,n)$ 的每一个元素能被它的映射算子唯一表示 [161]。但是，这需要 n^2 个参数来表示 Grassmann 流形中的一个点，其维数为 $nr-r^2$。一种可能是将 $\mathrm{Grass}(r,n)$ 定义为李群的商。

Stiefel 流形可记为集合 $\mathrm{St}(m, r)$。该流形（紧）的具体形式为

$$\mathrm{St}(r, n) = \{U \in \mathbf{R}_*^{n\times r} : U^{\mathrm{T}}U = I_r\} \tag{2.32}$$

该定义代表 $\mathbf{R}^n$ 中秩为 r 正交基的集合。Stiefel 流形主要用于表示矩阵分解，如奇异值分解。需要指出的是，$\mathrm{St}(r, n)$ 视为欧氏空间 $\mathbf{R}^{n\times r}$ 的黎曼子流形，且附带有度量 $\langle H_1, H_2\rangle = \mathrm{trace}(H_1^{\mathrm{T}} H_2)$。通过对比，可以看到 Stiefel 流形有着比较明显的矩阵表示形式。为了方便，本书仅使用正交矩阵 $U \in \mathrm{St}(r, n)$ 表示子空间。此外，$\mathrm{Grass}(r, n)$ 是 $\mathrm{St}(r, n)$ 的黎曼商流形。基于文献 [162]~[164]，可将 $\mathrm{Grass}(r, n)$ 视为

$$\mathrm{Grass}(r, n) = \mathbf{R}_*^{n\times r}/\mathrm{GL}_r$$

由一组变换 GL_r 组成满秩 $n \times r$ 矩阵集合 $\mathbf{R}_*^{n\times r}$ 的商。这些变换能保持列空间。这样，$\mathrm{Grass}(r, n)$ 中的一个元素能被任意基 $U \in \mathbf{R}_*^{n\times r}$ 表示。

从另一个角度看，映射

$$\mathrm{col} : \mathrm{St}(r, n) \to \mathrm{Grass}(r, n) : U \to \mathrm{col}(U)$$

将变为一个黎曼浸没。$\mathrm{Grass}(r, n)$ 上的黎曼度量是唯一的度量，且具有 $\mathbf{R}^m$ 旋转不变特性 [165]。如果 $\mathrm{col}(U) = \mathrm{col}(U')$ 表示相同的列空间，浸没 col 将会产生一个等价关系：U 和 U' 等价。设

$$Q(r) = \{Q \in \mathbf{R}_*^{r\times r} : Q^{\mathrm{T}}Q = I_r\}$$

代表 $r \times r$ 正交矩阵的集合。因此，U 和 U' 是等价的当且仅当存在 $Q \in O(r)$ 使得 $U' = UQ$，也就是 $\mathrm{Grass}(r, n)$ 在 $O(r)$ 作用下的 $\mathrm{St}(r, n)$ 商：

$$\mathrm{Grass}(r, n) = \mathrm{St}(r, n)/O(r) \tag{2.33}$$

Grassmann 流形具有一个在点 $\mathcal{U}$ 的切空间，记为 $T_{\mathcal{U}}\mathrm{Grass}(r, n)$。该空间是维数为 $r(n - r)$ 的线性子空间。切向量 $\mathcal{H} \in T_{\mathcal{U}}\mathrm{Grass}(r, n)$ 由矩阵 $H \in \mathbf{R}^{n\times r}$ 表示，且满足

$$\frac{\mathrm{d}}{\mathrm{d}t}\mathrm{col}(U + tH)|_{t=0} = H$$

如果给定约束 $U^{\mathrm{T}}H = 0$，那么 $\mathcal{H}$ 的表示 H 也被称为在点 U 的水平提升，且是一一对应的。为了表示方便，本书主要使用符号 U 和 H。在点 U 处的切向量是如下集合：

$$T_U\mathrm{Grass}(r, n) = \{H \in \mathbf{R}^{n\times r} : U^{\mathrm{T}}H = 0\}$$

每一个切空间附带内积（黎曼度量）且光滑地变化着。该空间来自切向量矩阵表示的嵌入空间 $\mathbf{R}^{n\times r}$：

$$\forall H_1, H_2 \in T_U\mathrm{Grass}(r,n), \quad \langle H_1, H_2\rangle_U = \mathrm{trace}(H_1^{\mathrm{T}} H_2)$$

从 $\mathbf{R}^{n\times r}$ 映射至切空间 $T_U\mathrm{Grass}(r,n)$ 的正交映射定义为

$$\mathrm{Proj}_U : \mathbf{R}^{n\times r} \to T_U\mathrm{Grass}(r,n) : H \to \mathrm{Proj}_U H = (I - UU^{\mathrm{T}})H$$

类似地，定义 Stiefel 流形在点 U 处的切空间：

$$T_U\mathrm{St}(r,n) = \{H \in \mathbf{R}^{n\times r} : U^{\mathrm{T}}H + H^{\mathrm{T}}U = 0\}$$

那么，从 $\mathbf{R}^{n\times r}$ 映射至 Stiefel 流形切空间的映射为

$$\begin{aligned}\mathrm{Proj}_U^{\mathrm{St}}&: \mathbf{R}^{n\times r} \to T_U\mathrm{St}(r,n)\\ &: H \to \mathrm{Proj}_U^{\mathrm{St}} H = (I - UU^{\mathrm{T}})H + U\mathrm{skew}(U^{\mathrm{T}}H),\end{aligned}$$

其中，$\mathrm{skew}(U^{\mathrm{T}}H) = (U^{\mathrm{T}}H - (U^{\mathrm{T}}H)^{\mathrm{T}})/2$ 表示矩阵 $U^{\mathrm{T}}H$ 的反对称部分。

现在，定义 Grassmann 流形上的可微分函数。假设 $\bar{f}$ 是一个从 $\mathbf{R}_*^{n\times r}$ 至 $\mathbf{R}$ 的光滑映射，$\bar{f}|_{\mathrm{St}}$ 代表 Stiefel 流形上的函数，进一步假设

$$\forall U \in \mathrm{St}(r,n), Q \in O(r), \quad \bar{f}|_{\mathrm{St}}(U) = \bar{f}|_{\mathrm{St}}(UQ)$$

基于这个假设，$\bar{f}|_{\mathrm{St}}$ 仅是参数列空间的函数，因此

$$f : \mathrm{Grass}(r,n) \to \mathbf{R} : \mathrm{col}(U) \to f(\mathrm{col}(U)) = \bar{f}|_{\mathrm{St}}(U)$$

是明确的。f 在点 U 处的梯度是 $T_U\mathrm{Grass}(r,n)$ 上唯一的切向量 $\mathrm{grad}f(U)$，且满足

$$\forall H \in T_U\mathrm{Grass}(r,n), \quad \langle \mathrm{grad}f(U), H\rangle_U = \mathrm{D}f(U)[H]$$

其中，$\mathrm{D}f(U)[H]$ 是函数 f 在点 U 处沿着 H 的方向导数：

$$\mathrm{D}f(U)[H] = \lim_{t\to 0} \frac{f(\mathrm{col}(U+tH)) - f(\mathrm{col}(U))}{t}$$

需要注意的是，$\mathrm{grad}f(U)$ 是 $\mathrm{grad}f(\mathcal{U})$ 在点 U 处的水平提升。类似的定义对于 $\mathrm{grad}\bar{f}$（欧氏空间上的梯度）和 $\mathrm{grad}\bar{f}|_{\mathrm{St}}$ 是成立的。由于 $\mathrm{St}(r,n)$ 是 $\mathbf{R}_*^{n\times r}$ 的黎曼子流形，可得

$$\mathrm{grad}\bar{f}|_{\mathrm{St}}(U) = \mathrm{Proj}_U^{\mathrm{St}}\mathrm{grad}\bar{f}(U) \tag{2.34}$$

也就是说，黎曼梯度可以通过计算 $\bar{f}$ 函数的欧氏空间上的梯度，将相应的向量映射至 Stiefel 流形切空间而得到。此外，$\mathrm{Grass}(r,n)$ 是 $\mathrm{St}(n,r)$ 的黎曼商流形:

$$\mathrm{grad}f(U)=\mathrm{grad}\bar{f}|_{\mathrm{St}}(U) \tag{2.35}$$

$\mathrm{grad}f(U)$ 为任意正交基下切向量 $f(\mathrm{col}(U))$ 的矩阵表示形式，它们的关系可表示为

$$\frac{\mathrm{d}}{\mathrm{d}t}\mathrm{col}(U+t\mathrm{grad}f(U))|_{t=0}=\mathrm{grad}f(\mathrm{col}(U)) \tag{2.36}$$

需要注意的是，$T_U\mathrm{Grass}(r,n)$ 是 $\mathrm{St}(r,n)$ 的线性子空间，因此有 $\mathrm{Proj}_U\circ\mathrm{Proj}_U^{\mathrm{St}}=\mathrm{Proj}_U$。因为 $\mathrm{grad}f(U)$ 属于 $T_U\mathrm{Grass}(r,n)$，所以在 Proj_U 下它具有不变性。综合考虑式 (2.34) 和式 (2.35)，并在两边应用 Proj_U，可以得到计算函数 f 梯度的具体表达式，即

$$\mathrm{grad}f(U)=\mathrm{Proj}_U\mathrm{grad}\bar{f}(U)=(I-UU^{\mathrm{T}})\mathrm{grad}\bar{f}(U) \tag{2.37}$$

基于类似的思想，可以推导出 f 在点 U 处沿着 H 且在切空间 $\mathrm{Grass}(r,n)$ 上的黎曼 Hessian。定义向量场 $\bar{F}:\mathbf{R}_*^{n\times r}\to\mathbf{R}^{n\times r}$：

$$\bar{F}(U)=(I-UU^{\mathrm{T}})\mathrm{grad}\bar{f}(U)$$

$\bar{F}|_{\mathrm{St}}$ 是 Stiefel 流形的向量场，即 $\bar{F}(U)\in T_U\mathrm{St}(r,n),\forall U\in\mathrm{St}(r,n)$。那么，对于 $T_U\mathrm{Grass}(r,n)\subset T_U\mathrm{St}(r,n)$ 中的所有 H，可得

$$\bar{\nabla}_H\bar{F}|_{\mathrm{St}}(U)=\mathrm{Proj}_U^{\mathrm{St}}\mathrm{D}\bar{F}(U)[H]$$

其中，$\mathrm{D}\bar{F}(U)[H]$ 是欧氏空间下在点 U 处沿着 H 的方向导数；$\bar{\nabla}_H$ 表示 Stiefel 流形上关于任意光滑切向量场 X，且有 $X_U=H$ 的 Levi-Civita 联络。这是函数方向导数在流形上的近似，有

$$\mathrm{Hess}f(U)[H]=\mathrm{Proj}_U\bar{\nabla}_H\bar{F}|_{\mathrm{St}}(U)$$

其中，$\mathrm{Hess}f(U)[H]$ 代表梯度向量场 $\mathrm{grad}f$ 在点 U 处沿着 H 的方向导数（关于 Grassmann 流形的 Levi-Civita 联络）。

综合考虑这些公式，以及

$$\mathrm{Proj}_U\circ\mathrm{Proj}_U^{\mathrm{St}}=\mathrm{Proj}_U$$

可知一个较简明的表达式是

$$\mathrm{Hess}f(U)[H]=\mathrm{Proj}_U\mathrm{D}\bar{F}(U)[H]=(I-UU^{\mathrm{T}})\mathrm{D}\bar{F}(U)[H] \tag{2.38}$$

对于 Grassmann 流形，下面的收缩可以使给定的一个点 U 沿着给定方向 H 进行移动，并留在流形中：

$$R_U(H) = \mathrm{polar}(U + H)$$

其中，$\mathrm{polar}(\cdot) \in \mathrm{St}(n, r)$ 表示对输入的矩阵 $A \in \mathbf{R}^{n\times r}$ 进行 polar 分解，并返回 $n \times r$ 正交分解因子。

2.12 本章小结

本章从黎曼几何基本概念出发，概览了嵌入子流形、商流形、黎曼几何结构、黎曼梯度、仿射联络、黎曼 Hessian、流形上的曲线、收缩等概念，并介绍了定秩对称矩阵的嵌入几何结构。其中，重点阐述了 Grassmann 流形和 Stiefel 流形的几何结构，这部分内容是本书的一个核心部分。上述基本概念和原理具有较抽象的数学含义，在介绍时引入部分插图以便于理解。这些数学基础可为后续的应用奠定理论基础。

第 3 章　基于收缩的黎曼流形优化理论与方法

本章主要讨论基于收缩的黎曼流形优化理论与方法 [9,51,108]，主要内容包含黎曼最速下降（Riemannian steepest descent）法、黎曼牛顿（Riemannian Newton）法、黎曼共轭梯度法、黎曼信赖域（Riemannian trust region）法和黎曼拟牛顿（Riemannian quasi-Newton）法，并给出相关的收敛性分析结果，为后续的应用奠定理论基础。

设 $\mathcal{M}$ 是一个黎曼流形且具有黎曼度量 g。一个黎曼流形 $\mathcal{M}$ 上的无约束最优化问题表示为

$$\min f(x), \quad \text{s.t. } x \in \mathcal{M} \tag{3.1}$$

其中，f 假定为光滑流形函数。

搜索空间 $\mathcal{M}$ 是黎曼流形，这意味着 $\mathcal{M}$ 可以基于切空间 $T_x\mathcal{M}$ 和内积 $\langle \cdot, \cdot \rangle_x$ 在每个点 x 进行局部线性近似。例如，当 $\mathcal{M}$ 代表矩阵集合 $\mathbf{R}^{n\times m}$ 的黎曼子流形时，一个典型的内积是 $\langle H_1, H_2 \rangle = \text{trace}(H_1^{\mathrm{T}} H_2)$。相关应用场景包括：优化问题 (3.1) 是欧氏空间上关于 $x \in \mathbf{R}^n$ 的一个约束最优化问题，而 $\mathcal{M}$ 是 $\mathbf{R}^n$ 的一个光滑子流形。例如，$\mathcal{M} = \{x \in \mathbf{R}^n : x^{\mathrm{T}}x = 1\}$。

原有欧氏空间上的优化算法无法直接扩展至黎曼流形，因此，原有的一些概念也需要进一步的“升级”。例如，$\mathbf{R}^n$ 上的最速下降法，其搜索方向是 $-f_x(x_k)$。很显然，需要一个定义于流形 $\mathcal{M}$ 上的梯度。这个定义也应对 $\mathbf{R}^n$ 上的子流形有效。此外，欧氏空间最优化算法中的负梯度 $-f_x(x_k)$ 已不能用于搜索方向，因为它已不处于子流形 $\mathcal{M}$ 中。基于上述讨论，本书使用 η_k 作为目标函数在点 $x_k \in \mathcal{M}$ 处的切向量，并用于后续的线搜索。

基于第 2 章给出的黎曼几何基本概念，黎曼流形的几何结构可以定义函数 f 在流形上的黎曼梯度和黎曼 Hessian。更重要的是，收缩机制使得流形上的点 x 沿着一个特定切向量的移动变得可行，且在数值计算方面变得更加方便和有效。这些基本概念和机制为黎曼流形上的最优化算法奠定了理论基础，如最速下降法、牛顿法、信赖域法和拟牛顿法。

基于 Absil 等 [9] 所构建的黎曼流形优化理论框架，可以针对特定的流形给出高效的数值优化算法。具体来说，本书可以设计黎曼子流形和线性空间商流形的一阶和二阶优化算法。这些黎曼流形优化算法的收敛性等特性，与欧氏空间上的优化算法相比是类似或具有较好的收敛性。例如，当目标函数 f 的黎曼 Hessian 存在

时，黎曼信赖域法全局收敛（无关初始迭代值）于驻点，同时也是局部收敛的。

3.1 线搜索和收缩

如果 $\mathcal{M}$ 是欧氏空间 $\mathbf{R}^n$，线搜索

$$x_{k+1} = x_k + t_k \eta_k \tag{3.2}$$

将可以实现。然而，方程 (3.2) 不适用于流形上的优化算法，这是因为方程中的加法操作在流形 $\mathcal{M}$ 上未定义，即使 $\mathcal{M}$ 是 $\mathbf{R}^n$ 的一个子流形且可以完成加法操作，但是向量 $x_k + t_k\eta_k$ 并不位于流形 $\mathcal{M}$ 上。为了将 $\mathbf{R}^n$ 上的方程 (3.2) 扩展至流形上的线搜索，方程 (3.2) 中的加法应引入适当的表达式，使之成立。

基于第 2 章介绍的黎曼几何基础理论及常用流形的几何结构，发现指数映射可用于 $x \in \mathcal{M}$ 邻域以及切空间 $T_x\mathcal{M}$ 之间的映射。除此以外，Manton[166] 认为指数映射并不能保证在所有的情况下都具有期望的性能，且有时指数映射计算量比较大。

针对这一问题，Shub 等 [167,168] 开展了相关的研究工作。至 2008 年，Absil 等 [9] 在出版的学术专著中，总结并提出了基于收缩的黎曼流形优化理论与方法，认为收缩是一个局部映射，具有较低的计算量并可以保持原有优化算法的收敛性。收缩机制通过松弛指数映射的约束为最优化问题的求解提供灵活的数学工具。

基于收缩的定义 [9]，收缩可以将切平面 $T_x\mathcal{M}$ 上的向量映射至流形 $x \in \mathcal{M}$ 的附近。同时，黎曼几何基础理论中的几何结构特性也指出收缩 R_x 在 0_x 处微分同胚，换句话说，指数映射也是一个收缩，即黎曼指数收缩。对于每个黎曼流形，黎曼指数收缩总是存在，因此每个黎曼流形保证有且至少有一个收缩。

收缩可视为指数映射的一阶近似，但收缩上的约束比流形上的约束要少。指数映射 Exp_x 和收缩 R_x 都具有如下的性质：

$$\mathrm{Exp}_x(0_x) = x = R_x(0_x), \quad \mathrm{DExp}_x(0_x) = \mathrm{D}R_x(0_x)$$

需要注意的是，二阶收缩和更高阶收缩没有任何假设。黎曼指数收缩满足零加速约束，然而收缩仅仅要求满足局部刚性条件 $\mathrm{D}R_x(0_x) = \mathrm{id}_{T_x\mathcal{M}}$，其中 $\mathrm{id}_{T_x\mathcal{M}}$ 表示切空间 $T_x\mathcal{M}$ 上的单位映射。这个条件保证曲线 $\gamma_\xi = R_x(t\xi)$ 满足 $\dot{\gamma}(0) = \xi$，即收缩满足零加速，且实现流形上的曲线沿着切向量的方向移动。这与指数映射沿着直线移动不同。

由于收缩建立了流形与切平面之间的对应关系，欧氏空间上的优化算法可以扩展至流形上的优化算法。换句话来说，基于流形上的收缩（将优化问题从流形转移至切丛），可以建立基于收缩的黎曼流形优化理论。基于收缩的黎曼流形优化理

论的数学思想始于 Shub[167] 的工作，但当时没有得到广泛的关注。2008 年，Absil 等 [9] 基于 Shub 的工作建立了基于收缩的黎曼流形优化理论体系，但大部分的工作是基于指数映射将切向量映射至流形。从理论上来说，可以将所有的收缩选择为黎曼指数映射 [169-172]。但是，收缩的使用在计算上更加可行，因为它的定义域是切空间，所以更易于求解。

梯度向量包含一个函数的一阶信息。这些梯度的等价关系是存在的，因为收缩是对指数映射的一阶近似。那么，对于流形上的黎曼 Hessian: $\operatorname{Hess} f(x)$，有下面的引理。

引理 3.1 假设

$$\frac{\mathrm{D}}{\mathrm{d}t}\left(\frac{\mathrm{d}}{\mathrm{d}t}R(t\xi)\right)\bigg|_{t=0}=0, \quad \forall \xi \in T\mathcal{M} \tag{3.3}$$

其中，$\dfrac{\mathrm{D}}{\mathrm{d}t}$ 为沿着曲线 $t \to R(t\xi)$ 的协变导数。

引理 3.1 对收缩引入了一个额外的约束。式 (3.3) 是零初始加速条件。如果收缩满足该公式，则这个收缩是二阶收缩。

设 $x \in \mathcal{M}$ 和 $\eta_k \in T_x\mathcal{M}$ 分别表示当前优化算法框架中的迭代变量和搜索方向，且有相应的收缩 R。设 γ_k 是流形 $\mathcal{M}$ 上的曲线，且有 $\gamma_k(t)=R_{x_k}(t\eta_k)$。基于收缩的定义，$\gamma_k(0)=x_k$。因此，曲线 γ_k 在点 x 处沿着方向 η_k 出发。在每次迭代中，收缩在流形 $\mathcal{M}$ 上给出适当的曲线以搜索下一次迭代变量。为了将上述过程从欧氏空间 $\mathbf{R}^n$ 扩展至流形 $\mathcal{M}$ 空间，线搜索过程 (3.2) 将由式 (3.4) 表示：

$$x_{k+1}=R_{x_k}(t_k\eta_k) \tag{3.4}$$

该表达式表示沿着曲线 γ_k 进行搜索，并可能使得目标函数 f 值下降。

下一步需要确定步长。本书将 $x_k \in \mathcal{M}$ 和 $\eta_k \in T_{x_k}\mathcal{M}$ 分别视为当前迭代变量和搜索方向。假设 η_k 是下降方向：$\langle \operatorname{grad} f(x_k), \eta_k\rangle_{x_k}<0$，那么步长可以由式 (3.5) 确定：

$$t_k=\arg\min_{t>0} f(R_{x_k}(t\eta_k)) \tag{3.5}$$

欧氏空间最优化理论中的 Armijo 条件可扩展至流形 $\mathcal{M}$，流形上的 Armijo 条件可表示为

$$f(R_{x_k}(t\eta_k)) \leqslant f(x_k)+c_1t_k\langle \operatorname{grad} f(x_k), \eta_k\rangle_{x_k} \tag{3.6}$$

其中，$k \geqslant 0, c_1 \in (0,1)$。

换句话来说，式 (3.6) 可进行后搜索（backtracking），以寻找一个满足 Armijo 条件的步长，即给定参数 $\bar{\alpha}>0, \beta, \sigma \in (0,1)$，步长可由表达式 $t_k=\beta^m\bar{\alpha}$ 确定。m 可能是最小非负整数，且满足

$$f(x_k)-f(R_{x_k}(\beta^m\bar{\alpha}\eta_k)) \geqslant -\sigma\langle \operatorname{grad} f(x_k), \beta^m\bar{\alpha}\eta_k\rangle_{x_k} \tag{3.7}$$

那么，$t_k = \beta^m \bar{\alpha}$ 可视为黎曼流形优化算法中的 Armijo 步长。

基于文献 [9] 以及上述讨论，下面给出两个可用于黎曼流形优化算法收敛性分析的定义。

定义 3.1 (梯度相关序列) 假设函数 f 的任意子序列 $(x_{n_k})_{k\in\mathbf{N}}$ 都收敛于非稳定点，相应的子序列 $(\eta_{n_k})_{k\in\mathbf{N}}$ 有界且满足

$$\limsup_{k\to\infty} g_x(\mathrm{grad}f(x_{n_k}), \eta_{n_k}) < 0$$

其中，g 是黎曼度量。那么，搜索方向 $\eta_n \in T_{x_n}\mathcal{M}$ 序列 $(\eta_n)_{n\in\mathbf{N}}$ 是梯度相关的。

定义 3.2 (Armijo 条件) 设 $x \in \mathcal{M}$ 是当前的迭代变量，$\eta \in T_x\mathcal{M}$ 是搜索方向，$\beta, c \in [0,1]$ 是常量参数且 α_0 是一个初始步长。Armijo 步长可由 $\alpha = \beta^m \alpha_0$ 给出。其中，$m \in \mathbf{N}$ 可能是最小的整数。那么，可以得到式 (3.6)。

具体来说，定义 3.1 是直接对欧氏空间中的经典 Armijo 准则进行推广。若 f 是连续可微且搜索方向是梯度相关的，则可以一直找到一个 $\bar{\alpha}$ 且所有步长 $\alpha \in [0, \bar{\alpha}]$ 满足 Armijo 条件 (3.6)。

类似地，Wolfe 条件也可以从欧氏空间 $\mathbf{R}^n$ 广义化至流形 $\mathcal{M}$。在文献 [57]、[67] 中讨论了流形 $\mathcal{M}$ 上的 Wolfe 条件，该条件与向量传输密切相关，并对黎曼流形共轭梯度法的收敛性分析至关重要。

3.2 黎曼最速下降法

黎曼流形 $\mathcal{M}$ 最速下降法的搜索方向 $\eta_k \in T_{x_k}\mathcal{M}$ 表达式为

$$\eta_k = -\mathrm{grad}f(x_k) \tag{3.8}$$

其中，$\mathrm{grad}f$ 是黎曼梯度且与相应的黎曼度量 $\langle\cdot,\cdot\rangle$ 相关。也就是说，$\mathrm{grad}f(x)$ 在点 $x \in \mathcal{M}$ 处有唯一的切向量，且满足

$$\langle \mathrm{grad}f(x), \xi \rangle_x = \mathrm{D}f(x)[\xi] \tag{3.9}$$

对于任意 $\xi \in T_x\mathcal{M}$，式 (3.9) 是成立的。因为方程所给定的 η_k 处于最速下降方向，所以 Armijo 条件适用。黎曼最速下降法的具体流程如算法 3.1 所示。

算法 3.1 黎曼最速下降法

1: 给定一个初始点 $x_0 \in \mathcal{M}$
2: **for** $k = 0, 1, 2, \cdots$ **do**
3: $\eta_k = -\mathrm{grad}f(x_k)$; %计算搜索方向
4: $t_k > 0$; %计算 Armijo 步长

5: $x_{k+1} = R_{x_k}(t_k\eta_k)$。%$R$ 是流形 $\mathcal{M}$ 上的收缩
6: **end for**

基于文献 [9]，黎曼最速下降的收敛特性可由定理 3.1 给出。

定理 3.1 设 $\{x_k\}$ 是算法 3.1 所产生的迭代序列，那么每个极限点将是函数 f 的临界点。

证明 具体证明细节可参考文献 [9]。

3.3 黎曼牛顿法

下面直接给出黎曼流形 $\mathcal{M}$ 上的黎曼牛顿法，搜索方向 η_k 可由下面的牛顿方程确定：

$$\text{Hess}f(x_k)[\eta_k] = -\text{grad}f(x_k) \tag{3.10}$$

其中，$\text{Hess}f(x)$ 为点 x 处黎曼 Hessian，可由协变导数 $\mathcal{M}\eta_k\nabla_\eta\text{grad}f$（$\nabla$ 为 Levi-Civita 联络）确定：

$$\text{Hess}f(x)[\eta] = \nabla_\eta\text{grad}f \tag{3.11}$$

需要注意的是，在黎曼牛顿法中搜索方向不一定是下降方向。因此，固定 $t_k = 1, \forall k$，不进行线搜索。黎曼牛顿法的具体计算过程如算法 3.2 所示。流形上的牛顿法始于 1972 年 Luenberger 的工作 [46]。1982 年，Gabay[47] 提出了一个 N 嵌入子流形牛顿法。Smith[173] 和 Udriste[170] 给出并分析了常用的黎曼流形优化算法。相关的研究工作还有文献 [49]、[166]、[169]、[174]~[178]。需要注意的是，黎曼牛顿法没有全局收敛特性。

算法 3.2 黎曼牛顿法

1: 给定一个初始点 $x_0 \in \mathcal{M}$
2: **for** $k = 0, 1, 2, \cdots$ **do**
3: %计算搜索方向 η_k 作为牛顿方程的解
4: $\text{Hess}f(x_k)[\eta_k] = -\text{grad}f(x_k)$；
5: %计算下一个迭代变量，其中 R 是流形 $\mathcal{M}$ 上的收缩
6: $x_{k+1} = R_{x_k}(t_k\eta_k)$
7: **end for**

基于文献 [9]，黎曼牛顿法的收敛特性如下所示。

定理 3.2　设 $x_x \in \mathcal{M}$ 是函数 f 的驻点，且 $\mathrm{grad}f(x_c)=0$。假设 $\mathrm{Hess}f(x_c)$ 在点 $x_c \in \mathcal{M}$ 处是非退化的，那么存在着流形上的点 x_c 邻域 U 且对于所有的点 $x_0 \in U$，算法 3.2 所产生的序列 $\{x_k\}$ 收敛至 x_c。

证明　具体证明细节可参考文献 [9]。

3.4　黎曼共轭梯度法

在介绍黎曼共轭梯度法之前，首先回顾欧氏空间上的共轭梯度法。给定一个初始迭代值 $x_0 \in \mathbf{R}^n$，基于

$$x_{k+1} = x_k + t_k\eta_k \tag{3.12}$$

产生一个序列迭代变量 $x_0, x_1, x_2, \cdots \in \mathbf{R}^n$。其中，$\eta_k = -\mathrm{grad}f(x)$ 是点 x_k 的最速下降方向，步长值 $t_k > 0$。非线性共轭梯度法将构建一个适当的搜索方向 η_k，该搜索方向是 $-\mathrm{grad}f(x_k)$ 和上一个搜索方向 η_{k-1}，因此有下面的搜索过程:

$$\eta_k = -\mathrm{grad}f(x_k) + \beta_{k-1}\eta_{k-1} \tag{3.13}$$

当 $\beta_k = 0, \forall k$ 时，欧氏空间上的牛顿法可被视为共轭梯度法的特殊例子。

综合考虑更新方程 (3.12) 和搜索方向方程 (3.13)，可以看到共轭梯度法依赖于 $\mathbf{R}^n$ 的向量空间结构，以及基于点和向量的线性组合。然而，这种相关性在搜索空间为黎曼流形的情况下是没有意义的，需要修改式 (3.13) 以求解无约束优化问题 (3.1)。因此，本章需要考虑搜索空间的黎曼几何结构，定义黎曼流形上的梯度。

传统的更新方程 (3.12) 将给出变量 x_{k+1}：从点 x_k 沿着方向 $t_k\eta_k$ 产生一个搜索空间上的新点。收缩可以给出下面较通用的更新方程:

$$x_{k+1} = R_{x_k}(t_k\eta_k) \tag{3.14}$$

其中，$\eta_k \in T_{x_k}\mathcal{M}$ 是 x_k 处的切向量。类似地，黎曼流形上的切向量 η_k (式 (3.13)) 可由 $-\mathrm{grad}f(x_k)$ 和 η_{k-1} 两个向量的组合得到。其中，$-\mathrm{grad}f(x_k)$ 是函数 f 在点 x 处的黎曼梯度，具体细节可参考定义 2.25。需要注意的是，在点 x_k 和 x_{k-1} 处的切向量不能直接进行相加，这是因为它们不属于同一个子空间。为解决这一问题，可使用向量传输将 x_{k-1} 传输至 x_k:

$$\eta_{k-1}^{+} = \mathrm{Transp}_{x_k \leftarrow x_{k-1}}(\eta_{k-1}) \tag{3.15}$$

于是有下面的搜索方向方程:

$$\eta_k = -\mathrm{grad}f(x_k) + \beta_{k-1}\eta_{k-1}^{+} \tag{3.16}$$

需要注意的是，黎曼最速下降法并不需要向量传输。

基于上述讨论，本章直接给出加速黎曼共轭梯度法，如算法 3.3 所示。具体过程是通过预条件（precondition）迭代变量，即操作切空间 $T_{x_k}\mathcal{M}$ 变量来实现 [179]。该方法需要根据目标函数黎曼 Hessian 矩阵的条件数（condition number）进行改变，对切空间的操作意味着对黎曼度量 g 的操作，也就是说理论上这些过程足够表示黎曼共轭梯度法而不需要显式的预条件。

算法 3.3 预条件黎曼共轭梯度法

1: 给定一个初始点 $x_0 \in \mathcal{M}$
2: 初始化：$g_0 = \text{grad}f(x_0), p_0 = \text{Precon}f(x_0)[g_0], \eta_0 = -p_0, k = 0$
3: **for** $k = 0, 1, \cdots$ **do**
4:     **if** $\langle g_k, \eta_k \rangle \geqslant 0$ **then**
5:         $\eta_k = -p_k$
6:     **end if**
7:     %修正的 Armijo 后搜索算法，见算法 3.4
8:     $t_k = \text{Linesearch}(x_k, \eta_k, x_{k-1})$
9:     %获得新的迭代变量
10:     $x_{k+1} = R_{x_k}(t_k\eta_k)$
11:     %计算新的梯度
12:     $g_{k+1} = \text{grad}f(x_{k+1})$
13:     $p_{k+1} = \text{Precon}f(x_{k+1})[g_{k+1}]$
14:     %传输到新的切空间
15:     $\eta_k^+ = \text{Transp}_{x_{k+1} \leftarrow x_k}(\eta_k)$
16:     $g_k^+ = \text{Transp}_{x_{k+1} \leftarrow x_k}(g_k)$
17:     $\beta_k = \max(0, \langle g_{k+1} - g_k^+, p_{k+1}\rangle / \langle g_{k+1} - g_k^+, \eta_k^+\rangle)$ %Hestenes-Stiefel+
18:     $\eta_k = -p_{k+1} + \beta_k\eta_k^+$
19:     $k = k + 1$
20: **end for**

此外，黎曼几何的基本概念（黎曼结构、收缩、测地线、正交映射等）与目标函数是不相关的，但预条件过程与目标函数是相关的，所以给出黎曼共轭梯度法的显式预条件过程，即

$$\text{Precon}f(x) : T_x\mathcal{M} \to T_x\mathcal{M} \tag{3.17}$$

其中，线性算子 $\text{Precon}f(x)$ 在黎曼度量下是对称且正定的。同时，该算子被认为是 $(\text{Hess}f(x))^{-1}$ 的近似，且应该具有较小的计算量。那么，搜索方向方程变为

$$\eta_k = -\text{Precon}f(x_k)[\text{grad}f(x_k)] + \beta_k\eta_{k-1}^+ \tag{3.18}$$

需要注意的是，如果 $\text{Precon}f(x_k) = (\text{Hess}f(x))^{-1}$ 和 $\beta_{k-1} = 0$，式 (3.18) 将变为黎曼牛顿法。如果没有预条件过程，式 (3.18) 中的 $\text{Precon}f(x_k)$ 将变为单位算子，也就是 I。

步长 t_k 可由一个线搜索算法确定，也就是近似地求解下面的一维最优化问题：

$$\min_{t>0} \phi(t) = f(R_{x_k}(t\eta_k)) \tag{3.19}$$

如果 η_k 是目标函数 f 的下降方向，那么有 $\phi'(t) < 0$ 且需要基于一个固定步长减少 ϕ。通过计算一个较大的步长可实现足够的目标函数值减少，即基于下面的 Armijo 准则：

$$\begin{aligned} f(x_{k+1}) &= \phi(t_k) \leqslant \phi(0) + c_{\text{dec}} t_k \phi'(0) \\ &= f(x_k) + c_{\text{dec}} \cdot \text{D}f(x_k)[t_k\eta_k] \end{aligned}$$

常量值 $c_{\text{dec}}(0 < c_{\text{dec}} < 1)$ 是保证目标函数值减少的参数。简单的后搜索算法将保证上式成立。

线搜索优化问题 (3.19) 与欧氏空间上的线搜索问题类似。因此，本章可以使用传统的线搜索算法。需要注意的是，如果加上预条件过程，那么该算法在偏移和缩放情况下具有不变特性，相应的线搜索算法也具有不变特性。

对于较特殊例子 $\beta_k = 0$（黎曼最速下降法），算法 3.3 和算法 3.4 的组合将符合文献 [9] 中的黎曼流形优化理论。注意到 $t_{k,0}$ 是算法 3.3 在第 k 迭代下的算法 3.4 的初始值。因为 $\{t_{k,0}\|\eta_k\|\}$ 将保证非零，所以 $t_{k,0}\eta_k$ 是梯度相关序列。文献 [9] 讨论了黎曼共轭梯度法及其全局收敛特性，并认为无论如何设置初始值 x_0，$\|\text{grad}f(x_k)\|$ 都将逐渐趋近于零。

算法 3.4 修正的 Armijo 后搜索算法

1: 给定一个初始点 $x \in \mathcal{M}, \eta \in T_x\mathcal{M}$，上一个迭代值 x_{pre}
2: 初始化

$$t = \begin{cases} c_{\text{opt}} \cdot 2\dfrac{f(x) - f(x_{\text{pre}})}{\text{D}f(x)[\eta]}, & x_{\text{pre}}\text{可行} \\ c_{\text{init}}/||\eta||, & x_{\text{pre}}\text{不可行} \end{cases}$$

3: **if** $t||\eta|| < 10^{-12}$ **then**
4: $\quad t = c_{\text{init}}/||\eta||$
5: **end if**
6: **while** $f(R_x(t\eta)) > f(x) + c_{\text{dec}} \cdot \text{D}f(x)[t\eta]$ **do**
7: $\quad t = c_{\text{contra}} \cdot t$
8: **end while**
9: 返回 t

另外一个问题是参数 β_k 的确定。文献 [179] 给出了一系列 β_k 参数的确定方法。当设计黎曼流形优化算法时，需要注意参数的计算方法。算法 3.3 给出了修正的 Hestenes-Stiefel 准则。该算法主要考虑黎曼共轭梯度法的自重启特性。因此，当算法的 β_k 为负值时，β_k 应置为零。这意味着算法变为黎曼最速下降法，需要考虑黎曼共轭梯度法的重启机制。

近年来，Iwai 等 [57] 给出了基于 Fletcher-Reeves 准则的 β 参数选择方法及其相应的向量传输方法，讨论了满足强 Wolfe 条件的线搜索算法。该算法是一种具有全局收敛特性的黎曼共轭梯度法。

Smith[180] 提出使用并行移动沿着测地线在不同的切空间中进行传输。然而，计算并行移动可能比较困难，或具有较大的计算复杂度。Absil 等 [9] 给出一种较有效的方法：向量传输。Ring 等 [67] 假设可微向量传输的引入不会导致搜索方向范数的增加，并证明具有向量传输和强 Wolfe 条件的黎曼共轭梯度法的收敛性（Fletcher-Reeves 准则）。

备注 3.1 对非线性黎曼共轭梯度法来说，本章可能难以给出类似于欧氏空间上共轭梯度法的相关结果。具体可见文献 [181] 中的讨论。此外，黎曼共轭搜索方向的更新并不能保证产生梯度相关的序列。为了解决这个问题，一个预调节过程可用于保证更新参数 β 趋近于零。在实际实验过程中，黎曼共轭梯度法的表现比最速下降法好。

3.5 黎曼信赖域法

本节主要讨论黎曼信赖域法 [51] 的具体细节，并进行收敛性分析。黎曼信赖域法的思想和欧氏空间上的信赖域法类似。黎曼最速下降法具有线性收敛性和强全局收敛特性。黎曼牛顿法类似于欧氏空间上的牛顿法，具有超线性局部收敛特性，但该方法是以全局收敛为代价的，且牛顿迭代过程需要计算每一步线性方程的解，这很有可能是一个较费时的子过程。欧氏空间的信赖域法具有强全局收敛性，同时也具有局部超线性收敛性。

3.5.1 基本黎曼信赖域法

给定一个欧氏空间上的函数 f、当前迭代变量 $x \in \mathbf{R}^n$ 和更新向量 $\eta \in \mathbf{R}^n$，欧氏空间 $\mathbf{R}^n$ 函数 f 的信赖域法需要求解下面的信赖域子问题：

$$\min_{\eta \in \mathbf{R}^n} m_x(\eta) = f(x) + \eta^{\mathrm{T}} \partial f(x) + \frac{1}{2} \eta^{\mathrm{T}} \partial^2 f(x) \eta, \quad ||\eta|| \leqslant \varDelta \tag{3.20}$$

其中，$\partial f(x) = (\partial_1 f(x), \cdots, \partial_n f(x))$ 是函数 f 在 x 处的欧氏空间梯度。类似地，$(\partial^2 f(x))_{ij} = \partial^2_{ij} f(x)$ 是函数 f 在 x 处的 Hessian 矩阵（欧氏空间），$\varDelta$ 表

示信赖域半径（trust-region radius）。是否选取迭代变量或是否更新信赖域半径将基于下面的商：

$$\rho_k = \rho_{x_k} = \frac{f(x_k) - f(R_{x_k}(\eta_k))}{m_{x_k}(0_{x_k}) - m_{x_k}(\eta_k)} = \frac{\hat{f}_{x_k}(0_{x_k}) - \hat{f}_{x_k}(\eta_k)}{m_{x_k}(0_{x_k}) - m_{x_k}(\eta_k)} \tag{3.21}$$

基于 ρ_k 的值，新的迭代变量将会被选取或弃用，且信赖域半径也有可能被更新。

欧氏空间上的信赖域法已得到了较好的研究，经典的参考文献有文献 [182]~[185]。近年来，相关工作主要集中于信赖域半径更新策略 [186]。

基于黎曼几何中的收缩概念，本章给出黎曼流形 $(\mathcal{M}, g)$ 上的信赖域法。给定一个目标函数 $f: \mathcal{M} \to \mathbf{R}$，以及当前迭代变量 $x_k \in \mathcal{M}$，考虑收缩以及黎曼度量定义 $T_{x_k}\mathcal{M}$ 上的信赖域子问题：

$$\begin{aligned}\min_{\eta \in T_{x_k}\mathcal{M}} m_{x_k}(\eta) &= \hat{f}_{x_k}(0_{x_k}) + \mathrm{D}\hat{f}_{x_k}(0_{x_k})[\eta] + \frac{1}{2}\hat{f}_{x_k}(0_{x_k})[\eta, \eta] \\ &= \hat{f}_{x_k}(0_{x_k}) + \langle \mathrm{grad}\hat{f}_{x_k}(0_{x_k}), \eta \rangle + \frac{1}{2}\langle \mathrm{Hess}\hat{f}_{x_k}(0_{x_k})[\eta], \eta \rangle, \quad \langle \eta, \eta \rangle \leqslant \Delta_k^2\end{aligned} \tag{3.22}$$

其中，$\hat{f}_{x_k}: T_{x_k}\mathcal{M} \to \mathbf{R}: \xi \to f(R_{x_k}(\xi))$。函数 $\hat{f}_{x_k}$ 通过 R_{x_k} 将函数 f“拉回”至 $T_x\mathcal{M}$。

考虑到二次项 $\mathrm{Hess}\hat{f}_{x_k}(0_{x_k})$ 的对称形式，使用公式：

$$\begin{aligned}\min_{\eta \in T_{x_k}\mathcal{M}} m_{x_k}(\eta) &= f(x_k) + \langle \mathrm{grad}f(x_k), \eta \rangle + \frac{1}{2}\langle \mathrm{Hess}f(x_k)[\eta], \eta \rangle \\ \text{s.t. } &\|\eta\|_M \leqslant \Delta_k\end{aligned} \tag{3.23}$$

其中，$m_{x_k}: T_{x_k}\mathcal{M} \to \mathbf{R}$ 是定义于同一空间提升函数 $f \circ R_x$ 的二次模型。该模型称为信赖域子问题。$T_{x_k}\mathcal{M}$ 上的 M 范数可由下面的预条件过程定义：

$$\|\eta\|_M = \langle \eta, (\mathrm{Precon}f(x))^{-1}[\eta] \rangle_x$$

因为预条件算子（过程）是一个正定算子，并假设为黎曼 Hessian 的逆。信赖域约束 $\|\eta\|_M \leqslant \Delta$ 对应函数 m_x 中二次项的极值。从另一角度看，函数 m_x 只信任半径为 Δ 的球。当使用预条件算子时，信赖域约束将转化为椭球约束。因为提升函数及模型都定义于同一个线性子空间，所以原有求解该子问题的经典方法可用于求解黎曼流形上的目标函数。那么，相应的向量 η 将被收缩，并产生下一个迭代变量 $x^+ = R_x(\eta)$。

因此，上述过程可形成算法 3.5。需要注意的是，该算法与经典欧氏空间 $\mathbf{R}^n$ 上的信赖域法是类似的。也就是说，当流形 $\mathcal{M}$ 是欧氏空间 $\mathbf{R}^n$ 时，算法 3.5 将变成文献 [187] 中的算法 4.1。具体来说，该算法使用下面的度量空间：$\mathcal{M} = \mathbf{R}^n$、$T_x\mathbf{R}^n =$

$\mathbf{R}^n$、$g(\xi,\zeta)=\xi^{\mathrm{T}}\zeta$，以及 $R_x=\mathrm{Exp}_x\xi=x+\xi$。基于收缩的定义，有

$$\hat{f}_{x_k}(0_{x_k})=f(x_k)$$
$$\mathrm{grad}\hat{f}(0_{x_k})=\mathrm{grad}f(x_k)$$

其中，m_{x_k} 被视为 $f\circ R_x$ 的模型。但是收缩 R_{x_k} 的选择与函数 m_{x_k} 无关。

算法 3.5 基本黎曼信赖域法

1: 输入：黎曼流形 $(\mathcal{M},g)$，流形 $\mathcal{M}$ 上的标量场 f，收缩 R
2: 初始化：$\bar{\Delta}>0,\Delta_0\in(0,\bar{\Delta})$，和 $\rho'\in\left[0,\dfrac{1}{4}\right),x_0\in\mathcal{M}$
3: **for** $k=0,1,2,\cdots$ **do**
4: 　%模型初始化
5: 　计算 η_k 　%式 (3.23)
6: 　计算 $\rho_k=\rho_{x_k}(\eta_k)$ 　%式 (3.21)
7: 　%调整信赖域
8: 　**if** $\rho_k<\dfrac{1}{4}$ **then**
9: 　　　$\Delta_{k+1}=\dfrac{1}{4}\Delta_k$
10: 　　**if** $\rho>\dfrac{3}{4}$ 和 $\|\eta_k\|=\Delta_k$ **then**
11: 　　　$\Delta_{k+1}=\min(2\Delta_k,\bar{\Delta})$
12: 　　**end if**
13: 　**else**
14: 　　$\Delta_{k+1}=\Delta_k$
15: 　**end if**
16: 　%计算下一个迭代变量
17: 　**if** $\rho_k>\rho'$ **then**
18: 　　$x_{k+1}=R_{x_k}(\eta_k)$
19: 　　$x_{k+1}=x_k$
20: 　**end if**
21: **end for**
22: 返回 $\{x_k\}$

为了达到超线性收敛，$\mathrm{Hess}f(x_k)$ 需要近似计算，记为 H_{x_k}。其中，近似黎曼 Hessian 矩阵的方法可参考 3.5.3 节。假设 $\mathrm{Hess}f(x_k)$ 是函数 f 在点 x_k 的精确黎曼 Hessian 矩阵，且信赖域子问题的精确解 η^* 位于信赖域的内部，那么，η^* 满足

$$\mathrm{grad}f+\partial_{\eta^*}\mathrm{grad}f=0$$

上述方程是文献 [170]、[173]、[180] 中的黎曼牛顿方程。需要注意的是，这些学者都提出使用黎曼指数收缩更新向量 η^*，且新迭代变量定义为 $x_+ = \mathrm{Exp}_x \eta^*$。正如 Smith[173,180] 所提出的，黎曼牛顿算法局部二次收敛于函数 f 的定点。

基于上述讨论，收缩的使用可以产生欧氏空间 $T_x\mathcal{M}$ 的信赖域子问题，因此所有用于求解信赖域子问题的经典方法都可使用，如信赖域步长法 [188]、截断 Lanczos 法 [189]、截断共轭梯度法 [190]，其中截断共轭梯度法适用于大规模的最优化问题。算法 3.6 将直接应用该方法求解信赖域子问题 (3.23)。该算法与基本黎曼信赖域法框架进行整合，用于计算信赖域子问题的近似解。算法 3.6 的一个简单停止准则是迭代指定次数后停止，为了提高收敛速度，一种可能的做法是当第 j 次迭代满足

$$||r_j|| \leqslant ||r_0|| \min(||r_0||^\theta, \kappa) \tag{3.24}$$

时，迭代停止。

下面讨论 τ 的计算方法，当 $\langle \eta_j, \mathrm{Hess} f(x_k)[\eta_j] \rangle \leqslant 0$ 时，求解

$$\arg\min_{\tau \in \mathbf{R}} m_{x_k}(\eta^j + \tau \eta_j)$$

其中，η^j 表示内部迭代过程产生的迭代变量；η_j 表示外部迭代的变量。上式与 $\|\eta^j + \tau\eta_j\|_M = \varDelta$ 是等价的，可以显式地给出

$$\frac{-\langle \eta^j, \eta_j \rangle + \sqrt{\langle \eta^j, \eta_j \rangle^2 - (\varDelta^2 - \langle \eta^j, \eta^j \rangle)\langle \eta_j, \eta_j \rangle}}{\langle \eta_j, \eta_j \rangle}$$

需要注意的是，算法 3.6 给出了基于 Steihaug-Toint 的预条件共轭梯度法，并用于求解相应的黎曼信赖域子问题。该方法充分利用预条件算子度量信赖域半径，也就是

$$||\eta||_N = \sqrt{\langle \eta, N\eta \rangle_x}$$

然而，计算 N 范数需要应用 N 算子。在实际计算过程中，常用的算子是 N^{-1}。因此，基于文献 [185] 可以得到下面的表达式：

$$||\eta^j + \alpha_j \eta_j||_N = ||\eta^j||_N^2 + 2\alpha \langle \eta^j, N\eta_j \rangle + \alpha^2 ||\eta_j||_N^2$$

其中，

$$\begin{gathered}\langle \eta^j, N\eta_j \rangle = \beta_{j-1} \left(\langle \eta^{j-1}, N\eta_{j-1} \rangle + \alpha_{j-1} ||\eta_{j-1}||_N^2 \right) \\ ||\eta_j||_N^2 = \langle r_j, z_j \rangle + \beta_{j-1}^2 ||\eta_{j-1}||_N^2\end{gathered}$$

初始值是

$$\begin{gathered}||\eta^0||_N = 0 \\ \langle \eta^0, N\eta_0 \rangle = 0 \\ ||\eta_0||_N^2 = \langle r_0, z_0 \rangle\end{gathered}$$

需要注意的是，截断共轭梯度法仅需要下面的过程：① 计算 $\mathrm{grad}f(x)$；② 计算模型 m_x；③ 给定 $\eta \in T_x\mathcal{M}$，计算 $\mathrm{Hess}f(x)[\eta]$。预条件截断共轭梯度法的原理可参考文献 [185]、[187]、[190]。类似于预条件截断共轭梯度法，其他方法还有 Powell 提出的 dogleg 法 [191]、Dennis 等提出的双 dogleg 法 [192]、Moré等 [188] 提出的信赖步长计算方法、Byrd 等 [193] 提出的二维子空间最小化策略，以及 Hager 提出的序列子空间法 [194]。

算法 3.6 用于黎曼信赖域的预条件截断共轭梯度法

1: 输入：迭代变量 $x \in \mathcal{M}$，$\mathrm{grad}f \neq 0$；信赖域半径 Δ；收敛准则 $\kappa \in (0,1), \theta > 0$；对称/正定预条件算子 $N^{-1} : T_x\mathcal{M} \to T_x\mathcal{M}$
2: $\eta_0 = 0_x, r_0 = \mathrm{grad}f_x, z_0 = N^{-1}r_0, d_0 = -z_0$
3: **for** $j = 0, 1, 2, \cdots$ **do**
4: **if** $||r_j|| \leqslant ||r_0|| \min\{\kappa, ||r_0||^\theta\}$ **then**
5: 返回 η^j
6: **end if**
7: **if** $\langle H_x[d_j], d_j \rangle \leqslant 0$ **then**
8: 计算 $\tau > 0, \eta = \eta^j + \tau d_j$ 且满足 $||\eta||_N = \Delta$
9: 返回 η
10: **end if**
11: $\alpha_j = \langle z_j, r_j \rangle / \langle H_x[d_j], d_j \rangle$
12: $\eta^{j+1} = \eta^j + \alpha_j d_j$
13: **if** $||\eta^{j+1}||_N > \Delta$ **then**
14: 计算 $\tau > 0, \eta = \eta^j + \tau d_j$ 且满足 $||\eta||_N = \Delta$
15: 返回 η
16: **end if**
17: $r_{j+1} = r_j + \alpha_j H_x[d_j]$
18: $z_{j+1} = N^{-1} r_{j+1}$
19: $\beta_{j+1} = \langle z_{j+1}, r_{j+1} \rangle / \langle z_j, r_j \rangle$
20: $d_{j+1} = -z_{j+1} + \beta_{j+1} d_j$
21: **end for**

3.5.2 收敛性分析

下面讨论黎曼信赖域法（算法 3.5）的收敛性。假设 η_k 的近似解是下降的，那么模型 m_x 值是柯西下降的。在适当的假设下（如收缩和目标函数等），算法 3.5 所生成的序列 $\{x_k\}$ 收敛至目标函数驻点的集合。对于黎曼流形，黎曼信赖域法的收敛性分析需要充分考虑提升函数 $\hat{f}_{x_k}$ 的一些特性。在此基础上，本章分析算法 3.5

和算法 3.6 收敛至局部极小值的局部收敛特性。相关分析表明算法的迭代变量收敛至驻点，且收敛阶数是 $\min(\theta+1,2)$（至少）。

基于适当的假设，算法 3.5 所产生的序列 $\{x_k\}$ 满足 $\lim\limits_{k\to\infty}||\mathrm{grad}f(x_k)||=0$。设 $(\mathcal{M},g)$ 是 d 维完备黎曼流形，且 R 是流形上的收缩，给出下面的定义：

$$\hat{f}:T\mathcal{M}\to\mathbf{R}:\xi\to f(R(\xi)) \tag{3.25}$$

本章将 $B_\delta(0_x)=\{\xi\in T_x\mathcal{M}:||\xi||<\delta\}$ 记为 $T_x\mathcal{M}$ 上中心点为 0_x、半径为 δ 的开球（open ball）。$B_\delta(x)$ 代表集合 $\{y\in M:\mathrm{dist}(x,y)<\delta\}$，dist 表示黎曼距离。将 $P^{\gamma}_{t\leftarrow t_0}v$ 记为向量 $v\in T_{\gamma(t_0)}\mathcal{M}$ 沿着曲线 γ 的并行移动。

首先，证明序列 $\{x\}$ 的子序列是驻点。在证明之前，直接给出下面的定义。

定义 3.3（径向 Lipschitz $\mathcal{C}^1$ 类函数）　设 $\hat{f}:T\mathcal{M}\to\mathbf{R}$，如果存在实数 $B_{\mathrm{RL}}>0$ 和 $\delta_{\mathrm{RL}}>0$，使得对于所有 $x\in\mathcal{M}$、$\xi\in T_x\mathcal{M}$，以及所有 $t<\delta_{\mathrm{RL}}$，有 $||\xi||=1$，那么 $\hat{f}$ 是径向 Lipschitz 连续可微。因此，下面的表达式成立：

$$\left|\frac{\mathrm{d}}{\mathrm{d}\tau}\hat{f}_x(\tau\xi)|_{\tau=t}-\frac{\mathrm{d}}{\mathrm{d}\tau}\hat{f}_x(\tau\xi)|_{\tau=0}\right|\leqslant\beta_{\mathrm{RL}}t \tag{3.26}$$

算法 3.5 是下降算法。该过程可以由式 (3.27) 表示：

$$\{x\in\mathcal{M}:f(x)\leqslant f(x_0)\} \tag{3.27}$$

基于 $\mathbf{R}^n$ 所定义的 Cauchy 点，给出模型 m_x 的界为

$$m_{x_k}(0)-m_{x_k}(\eta_k)\geqslant c_1||\mathrm{grad}f(x_k)||\min\left(\Delta_k,\frac{||\mathrm{grad}f(x_k)||}{||\mathrm{Hess}f(x_k)||}\right) \tag{3.28}$$

特别地，因为该算法先计算 Cauchy 点并实现模型下降，所以算法 3.6 中的截断共轭梯度法满足这个界限 ($c_1=1/2$, 文献 [187] 中的引理 4.5)。

定理 3.3　设 $\{x_k\}$ 是算法 3.5 产生的序列且 $\rho'\in[0,1/4)$。假定 f 是 $\mathcal{C}^1$ 类函数且在水平集 (3.27) 下有界，$\hat{f}$ 是径向 Lipschitz $\mathcal{C}^1$ 类函数，对于常数 β 有 $\mathrm{Hess}f(x_k)\leqslant\beta$。在此基础上，假定所有的近似解 η_k 满足 Cauchy 下降不等式 (3.28)，可得

$$\lim_{k\to\infty}\inf||\mathrm{grad}f(x_k)||=0$$

证明　首先，基于式 (3.21)，可得

$$|\rho_k-1|=\left|\frac{m_{x_k(\eta_k)}-\hat{f}_{x_k}(\eta_k)}{m_{x_k}(0)-m_{x_k}(\eta_k)}\right| \tag{3.29}$$

对函数 $t \to \hat{f}_{x_k}\left(t\frac{\eta_k}{||\eta_k||}\right)$ 直接展开，可得

$$\begin{aligned}\hat{f}_{x_k}(\eta_k) =&\hat{f}_{x_k}(0_{x_k}) + ||\eta_k||\frac{\mathrm{d}}{\mathrm{d}\tau}\hat{f}_{x_k}\left(\tau\frac{\eta_k}{||\eta_k||}\right)\bigg|_{\tau=0}\\&+\int_0^{||\eta_k||}\left(\frac{\mathrm{d}}{\mathrm{d}\tau}\hat{f}_{x_k}\left(\tau\frac{\eta_k}{||\eta_k||}\right)\bigg|_{\tau=t}-\frac{\mathrm{d}}{\mathrm{d}\tau}\hat{f}_{x_k}\left(\tau\frac{\eta_k}{||\eta_k||}\right)\bigg|_{\tau=0}\right)\mathrm{d}t\\=&f(x_k)+\langle \mathrm{grad}f(x_k),\eta_k\rangle_{x_k}+\epsilon'\end{aligned}$$

其中，$||\eta_k|| < \delta_{\mathrm{RL}}$，那么有 $|\epsilon'| < \int_0^{||\eta_k||}\beta_{\mathrm{RL}}t\mathrm{d}t = \frac{1}{2}\beta_{\mathrm{RL}}||\eta_k||^2$，而且 β_{RL} 和 δ_{RL} 是常数。

因此，基于式 (3.23)，有下面的表达式：

$$\begin{aligned}|m_{x_k}(\eta_k)-\hat{f}_{x_k}(\eta_k)| &= |\frac{1}{2}\langle H_{x_k}\eta_k,\eta_k\rangle-\epsilon'|\\&\leqslant \frac{1}{2}\beta||\eta_k||^2+\frac{1}{2}\beta_{\mathrm{RL}}||\eta_k||^2 \leqslant \beta'||\eta_k||^2\end{aligned} \tag{3.30}$$

其中，$\beta' = \max(\beta, \beta_{\mathrm{RL}})$，且在 $||\eta_k||^2 < \delta_{\mathrm{RL}}$ 下成立。

假定定理不成立，设存在 $\epsilon > 0$，以及索引数 K，可得

$$||\mathrm{grad}f(x_k)|| \geqslant \epsilon, \quad \forall k \geqslant K \tag{3.31}$$

基于模型 m_x 的界限 (3.28)，对于 $k \geqslant K$，可得

$$\begin{aligned}m_{x_k}(0)-m_{x_k}(\eta_k) &\geqslant c_1||\mathrm{grad}f(x_k)||\min\left(\Delta_k,\frac{||\mathrm{grad}f(x_k)||}{||H_{x_k}||}\right)\\&\geqslant c_1\epsilon\min\left(\Delta_k,\frac{\epsilon}{\beta'}\right)\end{aligned} \tag{3.32}$$

将式 (3.30) 和式 (3.32) 代入式 (3.29)，可得

$$|\rho_k-1| \leqslant \frac{\beta'||\eta_k||^2}{c_1\epsilon\min\left(\Delta_k,\frac{\epsilon}{\beta'}\right)} \leqslant \frac{\beta'\Delta^2}{c_1\epsilon\min\left(\Delta_k^2,\frac{\epsilon}{\beta'}\right)} \tag{3.33}$$

且在 $\|\eta_k\| < \delta_{\mathrm{RL}}$ 下成立。选择一个适当的 $\hat{\Delta}$ 值，以方便计算出当 $\Delta_k \leqslant \hat{\Delta}$ 时不等式 (3.33) 右边的界限。其中，$\hat{\Delta}$ 的表达式为

$$\hat{\Delta} \leqslant \min\left(\frac{c_1\epsilon}{2\beta'},\frac{\epsilon}{\beta'},\delta_{\mathrm{RL}}\right)$$

那么有 $\min\left(\Delta_k, \dfrac{\epsilon}{\beta'}\right) = \Delta_k$。式 (3.33) 可以重写为

$$|\rho_k - 1| \leqslant \frac{\beta' \hat{\Delta} \Delta_k}{c_1 \epsilon \min\left(\Delta_k, \dfrac{\epsilon}{\beta'}\right)} \leqslant \frac{\Delta_k}{2 \min\left(\Delta_k, \dfrac{\epsilon}{\beta'}\right)} = \frac{1}{2}$$

如果 $\Delta_k \leqslant \hat{\Delta}$，那么有 $\rho_k \geqslant 1/2 > 1/4$，算法 3.6 在 $\Delta_k \leqslant \hat{\Delta}$ 的情况下都有 $\Delta_{k+1} \geqslant \Delta_k$，将出现 Δ_k 的递减 (以 1/4 为底的指数递减)。因此，可以概括为

$$\Delta_k \geqslant \min\left(\Delta_K, \hat{\Delta}/4\right), \quad \forall k \geqslant K \tag{3.34}$$

假设存在无限子序列 $\mathcal{K}$ 使得 $\rho_k \geqslant 1/4 > \rho', k \in \mathcal{K}$。如果 $k \in \mathcal{K}$ 和 $k \geqslant K$，基于式 (3.32)，则有

$$\begin{aligned} f(x_k) - f(x_{k+1}) &= f_{x_k} - \hat{f}(\eta_k) \\ &\geqslant \frac{1}{4}(m_{x_k}(0) - m_{x_k}(\eta_k))n \\ &\geqslant \frac{1}{4} c_1 \epsilon \min\left(\Delta_k, \frac{\epsilon}{\beta'}\right) \end{aligned}$$

因为函数 f 在包含这些迭代变量的水平集中是有界的，所以有不等式

$$\lim_{k \in \mathcal{K}, k \to \infty} \Delta_k = 0$$

上式与式 (3.34) 相矛盾，这样的一个无限子序列 $\mathcal{K}$ 是不存在的。对于所有足够大的 k，有 $\rho_k < 1/4$，那么 Δ_k 在每次迭代以 1/4 为底的指数递减。于是，有 $\lim\limits_{k \to \infty} \Delta_k = 0$，但是这与式 (3.34) 再次相矛盾。因此，原有的假设条件 (3.31) 是不正确的。定理得证。

为了讨论黎曼信赖域法的全局收敛特性，这里回顾一下 $\mathbf{R}^n$ 空间中的全局收敛过程，即参考文献 [187] 中的定理 4.8。其中，$\mathbf{R}^n$ 空间中函数 f 应是 Lipschitz 连续可微的，即对于任意 $x, y \in \mathbf{R}^n$，可得

$$||\mathrm{grad} f(y) - \mathrm{grad} f(x)|| \leqslant \beta_1 ||y - x|| \tag{3.35}$$

基于上述思想，为了讨论黎曼信赖域法的全局收敛特性，本章将 Lipschitz 连续可微这一概念扩展至黎曼流形 $(\mathcal{M}, g)$。式 (3.35) 右边的表达式 $||y - x||$ 将变为黎曼距离 $\mathrm{dist}(x, y)$。对于式 (3.35) 左边，可以看到表达式 $\mathrm{grad} f(y) - \mathrm{grad} f(x)$ 在黎曼流形几何结构下是没有意义的，这是因为变量 $\mathrm{grad} f(x)$ 和 $\mathrm{grad} f(y)$ 属于两个

不同的切空间，也就是 $T_x\mathcal{M}$ 和 $T_y\mathcal{M}$。然而，如果变量 y 处于变量 x 的邻域，那么存在唯一的测地线 $\alpha(t) = \mathrm{Exp}_x(t\mathrm{Exp}_x^{-1}y)$ 使得 $\alpha(0) = x$ 和 $\alpha(1) = y$，且可以将 $\mathrm{grad}(x)$ 沿着 α 并行移动，以获得 $T_x\mathcal{M}$ 空间的向量 $P_{0\leftarrow1}^{\alpha}\mathrm{grad}f(y)$。本章有下面的定义。

定义 3.4 (黎曼流形 Lipschitz 连续可微性)　假设 $(\mathcal{M}, g)$ 有单射半径 $i(\mathcal{M}) > 0$。如果流形 $\mathcal{M}$ 上的实函数 f 可微且对于所有流形 $\mathcal{M}$ 上的 x、y 满足 $\mathrm{dist}(x, y) < i(\mathcal{M})$，那么该函数有

$$\|P_{0\leftarrow1}^{\alpha}\mathrm{grad}f(y) - \mathrm{grad}f(x)\| \leqslant \beta_1\mathrm{dist}(y, x) \tag{3.36}$$

其中，α 是唯一的测地线，且 $\alpha(0) = x$ 和 $\alpha(1) = y$。

因为并行移动是等距的，所以式 (3.36) 具有对称性，即

$$||P_{0\leftarrow1}^{\alpha}\mathrm{grad}f(y) - \mathrm{grad}f(x)|| = ||\mathrm{grad}f(y) - P_{1\leftarrow0}^{\alpha}\mathrm{grad}f(x)||$$

在此基础上，讨论收缩的另外一个特性：存在 $\mu > 0$ 和 $\delta_\mu > 0$，使得

$$||\xi|| \geqslant \mu\mathrm{dist}(x, R_x(\xi)), \quad \forall x \in \mathcal{M}, \forall\xi \in T_x\mathcal{M}, ||\xi|| \leqslant \delta_\mu \tag{3.37}$$

当 R_x 是光滑且 $\mathcal{M}$ 是完备时，式 (3.37) 的界是成立的。

下面讨论在适当的假设下，黎曼流形上的梯度可收敛至零。

定理 3.4　设 $\{x_k\}$ 是算法 3.5 产生的序列，如果定理 3.3 的所有假设成立，且有 $\rho' \in (0, 1/4)$，函数 f 是 Lipschitz 连续可微的（定义 3.4），存在 $\mu > 0, \delta_\mu > 0$ 使得式 (3.37) 成立，则有下面公式：

$$\lim_{k\leftarrow\infty}\mathrm{grad}f(x_k) = 0$$

证明　考虑任意的索引 m 使得 $\mathrm{grad}f(x_m) \neq 0$，那么黎曼流形 Lipschitz 连续可微性公式 (3.36) 是

$$||P_{0\leftarrow1}^{\alpha}\mathrm{grad}f(x) - \mathrm{grad}f(x_m)|| \leqslant \beta_1\mathrm{dist}(x, x_m)$$

定义标量:

$$\epsilon = \frac{1}{2}||\mathrm{grad}f(x_m)||, \quad r = \min\left(\frac{||\mathrm{grad}f(x_m)||}{2\beta_1}, i(\mathcal{M})\right) = \min\left(\frac{\epsilon}{\beta_1}, i(\mathcal{M})\right)$$

此外，定义 $B_r(x_m) = \{x : \mathrm{dist}(x, x_m) < r\}$。对于任意 $x \in B_r(x_m)$，可得

$$||\mathrm{grad}f(x)|| = ||P_{0\leftarrow1}^{\alpha}\mathrm{grad}f(x)||$$

$$
\begin{aligned}
&=||P_{0\leftarrow 1}^{\alpha}f(x)+\mathrm{grad}f(x_m)-\mathrm{grad}f(x_m)||\\
&\geqslant||\mathrm{grad}f(x_m)||-||P_{0\leftarrow 1}^{\alpha}\mathrm{grad}f(x)-\mathrm{grad}f(x_m)||\\
&\geqslant 2\epsilon-\beta_1\mathrm{dist}(x,x_m)\\
&>2\epsilon-\beta_1\min\left(\frac{||\mathrm{grad}f(x_m)||}{2\beta_1},i(\mathcal{M})\right)\\
&\geqslant 2\epsilon-\frac{1}{2}||\mathrm{grad}f(x_m)||\\
&=\epsilon
\end{aligned}
$$

如果整个序列 $\{x_k\}_{k\geqslant m}$ 位于 $B_r(x_m)$ 内，那么有 $||\mathrm{grad}f(x_k)||>\epsilon,\forall k\geqslant m$，但是这与定理 3.3 相矛盾。因此，序列在 $B_r(x_m)$ 外。

设索引 $l\geqslant m$ 使得 x_{l+1} 是 x_m 处于 $B_r(x_m)$ 之外的第一个迭代值，且对于 $k=m,m+1,m+2,\cdots,l$，可得

$$
\begin{aligned}
f(x_m)-f(x_{l+1})&=\sum_{k=m}^{l}f(x_k)-f(x_{k+1})\\
&\geqslant\sum_{k=m,x_k\neq x_{k+1}}^{l}\rho'(m_{x_k}(0)-m_{x_k}(\eta_k))\\
&\geqslant\sum_{k=m,x_k\neq x_{k+1}}^{l}\rho' c_1||\mathrm{grad}f(x_k)||\min\left(\varDelta_k,\frac{||\mathrm{grad}f(x_k)||}{||H_{x_k}||}\right)\\
&\geqslant\sum_{k=m,x_k\neq x_{k+1}}^{l}\rho' c_1\epsilon\min\left(\varDelta_k,\frac{\epsilon}{\beta}\right)
\end{aligned}
$$

证明主要讨论下面的两种情况。

情况一：如果 $\varDelta_k>\epsilon/\beta$ 至少是和的一项，那么

$$
f(x_m)-f(x_{l+1})\geqslant\rho' c_1\frac{\epsilon^2}{\beta} \tag{3.38}
$$

情况二：

$$
f(x_m)-f(x_{l+1})\geqslant\rho' c_1\epsilon\sum_{k=m,x_k\neq x_{k+1}}^{l}\varDelta_k\geqslant\rho' c_1\epsilon\sum_{k=m,x_k\neq x_{k+1}}^{l}||\eta_k|| \tag{3.39}
$$

如果 $||\eta_k||>\delta_\mu$ 至少是和的一项，那么

$$
f(x_m)-f(x_{l+1})\geqslant\rho' c_1\epsilon\delta_\mu \tag{3.40}
$$

否则，式 (3.39) 将变为

$$\begin{aligned} f(x_m)-f(x_{l+1}) &\geqslant \rho' c_1 \epsilon \sum_{k=m, x_k\neq x_{k+1}}^{l} \mu \mathrm{dist}(x_k, R_{x_k}(\eta_k)) \\ &= \rho' c_1 \epsilon \mu \sum_{k=m, x_k\neq x_{k+1}}^{l} \mathrm{dist}(x_k, R_{x_k}(\eta_k)) \\ &\geqslant \rho' c_1 \epsilon \mu r = \rho' c_1 \epsilon \mu \min\left(\frac{\epsilon}{\beta_1}, i(\mathcal{M})\right) \end{aligned} \tag{3.41}$$

考虑式 (3.38)、式 (3.40) 和式 (3.41)，可得

$$f(x_m)-f(x_{l+1}) \geqslant \rho' c_1 \epsilon \min\left(\frac{\epsilon}{\beta}, \delta_\mu, \frac{\epsilon\mu}{\beta_1}, i(\mathcal{M})\mu\right) \tag{3.42}$$

因为 $\{f(x_k)\}_{k=0}^{\infty}$ 是下降的且是有界的，对于 $f^* > -\infty$，可得

$$f(x_k) \downarrow f^*$$

基于式 (3.42)，可得

$$\begin{aligned} f(x_m)-f^* &\geqslant f(x_m)-f(x_{l+1}) \\ &\geqslant \rho' c_1 \epsilon \min\left(\frac{\epsilon}{\beta}, \delta_\mu, \frac{\epsilon\mu}{\beta_1}, i(\mathcal{M})\right) \\ &= \frac{1}{2}\rho' c_1 ||\mathrm{grad} f(x_m)|| \min\left(\frac{||\mathrm{grad} f(x_m)||}{2\beta}, \delta_\mu, \frac{||\mathrm{grad} f(x_m)||\mu}{2\beta_1}, i(\mathcal{M})\mu\right) \end{aligned}$$

下面通过反证法来证明

$$\lim_{m\to\infty} ||\mathrm{grad} f(x_m)|| = 0$$

首先，假设存在 $\omega > 0$，以及无限序列 $\mathcal{K}$ 使得

$$||\mathrm{grad} f(x_k)|| > \omega, \quad \forall k \in \mathcal{M}$$

于是，对于 $k \in \mathcal{K}, k \geqslant m$，可得

$$\begin{aligned} f(x_k)-f^* &\geqslant \frac{1}{2}\rho' c_1 ||\mathrm{grad} f(x_k)|| \min\left(\frac{||\mathrm{grad} f(x_k)||}{2\beta}, \frac{||\mathrm{grad} f(x_k)||\mu}{2\beta_1}, i(\mathcal{M})\mu\right) \\ &> \frac{1}{2}\rho' c_1 \omega \min\left(\frac{\omega}{2\beta}, \frac{\omega\mu}{2\beta_1}, i(\mathcal{M})\mu\right) \end{aligned}$$

是一个正常数。这与 $\lim\limits_{k\leftarrow\infty}(f(x_k)-f^*)=0$ 相矛盾，所以上述的假设是错误的。因此，有

$$\lim_{m\to\infty} ||\mathrm{grad} f(x_m)|| = 0 \tag{3.43}$$

下面直接给出命题 3.1，且定理 3.4 所要求的正则条件（函数 f 和 $\hat{f}$）可以成立。

命题 3.1　假设 $x \in \mathcal{M}$，以及常数 β_g, β，且 $\text{grad}f(x) \leqslant \beta_g$ 和 $\text{Hess}f(x) \leqslant \beta$ 是有界的。存在常数 β_D、$\xi \in T\mathcal{M}$，以及 $\|\xi\| = 1$ 和 $t < \delta_D$，使得

$$\left\| \frac{\mathrm{D}}{\mathrm{d}t} \frac{\mathrm{d}}{\mathrm{d}t} R(t\xi) \right\| \leqslant \beta_D \tag{3.44}$$

其中，$\dfrac{\mathrm{D}}{\mathrm{d}t}$ 表示沿着曲线 $t \to R(t\xi)$ 的协变导数。那么，当 $\beta_1 = \beta$ 时，函数 f 具有黎曼流形 Lipschitz 连续可微性；当 $\delta_{\mathrm{RL}} < \delta_D$ 和 $\beta_{\mathrm{RL}} = \beta(1 + \beta_D\delta_D) + \beta_g\beta_D$ 时，函数 $\hat{f}$ 是径向 Lipschitz $\mathcal{C}^1$ 类函数；当 μ 和 δ 的值满足 $\delta_\mu < \delta_D$ 和 $\dfrac{1}{2}\beta_D\delta_\mu < \dfrac{1}{\mu} - 1$ 时，收缩 R 的条件 (3.37) 成立。

证明　证明的具体细节请参考文献 [51] 中的推论 10。

下面直接给出推论 3.1。

推论 3.1 (光滑与紧性, smoothness and compactness)　如果目标函数 f 和收缩 R 是光滑的，且黎曼流形 $\mathcal{M}$ 是紧的，那么命题 3.1 中的所有条件将成立。

证明　证明的具体细节请参考文献 [51] 中的命题 11。

下面给出算法 3.5 和算法 3.6 的局部收敛特性。其中，算法 3.5 使用算法 3.6 对信赖域子问题进行近似。这里给出一些有用的引理。引理 3.2 是关于切向量场的一阶泰勒公式，且类似于参考文献 [180]。

引理 3.2 (泰勒展开, Taylor expansion)　设 $x \in \mathcal{M}$，V 是 x 的邻域，以及 ζ 是流形上的 $\mathcal{C}^1$ 类切向量场。对于所有 $y \in V$，有

$$P_{0 \leftarrow 1}^{\gamma}\zeta_y = \zeta_x + \nabla_\xi \zeta + \int_0^1 (P_{0 \leftarrow \tau}^{\gamma} \nabla_{\gamma'(\tau)}\zeta - \nabla_\xi \zeta)\mathrm{d}\tau \tag{3.45}$$

其中，γ 是唯一最小化测地线，且满足 $\gamma(0) = x$ 和 $\gamma(1) = y$，以及 $\xi = \mathrm{Exp}_x^{-1} y = \gamma'(0)$。

证明　通过公式

$$P_{0 \leftarrow 1}^{\gamma}\zeta_y = \zeta_x + \int_0^1 \frac{\mathrm{d}}{\mathrm{d}\tau} P_{0 \leftarrow \tau}^{\gamma}\zeta \mathrm{d}\tau = \zeta_x + \nabla_\xi\zeta + \int_0^1 \left(\frac{\mathrm{d}}{\mathrm{d}\tau} P_{0 \leftarrow \tau}^{\gamma}\zeta - \nabla_\xi\zeta \right) \mathrm{d}\tau$$

且基于并行移动的定义，可得下面的公式:

$$\frac{\mathrm{d}}{\mathrm{d}\tau} P_{0 \leftarrow \tau}^{\gamma}\zeta = \frac{\mathrm{d}}{\mathrm{d}\epsilon} P_{0 \leftarrow \tau}^{\gamma} P_{\tau \leftarrow \tau+\epsilon}^{\gamma}\zeta|_{\epsilon=0} = P_{0 \leftarrow \tau}^{\gamma} \nabla'_{\gamma}\zeta$$

引理 3.3　设 $v \in \mathcal{M}$ 和函数 f 是 $\mathcal{C}^2$ 类目标函数，使得 $\text{grad}f(v) = 0$ 和 $\text{Hess}f(v)$ 是正定的，其最大特征值和最小特征值分别为 $\lambda_{\max}$ 和 $\lambda_{\min}$。给定 $c_0 <$

$\lambda_{\min}$ 和 $c_1 > \lambda_{\max}$，存在 v 的邻域 V 使得对于所有 $x \in V$，有

$$c_0 \mathrm{dist}(v,x) \leqslant \|\mathrm{grad} f(x)\| \leqslant c_1 \mathrm{dist}(v,x) \tag{3.46}$$

证明 基于黎曼流形上的泰勒公式（引理 3.2），可得

$$\begin{aligned} P_{0\to1}^{\gamma}\mathrm{grad}f(v) =& \mathrm{Hess}f(v)[\gamma'(0)] \\ &+ \int_0^1 (P_{0\to1}^{\gamma}\mathrm{Hess}f(\gamma(\tau))[\gamma'(\tau)] - \mathrm{Hess}f(v)[\gamma'(0)])\mathrm{d}\tau \end{aligned} \tag{3.47}$$

因为函数 f 是 C^2 类函数，以及 $\|\gamma'(\tau)\| = \mathrm{dist}(v,x), \forall\tau \in [0,1]$，所以式 (3.47) 中的积分有下面的界限：

$$\begin{aligned} &\left\|\int_0^1 (P_{0\to1}^{\gamma}\mathrm{Hess}f(\gamma(\tau))[\gamma'(\tau)] - \mathrm{Hess}f(v)[\gamma'(0)])\mathrm{d}\tau\right\| \\ =&\left\|\int_0^1 (P_{0\to\tau}^{\gamma}\circ\mathrm{Hess}f(\gamma(\tau))\circ P_{\tau\to0}^{\gamma} - \mathrm{Hess}f(v)[\gamma'(0)]\mathrm{d}\tau)\right\| \\ \leqslant&\epsilon(\mathrm{dist}(v,x))\mathrm{dist}(v,x) \end{aligned}$$

其中，$\lim\limits_{t\to0}\epsilon(\cdot) = 0$。因为 $\mathrm{Hess}f(v)$ 是非奇异的，所以 $|\lambda_{\min}| > 0$。如果 V 足够小且 $x \in V$，那么 $\lambda_{\min} - \epsilon(\mathrm{dist}(v,x)) > c_0$ 和 $\lambda_{\max} + \epsilon(\mathrm{dist}(v,x)) < c_1$。由于并行移动是等距的，那么由式 (3.47) 可产生式 (3.46)。

下面讨论函数 f 在点 $R_x(\xi)$ 的梯度与函数 $\hat{f}_x$ 在点 ξ 的梯度的关系。

引理 3.4 设 R 是流形 $\mathcal{M}$ 上的收缩，f 是流形 $\mathcal{M}$ 上的 C^1 类函数，给定 $v \in \mathcal{M}$ 和常数 $c > 1$，存在 v 的邻域 V 和 $\delta > 0$。对于 $\forall x \in V, \forall\xi \in T_x\mathcal{M}$，以及 $\|\xi\| \leqslant \delta$，可得

$$\|\mathrm{grad} f(R(\xi))\| \leqslant c\|\mathrm{grad}\hat{f}(\xi)\|$$

证明 证明过程见参考文献 [51] 中的引理 14。

定理 3.5 (局部收敛至局部最小值, local convergence to local minima) 考虑算法 3.5 和算法 3.6，也就是黎曼信赖域法（其中信赖域子问题的解由截断共轭梯度法给出）、迭代停止准则 (3.24)，以及定理 3.3 所有假设。设 v 是函数 f 的局部极小点，即 $\mathrm{grad}f(v) = 0$ 和 $\mathrm{Hessf}(v)$ 是正定的。如果 $x \to \|H_x^{-1}\|$ 在 v 邻域内有界且对于 $\mu > 0$ 和 $\delta_\mu > 0$，式 (3.27) 成立，存在 v 的邻域 V，那么，$\forall x_0 \in V$，算法 3.5 和算法 3.6 生成的序列 $\{x_k\}$ 收敛至 v。

证明 证明过程见参考文献 [51] 中的定理 15。

定理 3.6 (收敛阶数, order of convergence) 考虑算法 3.5 和算法 3.6 及迭代停止准则 (3.24)，假设 R 是一个 C^2 类收缩，f 是流形上的 C^2 类目标函数，表达式为

$$\|H_{x_k} - \mathrm{Hess}\hat{f}_{x_k}(0_k)\| \leqslant \beta\|\mathrm{grad} f(x_k)\| \tag{3.48}$$

其中，H_{x_k} 是 $\text{Hess}\hat{f}_{x_k}(0_{x_k})$ 较好的近似。设 $v \in \mathcal{M}$ 是函数 f 的局部极小点（即 $\text{grad}f(v)=0$ 和 $\text{Hess}f(v)$ 正定，$\text{Hess}\hat{f}_x$ 在 0_x 处 Lipschitz 连续，如果 x 存在于 v 的邻域，存在 $\beta_{L2}>0, \delta_1>0, \delta_2>0, \forall x \in B_{\delta_1}(v), \forall \xi \in B_{\delta_2}(0_x)$ 使得式 (3.49) 成立：

$$||\text{Hess}\hat{f}_x(\xi) - \text{Hess}\hat{f}_x(0_x)|| \leqslant \beta_{L2}||\xi|| \tag{3.49}$$

其中，左边的符号 $\|\cdot\|$ 表示 $T_x\mathcal{M}$ 上的范数。那么存在 $c>0$，对于所有算法所产生的序列 $\{x_k\}$ 收敛至 v，存在 $K>0$ 使得

$$\text{dist}(x_{k+1}, v) \leqslant c(\text{dist}(x_k, v))^{\min\{\theta+1,2\}} \tag{3.50}$$

其中，$\theta>0$。

证明　证明过程见参考文献 [51] 中的定理 16。

定理 3.7　基于定理 3.6 的假设，如果 $\theta+1<2$，那么给定 $c_g>1$ 和算法所产生的序列 $\{x_k\}$，存在 $K>0$，使得

$$||\text{grad}f(x_{k+1})|| \leqslant c_j||\text{grad}f(x_k)||^{\theta+1}$$

成立。

证明　证明过程见参考文献 [51] 中的定理 17。

3.5.3　黎曼信赖域的实现细节

本节将讨论算法 3.5 和算法 3.6 实现的一些细节。相关的数值实验显示算法 3.5 和算法 3.6，也就是黎曼信赖域算法能超过或匹配现有算法 [163,195,196]。该算法也应用于相关问题，如 Procrustes 问题、最近邻 Jordan 结构、基于非线性项的迹函数最小化、同时 Schur 分解和对角化 [48] 等。

下面给出使用黎曼信赖域法求解黎曼流形 $(\mathcal{M}, g)$ 上的目标函数 f 应考虑的步骤：

(1) 选定一个流形 $\mathcal{M}$ 上可行的点 x、$T_x\mathcal{M}$ 上的切向量和内积 $\langle\cdot,\cdot\rangle$；

(2) 选择一个合适的收缩 $R_x: T_x\mathcal{M} \to \mathcal{M}$；

(3) 计算方程 $f(x)$、$\text{grad}f(x)$，以及近似的黎曼 Hessian（H_x）且满足上述收敛性分析的特性。

类似地，选择一个合适的收缩可以有效减少计算量。相关的讨论可参考文献 [9]、[197]、[198]。如何根据黎曼流形的几何结构选择合适的收缩，仍然是一个很值得研究的课题。

$\text{grad}f(x)$ 和 $\text{Hess}\hat{f}_x(0_x)$ 可由下面的提升函数 $\hat{f}$ 确定，即

$$\hat{f}_x(\eta) = f(x) + \langle\text{grad}f(x), \eta\rangle + \frac{1}{2}\langle\text{Hess}\hat{f}_x(0_x)[\eta], \eta\rangle + O(||\eta||^3)$$

其中，$\mathrm{grad}f(x) \in T_x\mathcal{M}$ 和 $\mathrm{Hess}\hat{f}_x(0_x)$ 是 $T_x\mathcal{M}$ 的线性变换。

为了得到一个合适的黎曼 Hessian 近似 H_x 并满足近似条件 (3.48)，可以选择 $H_x = \mathrm{Hess}(f \circ \tilde{R}_x)(0_x)$。其中，$\tilde{R}_x$ 是任意一个收缩。那么，假设函数 f、R 和 $\tilde{R}$ 足够光滑，界限 (3.48) 有效。具体来说，$\tilde{R}_x = \mathrm{Exp}_x$ 将会产生 $H_x \nabla \mathrm{grad}f(x)$。如果 $\mathcal{M}$ 是欧氏空间上的一个嵌入子流形，那么 $\nabla_\eta \mathrm{grad}f(x) = \pi \mathrm{D}\mathrm{grad}f(x)[\eta]$，其中 π 代表正交映射于 $T_x\mathcal{M}$。

考虑定理 3.4 中的全局收敛性分析结果，算法 3.5 和算法 3.6 在一定的初始条件下收敛至驻点。近年来，黎曼流形随机优化算法 [10,60,63,136,199-203] 已成为机器学习等领域的关键数学工具。

3.6 黎曼拟牛顿法

本节将给出黎曼流形上的黎曼拟牛顿法的基本概念和一些实现细节。本章主要关注黎曼 Broyden 系列算法 [107]，这些算法是欧氏空间拟牛顿法的推广，并讨论相应的更新公式（黎曼流形上的拟牛顿法）。其中，黎曼 Hessian 的近似过程将充分考虑割线（secant）条件，也就是割线条件的广义化。下面在回顾欧氏空间拟牛顿法割线条件的基础上，讨论黎曼流形上的割线条件。

黎曼拟牛顿法得到了许多研究人员的关注 [47,63,87,108,204-209]。Gabay[47] 针对欧氏空间 $\mathbf{R}^n$ 的子流形，使用并行移动首先讨论了黎曼拟牛顿法。Ian 等 [204] 给出了一个 Grassmann 流形上的黎曼拟牛顿法，并用于求解加权低秩矩阵近似问题。Savas 等 [210] 针对最优多线性秩近似问题，提出了 Grassmann 流形上的 BFGS 算法和有限内存 BFGS 算法。Qi[53] 对比分析了不同向量传输在黎曼流形 BFGS 算法上的性能。Gallivan 等 [205] 讨论了黎曼流形 Dennis-Moré条件。Ring 等 [67] 基于可微收缩给出了一种黎曼流形 BFGS 算法。Seibert 等 [206] 讨论了一种等距 $\mathbf{R}^n$ 空间的黎曼流形 BFGS 算法。

近年来，黎曼拟牛顿法与工程应用相结合出现了一系列重要的技术成果。Huang 等 [108] 讨论并提出了 Broyden 系列黎曼流形拟牛顿法，逐步完善了黎曼拟牛顿法。Hosseini 等 [87] 针对非光滑函数提出了一种黎曼流形上的非光滑 BFGS 算法。Yuan 等 [207] 将黎曼流形有限内存 BFGS 算法应用于求解对称正定 Karcher 均值问题。Yuan 等 [208] 总结了黎曼拟牛顿法，并应用于 Karcher 均值问题的求解。针对一些非凸优化问题，Huang 等 [209] 讨论并提出了基于非可微收缩的黎曼流形 BFGS 算法。

3.6.1 欧氏空间上的割线条件

欧氏空间上的牛顿法局部收敛于驻点。如果初始迭代点与一些驻点足够近，那

么方程

$$x_{k+1} = x_k - (\mathrm{Hess} f(x))^{-1} \mathrm{grad} f(x) = x_k + \eta_k$$

会产生序列

$$\lim_{k\to\infty} \frac{\|x_{k+1} - x^*\|}{\|x_k - x^*\|^2} < \infty$$

对于欧氏空间上的优化问题，下降方向 η_k 会乘以一个标量 α_k，以收敛至一个局部最小值。因此，两个基本的元素（下降方向和局部超线性收敛）可用于推导下面的拟牛顿法。

为了实现局部超线性收敛，需要根据特定的下降方向使用有效的 Hessian 近似方法。基于泰勒展开式定义，可得

$$\mathrm{grad} f(x_{k+1}) = \mathrm{grad} f(x_k) + \mathrm{Hess} f(x_k)(x_{k+1} - x_k) + O(||x_{k+1} - x_k||^2)$$

忽略高阶项，可得

$$\mathrm{grad} f(x_{k+1}) - \mathrm{grad} f(x_k) \approx \mathrm{Hess} f(x_k)(x_{k+1-x_k})$$

受上述公式的启发，应使得 Hessian 的近似 B_{k+1} 满足

$$\mathrm{grad} f(x_{k+1}) - \mathrm{grad} f(x_k) = B_{k+1}(x_{k+1-x_k}) \tag{3.51}$$

方程 (3.51) 是欧氏空间割线条件。很明显，B_{k+1} 可能有比较多的形式，并形成矩阵集合 $\mathcal{S}$。该集合包含所有满足割线条件的矩阵。但是，并不是所有的 B_{k+1} 都会产生较好的收敛特性。基于割线条件，B_{k+1} 仅对当前的方向有影响，对其他方向是没有影响的。如果确定下一个下降方向 $\eta_{k+1} = -B_{k+1}^{-1} \mathrm{grad} f(x_k)$ 且应用于线搜索，或最小化一个局部二次函数，那么将会出现其他下降方向。但是，算法的收敛率并不能保证超线性，或者说不满足上述的割线条件。因此，本节需要定义不同的条件或约束，这些条件或约束将会产生不同的拟牛顿法。下面给出 SR1（对称秩 1 更新）算法的推导过程及约束 Broyden 系列算法。这些算法的具体细节可参考文献 [181]。

设 $y_k = \mathrm{grad} f(x_{k+1}) - \mathrm{grad} f(x_k)$ 和 $s_k = x_{k+1} - x_k$，那么简单的对称条件将会产生 SR1 算法。给定 B_k，使用该算法更新变量 B_{k+1}，使用秩一更新以保证对称性且满足割线条件。基于这些条件，可以定义唯一的更新公式：

$$B_{k+1} = B_k + \frac{(y_k - B_k s_k)(y_k - B_k s_k)^{\mathrm{T}}}{(y_k - B_k s_k)^{\mathrm{T}} s_k} \tag{3.52}$$

但是，方程 (3.52) 并不保证能用于线搜索，这是因为方向

$$\eta_{k+1} = B_{k+1}^{-1} \mathrm{grad} f(x_{k+1})$$

并不能保证是下降方向。因此，秩 1 更新算法可以与信赖域法组合，并保证下降。

另一种算法是加入约束：

$$\min_B ||B - B_k||_{W_B}, \quad B = B^{\mathrm{T}}, B_{s_k} = y_k \tag{3.53}$$

其中，W_B 是任意满足 $W_B y_k = s_k$ 的矩阵，且使得 $||A||_{W_B} = ||W_B^{1/2} A W_B^{1/2}||_F$，即下一个 Hessian 近似（$B_{k+1}$）是与 B_k 最近的矩阵且满足割线条件。通过充分利用新的信息（割线条件），可以得到 B_{k+1} 且保持上一次迭代的割线条件。基于这个思想，可以得到 Davidon-Fletcher-Powell (DFP) 更新公式：

$$B_{k+1} = \left(I - \frac{y_k s_k^{\mathrm{T}}}{y_k^{\mathrm{T}} s_k}\right) B_k \left(I - \frac{s_k y_k^{\mathrm{T}}}{y_k^{\mathrm{T}} s_k}\right) + \frac{y_k y_k^{\mathrm{T}}}{y_k^{\mathrm{T}} s_k} \tag{3.54}$$

如果 $s_k^{\mathrm{T}} y_k > 0$（欧氏空间曲率条件），那么 B_k 的正定性得以保持，且有 $\eta_{k+1}^{\mathrm{T}} \operatorname{grad} f(x_{k+1}) = -\operatorname{grad} f(x_{k+1}) B_{k+1} \operatorname{grad} f(x_{k+1}) < 0$ 并保证属于下降方向。

类似地，可以保持 Hessian 的逆 $H_k = B_k^{-1}$：

$$\min_H ||H - H_k||_{W_H}, \quad \text{s.t.} \quad H = H^{\mathrm{T}}, H y_k = s_k$$

其中，W_H 是任意满足 $W_H s_k = y_k$ 的矩阵，且有 $||A||_{W_H} = ||W_H^{1/2} A W_H^{1/2}||_F$。因此，可以得到 BFGS 更新公式：

$$B_{k+1} = B_k - \frac{B_k s_k s_k^{\mathrm{T}} B_k}{s_k^{\mathrm{T}} B_k s_k} + \frac{y_k y_k^{\mathrm{T}}}{y_k^{\mathrm{T}} s_k} \tag{3.55}$$

类似地，如果 $s_k^{\mathrm{T}} y_k > 0$，那么 B_{k+1} 是正定的，且方向

$$\eta_{k+1} = B_{k+1} \operatorname{grad} f(x_{k+1})$$

是下降方向。那么，DFP 更新公式和 BFGS 更新公式产生一系列正定 Hessian 的近似。因为 Hessian 近似和 Hessian 沿着搜索方向的作用非常相近，所以它们能用于线搜索算法（如 BFGS 算法）。

约束 Broyden 系列算法的主要思想是 BFGS 和 DFP 更新算法的凸组合。该类型的算法具有一定的共性：保持 Hessian 近似的正定。SR1 算法属于 Broyden 系列，也就是一种线性更新方法，而不是 BFGS 和 DFP 更新算法的凸组合。该算法不仅可以保持正定性，而且相比其他约束 Broyden 系列算法 [211,212] 可以提供较好的 Hessian 近似精度。因此，将 SR1 算法与信赖域法相结合会产生比较有效的优化算法，且可以充分利用 Hessian 近似的所有方向信息。特别地，Byrd 等给出了该算法的收敛性分析结果 [212]。

3.6.2 黎曼流形上的割线条件

下面讨论黎曼流形上的割线条件，并给出基于指数映射和并行移动的黎曼 BFGS 更新方程。在此基础上，为进一步减少计算量，给出基于收缩和向量传输的黎曼 BFGS 更新公式。类似地，考虑黎曼流形 $\mathcal{M}$ 上的目标函数 $f(x)$，基于黎曼流形的泰勒定理 [9]，直接给出下面的公式：

$$\begin{aligned}P_{\gamma}^{0\leftarrow 1}\mathrm{grad}f(x_{k+1}) =&\mathrm{grad}f(x_k)+\nabla_{\xi}\mathrm{grad}f(x_k)\\&+\int_0^1(P_{\gamma_k}^{0\leftarrow\tau}\nabla\gamma_k'(\tau)\mathrm{grad}f(x_k)-\nabla_{\xi}\mathrm{grad}f(x_k))\mathrm{d}\tau\end{aligned}\quad(3.56)$$

其中，γ_k 是满足 $\gamma_k(0)=x_k$ 和 $\gamma_k(1)=x_{k+1}$ 的唯一最小化测地线，且 $\xi=\mathrm{Exp}_{x_k}^{-1}x_{k+1}=\gamma_k'(0)$。去除积分项后，可得

$$P_{\gamma}^{0\leftarrow 1}\mathrm{grad}f(x_{k+1})-\mathrm{grad}f(x_k)\approx\nabla_{\xi}\mathrm{grad}f(x_k)=\mathrm{Hess}f(x_k)\mathrm{Exp}_{x_k}^{-1}x_{k+1}$$

该方程与欧氏空间的割线条件类似。但是，上述方法定义于 $T_{x_k}\mathcal{M}$。因此，黎曼 Hessian 近似过程必须是可作用于 $T_{x_{k+1}}\mathcal{M}$ 的算子。应用并行移动，有下面的黎曼流形割线条件：

$$\mathrm{grad}f(x_{k+1})-P_{\gamma_k}^{1\leftarrow 0}\mathrm{grad}f(x_k)=\mathcal{B}_{k+1}(P_{\gamma_k}^{1\leftarrow 0}\mathrm{Exp}_{x_k}^{-1}x_{k+1})\quad(3.57)$$

假设 y_k 表示 $\mathrm{grad}f(x_{k+1})-P_{\gamma_k}^{1\leftarrow 0}\mathrm{grad}f(x_k)$，且 s_k 表示 $P_{\gamma_k}^{1\leftarrow 0}\mathrm{Exp}_{x_k}^{-1}x_{k+1}$。基于上述黎曼流形割线条件，可以将欧氏空间 SR1 的更新公式扩展至黎曼流形。但是，$\mathcal{B}_{k+1}$ 在黎曼度量下应是自共轭（self-adjoint）。因此，可得

$$\mathcal{B}_{k+1}=\tilde{\mathcal{B}}_k+\frac{(y_k-\tilde{\mathcal{B}}_k s_k)(y_k-\tilde{\mathcal{B}}_k s_k)^{\iota}}{\langle s_k,y_k-\tilde{\mathcal{B}}_k s_k\rangle}$$

用 $\zeta^{\iota}(\zeta$ 表示 $y_k-\mathcal{B}_k s_k)$ 代表函数（$T_x\mathcal{M}\to\mathbf{R}$）：$\zeta^{\iota}\eta=\langle\zeta,\eta\rangle,\forall\eta\in T_x\mathcal{M}$；$\tilde{\mathcal{B}}_k=P_{\gamma_k}^{1\leftarrow 0}\tilde{\mathcal{B}}_k P_{\gamma_k}^{1\leftarrow 0}$。

基于上述思想，本章给出黎曼流形上的 DFP 公式和 BFGS 公式：

$$\mathrm{DFP}:\min_{\mathcal{B}}\|\mathcal{B}-\tilde{\mathcal{B}}_k\|_{W_{\mathcal{B}}},\quad \mathcal{B}=\mathcal{B}^*,\mathcal{B}s_k=y_k\quad(3.58)$$

$$\mathrm{BFGS}:\min_{\mathcal{H}}\|\mathcal{H}-\tilde{\mathcal{H}}_k\|_{W_{\mathcal{H}}},\quad \mathcal{H}=\mathcal{H}^*,\mathcal{H}y_k=s_k\quad(3.59)$$

其中，$\mathcal{B}^*$ 表示 $\mathcal{B}$ 的自共轭算法，且有 $\|\mathcal{B}\|_W=\|\hat{W}^{1/2}G^{1/2}\widehat{\mathcal{A}}G^{-1/2}W^{1/2}\|_F$，$G$ 是度量的矩阵表达式，$\widehat{\mathcal{A}}$ 表示算子的矩阵表达式。那么，有下面黎曼流形上的 DFP 更新公式和 BFGS 更新公式。

$$\text{DFP 更新公式}:\mathcal{B}_{k+1}=\left(I_d-\frac{y_k s_k^{\iota}}{y_k^{\iota}s_k}\right)\tilde{\mathcal{B}}_k\left(I_d-\frac{y_k s_k^{\iota}}{y_k^{\iota}s_k}\right)+\frac{y_k y_k^{\iota}}{y_k^{\iota}s_k}$$

$$\text{BFGS 更新公式}: \mathcal{B}_{k+1} = \tilde{\mathcal{B}}_k - \frac{\tilde{\mathcal{B}}_k s_k (\tilde{\mathcal{B}}_k s_k)^\iota}{s_k^\iota \tilde{\mathcal{B}}_k s_k} + \frac{y_k y_k^\iota}{y_k^\iota s_k}$$

类似于欧氏空间的 Broyden 系列算法的思想，本章直接定义黎曼流形上的 Broyden 系列算法，即使用 $\phi_k \in \mathbf{R}$ 计算黎曼 DFP 和黎曼 BFGS 算子的组合。约束 Broyden 系列算法则是通过 $0 \leqslant \phi_k \leqslant 1$ 的凸组合来定义，这等价于 DFP 更新公式和 BFGS 更新公式的组合：

$$\mathcal{B}_{k+1} = \tilde{\mathcal{B}}_k - \frac{\tilde{\mathcal{B}}_k s_k (\tilde{\mathcal{B}}_k^* s_k)^\iota}{(\tilde{\mathcal{B}}_k^* s_k)^\iota s_k} + \frac{y_k y_k^\iota}{y_k^\iota s_k} + \phi_k \langle s_k, \tilde{\mathcal{B}}_k s_k \rangle v_k v_k^\iota \tag{3.60}$$

其中，

$$v_k = \frac{y_k}{\langle y_k, s_k \rangle} - \frac{\tilde{\mathcal{B}}_k s_k}{\langle s_k, \tilde{\mathcal{B}}_k s_k \rangle}$$

上述黎曼流形 SR1 算法属于 Broyden 系列算法。需要注意的是，Broyden 系列算法还有其他形式。

上述所有的黎曼拟牛顿法更新公式都是基于黎曼流形割线条件 (3.57) 进行定义的，式 (3.57) 显式地使用指数映射和并行移动。但是，这不是必需的。基于收缩和向量传输的黎曼流形割线条件可能更有效且具有可行性。

收缩和向量传输在基于收缩的黎曼流形优化理论和实际应用中有着比较重要的作用和影响。其中，收缩用于获取下一个迭代变量，而向量传输用于比较不同切空间中的切向量以及将一个切空间传输至另一个切空间，如 $\tilde{B}_k = P_{\gamma_k}^{1\leftarrow 0} B_k P_{\gamma_k}^{1\leftarrow 0}$。此外，向量传输应是等距的 [53]。为了实现黎曼流形优化的超线性收敛，黎曼 Hessian 近似并不需要自共轭。基于上述更新公式，黎曼拟牛顿法需要自共轭。因此，假设 $\tilde{\mathcal{B}}_k$ 是自共轭的，那么 $\mathcal{B}_{k+1}$ 也应是自共轭的，于是可得

$$\tilde{\mathcal{B}}_k = \text{Transp}_{\eta_k} \circ \mathcal{B} \circ \text{Transp}_{\eta_k}^{-1}$$

等距向量传输 Transp 可保证：当 $\mathcal{B}_k$ 自共轭时，$\tilde{\mathcal{B}}_k$ 保持自共轭。

设 Transp_S 代表等距向量传输，那么可以直接给出下面的黎曼 SR1 更新公式：

$$\mathcal{B}_{k+1} = \tilde{\mathcal{B}}_k + \frac{(y_k - \tilde{\mathcal{B}}_k x_k)(y_k - \tilde{\mathcal{B}}_k x_k)^\iota}{\langle s_k, y_k - \tilde{\mathcal{B}}_k s_k \rangle}$$

其中，$\tilde{\mathcal{B}}_k = \text{Transp}_{S_\eta} \mathcal{B}_k \text{Transp}_{S_\eta}^{-1}$。

3.6.3 Broyden 系列黎曼拟牛顿法

下面基于文献 [107] 讨论 Broyden 系列黎曼拟牛顿法的细节。Broyden 系列黎曼拟牛顿法的具体过程如算法 3.7 所示。其中，等距向量传输 Transp_S 并不需要是

光滑的，Transp_S 应是 $\mathcal{C}^0$ 类函数。如果 $\forall \bar{x} \in \mathcal{M}$，那么存在 $\bar{x}$ 的邻域 $\mathcal{U}$ 以及常数 c_0，使得 $\forall x, y \in \mathcal{U}$，可得

$$||\text{Transp}_{S_\eta} - \text{Transp}_{R_\eta}|| \leqslant c_0||\eta|| \tag{3.61}$$

$$||\text{Transp}_{S_\eta}^{-1} - \text{Transp}_{R_\eta}^{-1}|| \leqslant c_0||\eta|| \tag{3.62}$$

其中，$\eta = R_x^{-1}(y)$。

此外，等距传输向量 Transp_S 满足下面的锁条件（locking condition）：

$$\text{Transp}_{S_\eta}\eta = \beta \text{Transp}_{R_\eta}\eta, \quad \beta = \frac{||\eta||}{||\text{Transp}_{R_\eta}\eta||} \tag{3.63}$$

其中，$\eta \in T_x\mathcal{M}$，$x \in \mathcal{M}$。

算法 3.7　Broyden 系列黎曼拟牛顿法

1: 输入：黎曼流形 $(\mathcal{M}, g)$，收缩 R，等距向量传输 Transp_S 且满足条件 (3.63)，黎曼流形 $\mathcal{M}$ 上的连续可微实值函数 f，初始迭代点 $x_0 \in \mathcal{M}$，初始黎曼 Hessian 近似 $\mathcal{B}_0$ 且是切空间 $T_{x_0}\mathcal{M}$ 的线性变换（对称正定），收敛准则 $\epsilon > 0$，Wolfe 条件常数 $0 < c_1 < 1/2 < c_2 < 1$

2: $k = 0$

3: **while** $\text{grad}f(x_k) > \epsilon$ **do**

4: 　通过求解 $\mathcal{B}_k\eta_k = -\text{grad}f(x_k)$ 获得 $\eta_k \in T_{x_k}\mathcal{M}$

5: 　　计算 $\alpha_k > 0$ 以满足 Wolfe 条件:

$$f(x_{k+1}) \leqslant f(x_k) + c_1\alpha_k\langle \text{grad}f(x_k), \eta_k\rangle \tag{3.64}$$

$$\frac{\mathrm{d}}{\mathrm{d}t}f(R(t\eta_k))|_{t=\alpha_k} \geqslant c_2\frac{\mathrm{d}}{\mathrm{d}t}f(R(t\eta_k))|_{t=0} \tag{3.65}$$

6: 　　$x_{k+1} = R_{x_k}(\alpha_k\eta_k)$

7: 　　定义

　　$s_k = \text{Transp}_{S_{\alpha_k\eta_k}}\alpha_k\eta_k$

　　以及

　　$y_k = \beta_k^{-1}\text{grad}f(x_{k+1}) - \text{Transp}_{S_{\alpha_k\eta_k}}\text{grad}f(x_k)$

　　其中，$\beta_k = \dfrac{||\alpha_k\eta_k||}{||\text{Transp}_{S_{\alpha_k\eta_k}}\alpha_k\eta_k||}$，以及可微收缩 Transp_R

8: 　定义线性算子 $\mathcal{B}_{k+1}: T_{x_{k+1}}\mathcal{M} \to T_{x_{k+1}}\mathcal{M}$，那么有 $\langle s_k, \tilde{\mathcal{B}}_k p\rangle$，以及

$$\mathcal{B}_{k+1}p = \tilde{\mathcal{B}}_k p - \frac{\tilde{\mathcal{B}}_k s_k(\tilde{\mathcal{B}}_k^* s_k)^\iota}{(\tilde{\mathcal{B}}_k^* s_k)^\iota s_k} + \frac{y_k y_k^\iota}{y_k^\iota s_k} + \phi_k\langle s_k, \tilde{\mathcal{B}}_k s_k\rangle v_k v_k^\iota \tag{3.66}$$

　其中，$v_k = \dfrac{y_k}{\langle y_k, s_k\rangle} - \dfrac{\tilde{\mathcal{B}}_k s_k}{\langle s_k, \tilde{\mathcal{B}}_k s_k\rangle}$，$\phi_k \in (\phi_k^c, \infty)$ 是一个实数，且为自共轭

　$\tilde{\mathcal{B}}_k = \text{Transp}_{S_{\alpha_k\eta_k}} \circ \mathcal{B}_k \circ \text{Transp}_{S_{\alpha_k\eta_k}}^{-1}$

此外，$\phi_k^c = 1/(1-\mu_k)$，$\mu_k = [(\langle y_k, \tilde{\mathcal{B}}_k^{-1} y_k\rangle)(\langle s_k, \tilde{\mathcal{B}}_k s_k\rangle)]/\langle y_k, s_k\rangle^2$

9: $k = k+1$

10: **end while**

引理 3.5 算法 3.7 将产生无穷序列 $\{x_k\}$、$\{\mathcal{B}_k\}$、$\{\widetilde{\mathcal{B}}_k\}$、$\{\alpha_k\}$、$\{s_k\}$ 和 $\{y_k\}$ 直到满足停止准则为止。给定所有 k、$\eta_k \neq 0$，以及关于度量 g 的黎曼 Hessian 近似 $\mathcal{B}_k$ 是，可得

$$g(s_k, y_k) \geqslant (c_2 - 1)\alpha_k g(\mathrm{grad} f(x_k), \eta_k) \tag{3.67}$$

证明 首先证明当所有相关条件存在且 $\eta_k \neq 0$ 时，式 (3.67) 成立。定义 $\tilde{m}_k(t) = f(R_{x_k}(t\eta_k/\|\eta_k\|))$，那么可得

$$\begin{aligned}
g(s_k, y_k) =& g(\mathrm{Transp}_{S_{\alpha_k\eta_k}} \alpha_k\eta_k, \beta_k^{-1}\mathrm{grad} f(x_{k+1}) - \mathrm{Transp}_{S_{\alpha_k\eta_k}} \mathrm{grad} f(x_k)) \\
=& g(\mathrm{Transp}_{S_{\alpha_k\eta_k}} \alpha_k\eta_k, \beta_k^{-1}\mathrm{grad} f(x_{k+1})) \\
& - g(\mathrm{Transp}_{S_{\alpha_k\eta_k}} \alpha_k\eta_k, \mathrm{Transp}_{S_{\alpha_k\eta_k}} \mathrm{grad} f(x_k)) \\
=& g(\beta_k^{-1}\mathrm{Transp}_{S_{\alpha_k\eta_k}} \alpha_k\eta_k, \mathrm{grad} f(x_{k+1})) - g(\alpha_k\eta_k, \mathrm{grad} f(x_k)) \\
=& g(\mathrm{Transp}_{R_{\alpha_k\eta_k}} \alpha_k\eta_k, \mathrm{grad} f(x_{k+1})) - g(\alpha_k\eta_k, \mathrm{grad} f(x_k)) \\
=& \alpha_k||\eta_k|| \left(\frac{\mathrm{d}\tilde{m}_k(\alpha_k||\eta_k||)}{\mathrm{d}t} - \frac{\mathrm{d}\tilde{m}_k(0)}{\mathrm{d}t}\right)
\end{aligned} \tag{3.68}$$

需要注意的是，式 (3.68) 将会经常使用，且是应用锁条件 (3.63) 的一个重要原因。基于第二个 Wolfe 条件 (3.65)，可得

$$\frac{\mathrm{d}\tilde{m}_k(\alpha||\eta_k||)}{\mathrm{d}t} \geqslant c_2 \frac{\mathrm{d}\tilde{m}_k(0)}{\mathrm{d}t} \tag{3.69}$$

因此，有

$$\begin{aligned}
\frac{\mathrm{d}\tilde{m}_k(\alpha||\eta_k||)}{\mathrm{d}t} - \frac{\mathrm{d}\tilde{m}_k(0)}{\mathrm{d}t} &\geqslant (c_2 - 1)\frac{\mathrm{d}\tilde{m}_k(0)}{\mathrm{d}t} \\
&= (c_2 - 1)\frac{1}{||\eta_k||} g(\mathrm{grad} f(x_k), \eta_k)
\end{aligned} \tag{3.70}$$

基于式 (3.68) 和式 (3.70) 可以得到式 (3.67)。

当 $\mathcal{B}_k$ 是对称正定时，η_k 是下降方向。函数 $\alpha \to f(R(\alpha\eta_k))$ 是连续可微函数且有界（$\mathbf{R} \to \mathbf{R}$）。因此，经典文献 [181] 中的引理 3.1 能保证存在一个步长 α_k 满足 Wolfe 条件。

然后通过归纳的方式证明式 (3.67)。基于算法 3.7 的第 3 步对 $\mathcal{B}_0$ 的假设以及上述结果，式 (3.67) 是成立的。下面假设式 (3.67) 对某个 k 成立。基于式 (3.67)，可得

$$\begin{aligned} g(s_k, y_k) &\geqslant (1-c_2)\alpha_k g(\text{grad}f(x_k), -\eta_k) \\ &= (1-c_2)\alpha_k g(\text{grad}f(x_k), -\mathcal{B}_k^{-1}\text{grad}f(x_k)) > 0 \end{aligned}$$

已知在欧氏空间中，$s_k^{\mathrm{T}} y_k > 0$ 是正定割线更新的充要条件。具体细节可参考文献 [213] 中的引理 9.2.1。同时，BFGS 算法也是一种类似的更新方式 [213]。文献 [53] 讨论了黎曼流形上的 BFGS 算法，并认为当 $\phi_k = 0$ 时，$\mathcal{B}_{k+1}$ 是对称正定的。

考虑函数 $h(\phi_k) : \mathbf{R} \to \mathbf{R}^d$ 且给出 $\mathcal{B}_{k+1}$ 的特征值。因为 $\mathcal{B}_{k+1}$ 是对称正定的（$\phi_k = 0$），所以 $h(0)$ 的所有元素大于 0。基于文献 [214] 中的计算方法，可得

$$\det(\mathcal{B}_{k+1}) = \det(\mathcal{B}_k)\frac{g(y_k, s_k)}{g(s_k, \mathcal{B}_k s_k)}(1 + \phi_k(u_k - 1))$$

$\det(\mathcal{B}_{k+1})$ 成立当且仅当 $\phi_k = \phi_k^c < 0$，即 $h(\phi_k)$ 有一个或多个 0 元素当且仅当 $\phi_k = \phi_k^c$。另外，因为 $h(0)$ 所有的元素大于 0，而且 $h(\phi_k)$ 是一个连续函数，所以 $h(0)$ 中的所有元素大于 0 当且仅当 $\phi_k > \phi_k^c$。因此，当 $\phi_k > \phi_k^c$ 时，算子 $\mathcal{B}_{k+1}$ 是正定的。另外，$\mathcal{B}_{k+1}$ 的对称性也容易验证。

备注 3.2　基于引理 3.5，等距条件和锁条件 (3.63) 需要显式地应用于 Transp_{S_η}，并保证第二个 Wolfe 条件 (3.65) 得到满足且有 $g(s_k, y_k) > 0$。当 $\phi = 0$ 时，更新公式 (3.66) 退化为文献 [53] 中的黎曼 BFGS 公式。不同之处在于 y_k 的定义，文献 [53] 将 β_k 设置为 1，而算法 3.7 对 β_k 的设置是

$$\frac{||\alpha\eta_k||}{||\text{Transp}_{R_{\alpha_k\eta_k}}\alpha_k\eta_k||}$$

3.6.4　全局收敛性分析

下面基于广义凸性假设，以及 $\phi_k \in [0, 1-\delta], \forall\delta \in (0, 1]$，给出全局收敛性的证明 [107]。这些理论结果可保证算法局部收敛至一个孤立局部极小值。

在整个收敛性分析过程中，假设 $\{x_k\}$、$\{\mathcal{B}_k\}$、$\{\widetilde{\mathcal{B}}_k\}$、$\{\alpha_k\}$、$\{s_k\}$ 和 $\{y_k\}$ 为算法 3.7 所产生的无穷序列，Ω 为子水平集 $\{x : f(x) \leqslant f(x_0)\}$，$x^*$ 是函数 f 在水平集 Ω 内的一个局部极小值。如果 Ω 是紧的，那么 x^* 的存在是可保证的。特别地，如果 x^* 存在，那么流形 $\mathcal{M}$ 是紧的。

收敛性分析过程与定义 3.5 中的收缩–凸性特性是相关的。此外，本章还需要两个另外的假设。

定义 3.5 一个黎曼流形 $\mathcal{M}$ 上的函数 $f:\mathcal{M}\to\mathbf{R}:x\to f(x)$，且有收缩 R，并定义

$$\tilde{m}_{x,\eta}(t)=f(R_x(t\eta)),\quad x\in\mathcal{M},\eta\in T_x\mathcal{M}$$

如果 $\forall x\in\mathcal{S},\forall\eta\in T_x\mathcal{M}$，以及 $||\eta||=1$，$\tilde{m}_{x,\eta}(t)$ 是凸的且满足 $R_x(t\eta)\in\mathcal{S}$，那么函数 f 是关于收缩 R 的收缩–凸。此外，如果 $\tilde{m}_{x,\eta}(t),\forall x\in\mathcal{S}$ 及所有 $||\eta||=1$，且有 $R_x(\eta)\in\mathcal{S}$，那么函数 f 在 $\mathcal{S}$ 上强收缩–凸。

假设 3.1 目标函数 f 为二次连续可微。

假设 3.2 存在 $r>0$ 和 $\rho>0$ 使得 $y\in R_{x^*}(\mathcal{B}(0_{x^*},r))=\tilde{\Omega}$，以及 $\tilde{\Omega}\subset R_y(\mathcal{B}(0_y,\rho))$。其中，$R_y(\cdot)$ 微分同胚于 $\mathcal{B}(0_y,\rho)$。迭代变量 $x_k\in\tilde{\Omega}$ 保持连续，意味着 $R_{x_k}(t\eta_k)\in\tilde{\Omega},\forall t\in[0,\alpha_k]$。此外，函数 f 是关于收缩 R 的强收缩–凸。

引理 3.6 如果假设 3.1 成立，那么 f 是关于指数映射的收缩–凸当且仅当 $\mathrm{Hess}f(x)$ 对于所有 $x\in\mathcal{S}$ 是正定的。此外，f 是关于指数映射的强收缩–凸当且仅当存在一个常数 $a_0>0$，使得 $\mathrm{Hess}f(x)-a_0I_d$ 对于所有 $x\in\mathcal{S}$ 是正定的。

证明 证明过程见参考文献 [107] 中的引理 4.3.1。

引理 3.7 假定假设 3.1 成立，且 $\mathrm{Hess}f(x^*)$ 是正定的。定义 $\tilde{m}_{x,\eta}(t)=f(R_x(t\eta))$，其中 $||\eta||=1$。那么，存在 x^* 的邻域 $\mathcal{N}$，以及两个常数 $0<a_0<a_1$，使得对于所有 $x\in\mathcal{N}$，可得

$$a_0\geqslant\frac{\mathrm{d}^2\tilde{m}_{x,\eta}}{\mathrm{d}t^2}(t)\geqslant a_1$$

其中，t 满足 $R_x(t\eta)\in\mathcal{N}$。

证明 证明过程见参考文献 [107] 中的引理 4.3.2。

引理 3.8 如果假设 3.1 和假设 3.2 成立，则可得

$$\frac{1}{2}a_0||s_k||^2\leqslant(c_1-1)\alpha_k g(\mathrm{grad}f(x_k),\eta_k)$$

证明 在欧氏空间中，泰勒定理（Taylor's theorem）可用于函数近似。然而，黎曼流形上的函数 f 没有相应的泰勒定理可用，因为缺少加法运算的定义（如不在同一个子空间等）。解决方法是定义一个流形上曲线的函数，并应用泰勒定理。定义函数 $\tilde{m}_k(t)=f(R_{x_k}(t\eta_k/||\eta_k||))$，因为 $f\in\mathcal{C}^2$ 在紧集上强收缩–凸，所以存在常数 $0<a_0<a_1$ 使得

$$a_0\leqslant\frac{\mathrm{d}^2\tilde{m}_{x,\eta}(t)}{\mathrm{d}t^2}\leqslant a_1$$

基于泰勒定理，可得

$$f(x_{k+1})-f(x_k)=\tilde{m}_k(0)=\frac{\mathrm{d}\tilde{m}_k(0)}{\mathrm{d}t}\alpha_k||\eta_k||+\frac{1}{2}\frac{\mathrm{d}^2\tilde{m}_k(p)}{\mathrm{d}t^2}(\alpha||\eta_k||)^2$$

$$
\begin{aligned}
&= g(\mathrm{grad}f(x_k), \alpha_k\eta_k) + \frac{1}{2}\frac{\mathrm{d}^2\tilde{m}_k(p)}{\mathrm{d}t^2}(\alpha||\eta_k||)^2 \\
&\geqslant g(\mathrm{grad}f(x_k), \alpha_k\eta_k) + \frac{1}{2}a_0(\alpha||\eta_k||)^2
\end{aligned} \tag{3.71}
$$

其中，$0 \geqslant p \geqslant \alpha_k||\eta_k||$。考虑式 (3.71)、Wolfe 条件，以及 $s_k = \alpha_k||\eta_k||$，可得

$$
(c_1 - 1)g(\mathrm{grad}f(x_k), \alpha_k\eta_k) \geqslant \frac{1}{2}a_0||s_k||^2
$$

因此得证。

引理 3.9　如果假设 3.1 和假设 3.2 成立，那么存在两个常数 $0 < a_0 \leqslant a_1$，对于所有 k 使得

$$
a_0 g(s_k, s_k) \leqslant g(s_k, y_k) \leqslant a_1 g(s_k, s_k)
$$

证明　证明过程见参考文献 [107] 中的引理 4.3.4。

引理 3.10　假定假设 3.1 和假设 3.2 成立。那么，存在两个常数 $0 < a_2 < a_3$，对于所有 k 使得

$$
a_2||\mathrm{grad}f(x_k)||\cos\theta_k \leqslant ||s_k|| \leqslant a_3||\mathrm{grad}f(x_k)||\cos\theta_k
$$

其中，$\cos\theta_k = \dfrac{-g(\mathrm{grad}f(x_k), \eta_k)}{||\mathrm{grad}f(x_k)||||\eta_k||}$。

证明　证明过程见参考文献 [107] 中的引理 4.3.5。

引理 3.11　设 $\mathcal{M}$ 是黎曼流形且有两个向量传输 $\mathrm{Transp}_1 \in \mathcal{C}^0$ 和 $\mathrm{Transp}_2 \in \mathcal{C}^\infty$。其中，$\mathrm{Transp}_1$ 满足条件 (3.61) 和条件 (3.62)，而且都属于相同的收缩 R。那么，对于任意 $\bar{x} \in \mathcal{M}$ 存在一个常数 $a_4 > 0$ 和一个 $\bar{x}$ 的邻域 $\mathcal{U}$，使得对于所有 $x, y \in \mathcal{U}$ 可得

$$
||\mathrm{Transp}_{1_\eta}\xi - \mathrm{Transp}_{2_\eta}\xi|| \leqslant a_4||\xi||||\eta||
$$

其中，$\eta = R_x^{-1}y$ 和 $\xi \in T_x$。

证明　证明过程见参考文献 [107] 中的引理 4.3.6。

引理 3.12　设 $\mathcal{M}$ 是黎曼流形且具有可微收缩，记为 Γ_R。设 $\bar{x} \in \mathcal{M}$，那么存在 $\bar{x}$ 的邻域 $\mathcal{U}$，以及常数 $\tilde{a}_4 > 0$ 使得对于所有 $x, y \in \mathcal{U}$，任意 $\xi \in T_x\mathcal{M}, ||\xi|| = 1$，可微收缩的界是

$$
|||\Gamma_{R_\eta}\xi|| - 1| \leqslant \tilde{a}_4||\eta||
$$

其中，$\eta = R_x^{-1}y$。

证明　应用引理 3.11 且有 $\Gamma_1 = \Gamma_R$，Γ_1 等距，可以得到

$$
||\Gamma_{R_\eta}\xi - \Gamma_{2_\eta}\xi|| \leqslant b_0||\xi||||\eta||
$$

其中，b_0 是正常数。需要注意的是，$\|\xi\|=1$，$\|\cdot\|$ 是诱导范数，可得

$$b_0\|\eta\| \geqslant \|\Gamma_{R_\eta}\xi - \Gamma_{2_\eta}\xi\| \geqslant \|\Gamma_{R_\eta}\xi\| - \|\Gamma_{2_\eta}\xi\| = \|\Gamma_{R_\eta}\xi\| - 1$$

类似地，可得

$$b_0\|\eta\| \geqslant \|\Gamma_{2_\eta}\xi - \Gamma_{R_\eta}\xi\| \geqslant \|\Gamma_{2_\eta}\xi\| - \|\Gamma_{R_\eta}\xi\| = 1 - \|\Gamma_{R_\eta}\xi\|$$

引理得证。

引理 3.13 如果假设 3.1 和假设 3.2 成立，那么存在一个常数 $a_5 > 0$ 使得对于所有 k，有

$$f(x_{k+1}) - f(x^*) \leqslant (1 - a_5\cos^2\theta_k)(f(x_k) - f(x^*))$$

其中，$\cos\theta_k = \dfrac{-g(\mathrm{grad}f(x_k), \eta_k)}{\|\mathrm{grad}f(x_k)\|\|\eta_k\|}$。

证明 证明过程见参考文献 [107] 中的引理 4.3.8。

引理 3.14 如果假设 3.1 和假设 3.2 成立，那么存在两个常数 $0 < a_1 < a_2$ 使得对于所有 k，有

$$a_1\frac{g(s_k, \widetilde{\mathcal{B}}s_k)}{\|s_k\|^2} \leqslant \alpha_k \leqslant a_2\frac{g(s_k, \widetilde{\mathcal{B}}s_k)}{\|s_k\|^2}$$

证明 证明过程见参考文献 [107] 中的引理 4.3.9。

引理 3.15 如果假设 3.1 成立，那么对于所有 k 存在一个常数 $0 < a_1$ 使得

$$g(y_k, y_k) \leqslant a_1 g(s_k, y_k)$$

证明 证明过程见参考文献 [107] 中的引理 4.3.10。

引理 3.16 如果假设 3.1 和假设 3.2 成立，那么对于所有 k 存在常数 $0 < a_1, a_2 > 0, a_3 > 0$ 使得

$$\frac{g(s_k, \widetilde{\mathcal{B}}_k s_k)}{g(s_k, y_k)} \leqslant a_1\alpha_k \tag{3.72}$$

$$\frac{\|\widetilde{\mathcal{B}}_k s_k\|^2}{g(s_k, \widetilde{\mathcal{B}}s_k)} \geqslant a_2\frac{\alpha_k}{\cos^2\theta_k} \tag{3.73}$$

$$\frac{|g(y_k, \widetilde{\mathcal{B}}_k s_k)|}{g(s_k, y_k)} \leqslant a_3\frac{\alpha_k}{\cos\theta_k} \tag{3.74}$$

证明 证明过程见参考文献 [107] 中的引理 4.3.11。

引理 3.17 如果假设 3.1 和假设 3.2 成立，那么对于所有 $k \geqslant 1$ 存在常数 $\phi_k \in [0,1]$ 以及常数 $a_1 > 0$ 使得

$$\prod_{j=1}^{k}\alpha_j \geqslant a_1^k \tag{3.75}$$

证明　证明过程见参考文献 [107] 中的引理 4.3.12。

定理 3.8　如果假设 3.1 和假设 3.2 成立，且有 $\phi_k \in [0, 1-\delta]$，那么算法 3.7 产生的序列 $\{x_k\}$ 收敛至函数 f 的极小值 x^*。

证明　基于下面的不等式：

$$\text{trace}(\widehat{\mathcal{B}}_{k+1}) \leqslant \text{trace}(\widehat{\mathcal{B}}_k) + a_1 + t_k\alpha_k \tag{3.76}$$

其中，a_1 是常数且

$$t_k = \phi_k a_1 a_2 - \frac{a_3(1-\phi_k)}{\cos^2\theta_k} + \frac{2\phi_k a_4}{\cos\theta_k}$$

通过反证法来证明该定理。假设 $\cos\theta_k \to 0$，那么 $t_k \to -\infty$，存在一个常数 $k \geqslant K_0 > 0$ 使得 $t_k < -a_1/a_5$。考虑式 (3.76)，以及 $\widehat{\mathcal{B}}_{k+1}$ 正定，可得

$$\begin{aligned}0 < \text{trace}(\widehat{\mathcal{B}}_{k+1}) &\leqslant \text{trace}(\widehat{\mathcal{B}}_{K_0}) + a_1(k+1-K_0) + \sum_{j=K_0}^{k} t_j\alpha_j \\ &< \text{trace}(\widehat{\mathcal{B}}_{K_0}) + a_1(k+1-K_0) - \frac{2a_1}{a_5}\sum_{j=K_0}^{k}\alpha_j\end{aligned} \tag{3.77}$$

应用几何不等式 (3.75)，可得

$$\sum_{j=1}^{k}\alpha_j \geqslant ka_5$$

因此有

$$\sum_{j=K_0}^{k}\alpha_j \geqslant ka_5 - \sum_{j=1}^{K_0}\alpha_j \tag{3.78}$$

将式 (3.78) 代入式 (3.77)，可得

$$\begin{aligned}0 &< \text{trace}(\widehat{\mathcal{B}}_{K_0}) + a_1(k+1-K_0) - \frac{2a_1}{a_5}ka_5 + \frac{2a_1}{a_5}\sum_{j=1}^{K_0-1}\alpha_j \\ &= \text{trace}(\widehat{\mathcal{B}}_{K_0}) + a_1(1-k-K_0) + \frac{2a_1}{a_5}\sum_{j=1}^{K_0-1}\alpha_j\end{aligned}$$

对于足够大的 k，不等式的右边是负的，与假设 $\cos\theta_k \to 0$ 相矛盾。因此，存在着一个常数 δ 和一个子序列使得 $\cos\theta_{k_j} > \delta > 0, \forall j$，也就是子序列不能收敛至 0。应用引理 3.13，定理得证。

3.7 本 章 小 结

本章给出了基于收缩的黎曼流形优化理论，详细讨论了黎曼流形上的线搜索、最速下降法、牛顿法、共轭梯度法、信赖域法和拟牛顿法，并有针对性地给出一些分析结果。传统基于测地线的黎曼流形优化算法由于计算复杂度可能较高等，因此具有一定的局限性。因此，本章阐述了基于收缩的线搜索，并对其定义、意义和内涵进行了论述。收缩概念的引入拓展了基于测地线的黎曼流形优化理论，提高了黎曼流形优化算法设计的自由度，并给予黎曼流形优化过程更本质的理解。这些理论及方法为黎曼流形上的最优化问题求解及其工程应用奠定了理论和技术基础。

第 4 章　低秩流形收缩

收缩在黎曼流形优化理论中具有重要的地位，本章将分析不同的收缩对黎曼流形优化算法的影响。首先，介绍低秩流形（low rank manifold）的基本概念 [9,215]，在此基础上，依次对比分析八种低秩流形收缩：投影收缩、正交收缩、紧/非紧 Stiefel 商收缩、二阶收缩、二阶平衡收缩、Lie-Trotter 扩展收缩和指数收缩。然后，对这些收缩的计算量进行理论分析。在此基础上，通过实验的方式，从定义域、有界性、一阶/二阶特性、对称性和运行时间等方面对低秩流形收缩进行分析。最后，为了定量和定性地分析低秩流形上的收缩，以低秩矩阵填充为例，讨论并分析基于收缩的黎曼流形优化算法的性能。

4.1　引　　言

本章主要考虑下面的低秩流形最优化问题 [78,84,155,156,216-219]。定秩矩阵集合上的实值函数形式有

$$\min_{X \in \mathcal{M}_r} f(X) \tag{4.1}$$

其中，

$$\mathcal{M}_r = \{X \in \mathbf{R}^{m \times n} : \operatorname{rank}(X) = r\} \tag{4.2}$$

是秩 r 且大小为 $m \times n$ 矩阵的集合，m、n 和 $r(r < \min(m,n))$ 是正整数。

问题 (4.1) 的典型应用有机器学习领域的回归问题、天文成像、图像盲去模糊等，其中的低秩约束可以减少存储量和计算量。目前，已有相关的方法可以求解问题 (4.1)。一些方法充分利用问题的几何结构，如 $\mathcal{M}_r$ 是欧氏空间 $\mathbf{R}^{m \times n}$ 的子流形，具体细节可参考文献 [78]、[154]~[156]、[218]。这些方法首先基于当前迭代点 $X \in \mathcal{M}_k$ 选择一个下降方向 ξ，然后计算下一个迭代点，也就是沿着 $\mathcal{M}_r$ 上的曲线 γ 进行搜索并满足条件 $\gamma(0) = X, \dfrac{\mathrm{d}}{\mathrm{dt}}\gamma(t)|_{t=0} = \xi$。曲线 γ 的具体形式是 $\gamma(t) = R_X(t\xi)$，其中 R 是 $\mathcal{M}_r$ 上的收缩。本章在引入 Lie-Trotter 收缩的基础上，对比并分析低秩流形收缩的相关特性。

4.2　低秩流形及收缩

本节将回顾低秩流形、流形上的收缩，以及计算量评估指标等基础概念，为后

面的性能评估与分析奠定基础。

4.2.1 低秩流形及收缩的基本概念

本节将给出低秩流形 $\mathcal{M}_r$ 的一些基本概念，并分析其几何结构。在此，首先介绍一些基本符号。

Stiefel 流形（紧）为

$$\mathrm{St}(r,m)=\{X\in\mathbf{R}^{m\times r}:X^{\mathrm{T}}X=I_r\}$$

其中，$X\in\mathbf{R}^{m\times r}$ 是正交矩阵。

r 阶一般线性群，也就是所有 $r\times r$ 可逆矩阵集合，记为

$$\mathrm{GL}(r)=\{X\in\mathbf{R}^{r\times r}:\mathrm{rank}(X)=r\} \tag{4.3}$$

非紧 Stiefel 流形，也就是列满秩 $m\times r$ 矩阵，记为

$$\mathbf{R}_*^{m\times r}=\{X\in\mathbf{R}^{m\times r}:\mathrm{rank}(X)=r\} \tag{4.4}$$

r 阶正交群，也就是所有 $r\times r$ 正交矩阵集合，记为

$$O(r)=\{X\in\mathbf{R}^{r\times r}:X^{\mathrm{T}}X=I_r\} \tag{4.5}$$

嵌入欧氏空间 $\mathbf{R}^{m\times n}$ 且维数为 $(m+n-r)r$ 的子流形记为 $\mathcal{M}_r$ [147]。可见，问题 (4.1) 是一个低秩黎曼流形优化问题。实际上，不需要按 $m\times n$ 大小存储 $X\in\mathcal{M}_r$，因为需要额外增加 mn 个数。在通常情况下，$r\ll\min(m,n)$，存储 $X\in\mathcal{M}_r$ 所需要的空间远大于流形维数 $(m+n-r)r$。可将 $X\in\mathcal{M}_r$ 表示为

$$X=MN^{\mathrm{T}},\quad (M,N)\in\mathcal{N}_1=\mathbf{R}_*^{m\times r}\times\mathbf{R}_*^{n\times r} \tag{4.6}$$

或者

$$X=MN^{\mathrm{T}},\quad (M,N)\in\mathcal{N}_2=\mathrm{St}(r,m)\times\mathbf{R}_*^{n\times r} \tag{4.7}$$

或者

$$X=USV^{\mathrm{T}},\quad (U,S,V)\in\mathcal{N}=\mathrm{St}(r,m)\times\mathrm{GL}(r)\times\mathrm{St}(r,n) \tag{4.8}$$

目前，还存在着其他表示形式 [156]。本章使用上述表示形式，且以式 (4.8) 为主。下面直接给出映射

$$\pi_i:\mathcal{N}_i\to\mathcal{M}_r:(M,N)\to MN^{\mathrm{T}},\quad i=1,2$$

而且

$$\pi:\mathcal{N}\to\mathcal{M}_r:(U,S,V)\to USV^{\mathrm{T}} \tag{4.9}$$

对于每个 $X \in \mathcal{M}_r$ 是满射的，不是单射的。因此，其等价类表示为

$$\begin{aligned}
&\pi_1^{-1}(\pi_1(M,N)) = \{(MR, NR^{-\mathrm{T}}) : R \in \mathrm{GL}(r)\} \\
&\pi_2^{-1}(\pi_2(M,N)) = \{(MQ, NQ) : Q \in O(r)\} \\
&\pi^{-1}(\pi(U,S,V)) = \{(UQ_U, Q_U^{\mathrm{T}} S Q_V, VQ_V) : Q_U, Q_V \in O(r)\}
\end{aligned} \tag{4.10}$$

需要指出的是，上述的三个 π 映射是浸没，即它们的微分在每个点满射。这些映射可以给商流形 $\mathcal{M}_r$ 提供三种不同的表示形式，常用的是

$$\mathcal{M}_r \overset{\mathrm{def}}{=\!=} (\mathrm{St}(r,m) \times \mathrm{GL}(r) \times \mathrm{St}(r,n))/(O(r) \times O(r)) \tag{4.11}$$

且有对应的商映射 (4.9)。其中，商映射的纤维由式 (4.10) 给出。

点 $X = USV^{\mathrm{T}}$ 处所有切向量的集合 (4.8) 称为 $\mathcal{M}_r$ 上的切空间，并记为 $T_X\mathcal{M}_r$。任意流形上的切向量概念可参考文献 [7]、[9]。由于 $\mathcal{M}_r$ 是 $\mathbf{R}^{m\times n}$ 上的子流形，切空间 $T_X\mathcal{M}_r$ 可简单地视为：记 γ 为 $\mathcal{M}_r$ 上的光滑曲线，且 $\gamma(0) = X$。基于之前的定义，有 $\xi \in T_X\mathcal{M}_r$。

给出在点 $Z \in \mathbf{R}^{m\times n}$ 处投影于切空间 $T_X\mathcal{M}_r$ 的投影算子：

$$\mathcal{P}_X Z = ZVV^{\mathrm{T}} + UU^{\mathrm{T}}Z - UU^{\mathrm{T}}ZVV^{\mathrm{T}} \tag{4.12}$$

具体形式可参考文献 [216] 中的引理 4.1。因此，每一个 $\mathcal{M}_r$ 上的切向量 ξ 可重写为下面的形式：

$$\xi = ZVV^{\mathrm{T}} + UU^{\mathrm{T}}Z - UU^{\mathrm{T}}ZVV^{\mathrm{T}} \tag{4.13}$$

然而，基于点 Z 的 ξ 形式是不唯一的。

接下来为式 (4.8) 选择分解方法，任意 $\xi \in T_X\mathcal{M}_r, X \in \mathcal{M}$ 有一个唯一的表示形式 $(\dot{U}, \dot{S}, \dot{V})$ 使得

$$\xi = U\dot{S}V^{\mathrm{T}} + \dot{U}SV^{\mathrm{T}} + US\dot{V}^{\mathrm{T}}, \quad U^{\mathrm{T}}\dot{U} = 0, \quad V^{\mathrm{T}}\dot{V} = 0 \tag{4.14}$$

基于文献 [216] 中的 2.1 节，可以发现 $(U,S,V) \to \{(\dot{U},\dot{S},\dot{V}) : U^{\mathrm{T}}\dot{U} = 0, V^{\mathrm{T}}\dot{V} = 0\}$ 是商 (4.11) 的水平分布。如果 $\xi = \mathcal{P}_X Z$，以及 $\xi = Z$，那么式 (4.14) 的分解是

$$\begin{aligned}
\dot{S} &= U^{\mathrm{T}}ZV \\
\dot{U} &= (ZV - U\dot{S})S^{-1} = (I - UU^{\mathrm{T}})ZVS^{-1} \\
\dot{V} &= (Z^{\mathrm{T}}U - V\dot{S}^{\mathrm{T}})S^{-\mathrm{T}} = (I - VV^{\mathrm{T}})ZUS^{-\mathrm{T}}
\end{aligned}$$

为了去除公式中 S 的逆，引入 $U_p = \dot{U}S$ 和 $V_p = \dot{V}S$，并产生下面唯一的表示形式：

$$\xi = U\dot{S}V^{\mathrm{T}} + U_pV^{\mathrm{T}} + UV_p^{\mathrm{T}}, \quad U^{\mathrm{T}}U_p = 0, \quad V^{\mathrm{T}}V_p = 0 \tag{4.15}$$

本章将主要采用这种表示形式。如果 $\xi = \mathcal{P}_X Z$，特别地如果 $\xi = Z$，式 (4.15) 的分解是

$$\dot{S} = U^{\mathrm{T}} Z V$$

$$\dot{U}_p = ZV - U\dot{S} = (I - UU^{\mathrm{T}})ZV$$

$$\dot{V}_p = Z^{\mathrm{T}}U - V\dot{S}^{\mathrm{T}} = (I - VV^{\mathrm{T}})Z^{\mathrm{T}}U$$

最后，在 X 处的正交空间将是 $T_X\mathcal{M}_r$ 的正交补。切空间是

$$\begin{aligned} T_X\mathcal{M}_r = &\{U\dot{S}V^{\mathrm{T}} + U_pV^{\mathrm{T}} + UV_p^{\mathrm{T}} : \dot{S} \in \mathbf{R}^{r\times r} \\ &U_p \in \mathbf{R}^{m\times r}, U^{\mathrm{T}}U_p = 0, V_p \in \mathbf{R}^{n\times k}, V^{\mathrm{T}}V_p = 0\} \end{aligned} \tag{4.16}$$

那么其对应的正交空间

$$T_X^{\perp}\mathcal{M}_r = \{Z \in \mathbf{R}^{m\times n} : U^{\mathrm{T}}Z = 0, ZV = 0\} \tag{4.17}$$

4.2.2 流形上的收缩

本节简要回顾流形上的收缩。基于文献 [9] 的思想，收缩在黎曼流形优化过程中可以在当前点更新向量 ξ，或是将目标函数“提升”至切空间 [9]。

本节也给出一个比较重要的概念：扩展收缩。具体来说，定义一个映射 R 将 $\{T_X\xi : X \in \mathcal{M}\} \stackrel{\mathrm{def}}{=} \{(X, Z) : X \in \mathcal{M}, Z \in \xi\}$ 映射至 $\mathcal{M}$，且有 $R_X(0) = X$ 和 $\dfrac{\mathrm{d}}{\mathrm{dt}}R_X(tZ)|_{t=0} = \mathcal{P}_X Z$。其中，$\mathcal{P}_X$ 表示在点 X 处投影于切空间。

4.2.3 计算量分析

为了对低秩收缩的计算量进行分析，使用文献 [220] 中的浮点运算（floating-point operations, FLOP）次数进行计算量估计。除非特别说明，本章假设 $m < n$，这对算法计算量的估计有着重要的影响。例如，当计算顺序是 $U^{\mathrm{T}}(ZV)$ 时，$U^{\mathrm{T}}ZV$ 的计算量是 $2mnr + 2mr^2$ 次 FLOP；当计算顺序是 $(U^{\mathrm{T}}Z)V$ 时，其计算量是 $2mnr + 2nr^2$ 次 FLOP。因此，如果假设 $m < n$，那么计算顺序 $U^{\mathrm{T}}(ZV)$ 是比较合适的。这些细节上的考虑可以给出计算量最小的实现，但是没有充分考虑计算机的内存带宽，并不能提高算法的时间效率。例如，如果 A 和 B 的大小是 $m \times r$，以及 C 的大小是 $r \times r$ 且 $m = 10^4, r = 10^2$，那么在 MATLAB 软件中计算 $A^{\mathrm{T}} \times B$ 将明显比计算 $A \times C$ 慢。需要注意的是，这两个表达式有相同的 FLOP 次数：$2mr^2$。此外，引入修正的 Gram-Schmit 过程，矩阵 A 在 MATLAB 中的 QR 分解将比 AC 较慢。为了避免依赖 MATLAB 的 QR 分解函数，本章使用 polar 分解进行正交化，也就是 $A = QP$，$P = (A^{\mathrm{T}}A)^{1/2}$ 和 $Q = A/P$。其中，如果 A 的大小是 $m \times r$ 且 $r \ll m$，那么，其 FLOP 次数是 $4mr^2$。

基于上述讨论，以及式 (4.15) 中的表示 $(U_p, \dot{S}, V_p)$ 和 $X = USV$，$\xi = \mathcal{P}_X Z$（见式 (4.12)）的 FLOP 次数是

$$2mnr[ZV] + 2mr^2[U^{\mathrm{T}}ZV] + 2mr^2[U\dot{S}] + 2mnr[Z^{\mathrm{T}}U] + 2nr^2[V\dot{S}^{\mathrm{T}}]$$

综上所述，其 FLOP 次数是 $4mnr + 4mr^2 + 2nr^2$。

本章基于假设 $r \ll m$ 来估计表达式的计算量。例如，对于表达式 $\mathcal{P}_X Z$，其 FLOP 次数是 $4mnr$。

4.3　八种低秩流形收缩

本节重点阐述低秩流形收缩的一些具体形式。通过本节的讨论，读者可以对低秩流形收缩有一个系统的认识，为后续的优化算法设计打下坚实的基础。在此基础上，讨论并分析其计算量以及相应的逆收缩。

4.3.1　投影收缩

投影收缩 $R_X(\xi)$ 定义嵌入欧氏空间的子流形，即投影至 $X + \xi$。Absil 等 [217] 给出低秩流形 $\mathcal{M}_r$ 投影收缩的表示方法。Vandereycken[154] 给出了一种投影收缩的实现方法。

投影收缩（projective retraction）的定义为

$$R_X(\xi) = \arg\min_{Y \in \mathcal{M}_r} \|Y - (X + \xi)\|_F$$

其中，$\|\cdot\|_F$ 代表 Frobenius 范数。

设 $\sigma_1(A), \sigma_2(A), \cdots, \sigma_{\min(m,n)}(A)$ 是矩阵 A 的奇异值且按降序排序。基于文献 [217]，对于 $\|\xi\| < \sigma_r(X)/2$，无论 ξ 多小，$R_X(\xi)$ 存在且是唯一的：

$$R_X(\xi) = \sum_{i=1}^{r} \sigma_i u_i v_i$$

其中，$X + \xi = [u_1\ u_2\ \cdots\ u_{\min(m,n)}]\mathrm{diag}(\sigma_1\ \sigma_2\ \cdots\ \sigma_{\min(m,n)})[v_1\ v_2\ \cdots\ v_{\min(m,n)}]^{\mathrm{T}}$ 是奇异值分解且奇异值按降序排列。

如果 ξ 采用式 (4.15) 的形式，基于文献 [154]，可以得到下面的计算方法。首先进行标准正交化 $U_p = Q_u S_u$ 和 $V_p = Q_v S_v$。注意到

$$X + \xi = [U \quad Q_u] \begin{bmatrix} S + \dot{S} & S_u \\ S_v^{\mathrm{T}} & 0 \end{bmatrix} \begin{bmatrix} V^{\mathrm{T}} \\ Q_v^{\mathrm{T}} \end{bmatrix}$$

那么，可得 $2r\times 2r$ 矩阵

$$\begin{bmatrix} S+\dot{S} & S_u \\ S_v^{\mathrm{T}} & 0 \end{bmatrix}$$

的奇异值分解：(U_s, Σ_s, V_s)。于是可得

$$R_X(\xi) = U_+ S_+ V_+^{\mathrm{T}}$$

其中，$U_+ = [U \quad Q_u]\,U_s(:,1:r)$，$V_+ = [V \quad Q_v]\,V_s(:,1:r)$，$S_+ = \Sigma_s(1:r,1:r)$。基于文献 [217]，可知投影收缩是二阶收缩（second-order retraction）。

为了分析不同收缩的 FLOP，假设 X 和 ξ 的形式分别为式 (4.8) 和式 (4.14)，$r \ll m \leqslant n$，那么计算表达式 (U_+, S_+, V_+) 的 FLOP 次数为

$$4mr^2[Q_u, S_u] + 4nr^2[Q_v, S_v] + O(r^3)[U_s, \Sigma_s, V_s] + 2m2r^2[U_+] + 2n2r^2[V_+]$$

因此，其主要 FLOP 次数是 $8(m+n)r^2$。然而，当 r 并不比 m 小太多时，奇异值分解的 $O(r^3)$ 的 FLOP 需要定义一个停止准则，以减少计算时间。

如果优化算法中有线搜索过程，那么需要估计 $R_X(t\xi)$ 计算过程所带来的额外 FLOP。其中，t 是一个新值。对于投影收缩来说，其额外的 FLOP 次数是

$$O(r^3)[U_s, \Sigma_s, V_s] + 2m2r^2[U_+] + 2n2r^2[V_+]$$

那么主要 FLOP 次数是 $4(m+n)r^2$。

因此，直接给出逆投影收缩：

$$R_X^{-1}Y = (X + T_X\mathcal{M}_r) \cap (Y + T_Y^{\perp}\mathcal{M}_r) - X$$

逆投影收缩可参考式 (4.16) 和式 (4.17)。

4.3.2 正交收缩

本节基于文献 [217] 介绍正交收缩（orthographic retraction）的具体细节，但文献 [217] 没有给出计算量方面的讨论与分析。下面对正交收缩进行分析讨论 [46,221]。

低秩流形 $\mathcal{M}_r$ 的正交收缩：将点 R 设置为最接近于 $X+\xi$ 的

$$X + \xi + T_X^{\perp}\mathcal{M}_r \cap \mathcal{M}_r \tag{4.18}$$

当 ξ 足够小时，这个点是唯一的。当 X 和 ξ 可分别由式 (4.8) 和式 (4.14) 表示时，$R_X(\xi)$ 可表示为

$$\begin{aligned} R_X(\xi) &= [U(S+\dot{S}) + U_p](S+\dot{S})^{-1}(S+\dot{S}V^{\mathrm{T}} + V_p^{\mathrm{T}}) \\ &= U_+ S_+ V_+^{\mathrm{T}} \end{aligned}$$

其中，$U(S+\dot{S})+U_p=U_+S_U$ 和 $V(S^{\mathrm{T}}+\dot{S}^{\mathrm{T}})+V_p=V_+S_V$ 是标准正交化过程，$S_+=S_U(S+\dot{S})^{-1}S_V^{\mathrm{T}}$。基于文献 [217] 可知，正交收缩是二阶收缩。

正交收缩的 FLOP 次数是

$$\begin{aligned}&2mr^2[U(S+\dot{S})+U_p]+2nr^2[V(S^{\mathrm{T}}+\dot{S}^{\mathrm{T}})+V_p]+4mr^2[U_+,S_U]\\&+4nr^2[V_+,S_V]+O(r^3)[S_+]\end{aligned}$$

因此，正交收缩的主要 FLOP 次数是 $6(m+n)r^2$。如果一些矩阵首先得到预计算（如 $US,U\dot{S}+U_p,U^{\mathrm{T}}U_p,U_p^{\mathrm{T}}U_p,VS^{\mathrm{T}},V\dot{S}^{\mathrm{T}}+V_p,V^{\mathrm{T}}V_p$ 和 $V_p^{\mathrm{T}}V_p$），那么对于一个新的 t 值，计算 $R_X(t\xi)$ 的额外主要 FLOP 次数是 $2(m+n)r^2$。

另外，逆正交收缩的形式是

$$R_X^{-1}Y=\mathcal{P}_X(Y-X)=YVV^{\mathrm{T}}+UU^{\mathrm{T}}Y-UU^{\mathrm{T}}YVV^{\mathrm{T}}-X$$

其中，$\mathcal{P}$ 是投影算子（式 (4.12)）。如果 $Y=U_YS_YV_Y^{\mathrm{T}}$，可得

$$\begin{aligned}R_X^{-1}Y=&[(I-UU^{\mathrm{T}})U_YS_YV_Y^{\mathrm{T}}V]V^{\mathrm{T}}+U[U^{\mathrm{T}}U_YS_YV_Y^{\mathrm{T}}(I-VV^{\mathrm{T}})]\\&+U(U^{\mathrm{T}}U_YS_YV_Y^{\mathrm{T}}V-S)V^{\mathrm{T}}\end{aligned}$$

4.3.3　紧 Stiefel 商收缩

$\mathcal{M}_r$ 可视为商，如式 (4.11) 所示。因此，可以得到紧 Stiefel 商收缩：

$$R_X(\xi)=U_+S_+V_+^{\mathrm{T}}$$

其中，

$$\begin{aligned}U_+&=R_U^{\mathrm{St}}(\dot{U})\\S_+&=S+\dot{S}\\V_+&=R_U^{\mathrm{St}}(\dot{V})\end{aligned}$$

R^{St} 表示紧 Stiefel 商收缩。

如式 (4.10) 所示，X 的分解 (4.8) 是不唯一的，需要保证结果 $U_+S_+V_+^{\mathrm{T}}$ 不依赖于分解方式。这种不变性成立当且仅当 Stiefel 流形上的收缩满足

$$R^{\mathrm{St}}(UQ_U,\dot{U}Q_U)=R^{\mathrm{St}}(U,\dot{U})Q_U,\quad \forall Q_U\in O(r)$$

文献 [217] 认为紧 Stiefel 商收缩是 Stiefel 流形上的投影收缩。文献 [156] 使用了该收缩，并返回 $U+\dot{U}$（polar 分解）的正交因子。

紧 Stiefel 商收缩的 FLOP 次数是

$$2mr^2[U+U_pS^{-1}]+4mr^2[U_+]+2nr^2[V+V_pS^{-\mathrm{T}}]+4nr^2[V_+]$$

因此，其主要 FLOP 次数是 $6(m+n)r^2$。类似地，如果一些矩阵得到预计算，那么表达式 $R_X(t\xi)$ 的主要 FLOP 次数将降为 $2(m+n)r^2$。

假设投影收缩用于 Stiefel 流形。给定 $\mathcal{M}_r$ 上的 $X=USV^{\mathrm{T}}$ 和 $Y=U_+S_+V_+^{\mathrm{T}}$，寻求 $\xi\in T_X\mathcal{M}_r$ 且 $R_X(\xi)=Y$。注意到，对于所有正交的 Q_U、Q_V，可得

$$Y=(U_+Q_U)(Q_U^{\mathrm{T}}S_+Q_V)(V_+Q_V)^{\mathrm{T}}$$

此外，本章需要 $U_+Q_U=(U+\dot{U})P_U$，其中，P_U 是对称正定的，那么有 $U_+^{\mathrm{T}}U=Q_UP_U$（polar 分解）和 $\dot{U}=U_+Q_UP_U^{-1}-U$。同样地，设 $V_+^{\mathrm{T}}V=Q_VP_V$（polar 分解）和 $\dot{V}=V_+Q_VP_V^{-1}-V$。最后，根据 $\dot{S}=Q_U^{\mathrm{T}}S_+Q_V-S$，可得

$$R_{USV^{\mathrm{T}}}^{-1}(\xi)=U_+S_+V_+^{\mathrm{T}}$$

其中，ξ 由式 (4.14) 给出。

4.3.4 非紧 Stiefel 商收缩

非紧 Stiefel 商收缩的定义为

$$\begin{aligned}R_X(\xi)&=(U+\dot{U})(S+\dot{S})(V+\dot{V})^{\mathrm{T}}\\&=(US+U_p)S^{-1}(S+\dot{S})S^{-1}(VS^{\mathrm{T}}+V_p)^{\mathrm{T}}\\&=U_+S_+V_+^{\mathrm{T}}\end{aligned}$$

其中，$US+U_p=U_+S_U$ 和 $VS^{\mathrm{T}}+V_p=V_+S_V$ 是两个标准正交化过程，而且 $S_+=S_US^{-1}(S+\dot{S})S^{-1}S_V^{\mathrm{T}}$。此外，$\mathcal{M}_r$ 是商流形

$$(\mathbf{R}_*^{m\times r}\times \mathrm{GL}(r)\times \mathbf{R}_*^{n\times r})/(\mathrm{GL}(r)\times \mathrm{GL}(r))$$

假设所使用的标准正交化过程是 polar 分解，那么其 FLOP 次数是

$$2mr^2[US+U_p]+4mr^2[U_+,S_U]+2nr^2[VS^{\mathrm{T}}+V_p]+4nr^2[V_+,S_+]$$

因此，非紧 Stiefel 商收缩的主要 FLOP 次数是 $6(m+n)r^2$。同样，如果矩阵 US 和 VS^{T} 得到预计算，$R_X(t\xi)$ 的主要 FLOP 次数将降至 $4(m+n)r^2$。进一步地，如果矩阵 $U^{\mathrm{T}}\dot{U}$、$\dot{U}^{\mathrm{T}}\dot{U}$ 以及 $V^{\mathrm{T}}\dot{V}$、$\dot{V}^{\mathrm{T}}\dot{V}$ 得到预计算，$R_X(t\xi)$ 的主要 FLOP 次数是 $2(m+n)r^2$。

类似地，也有逆非紧 Stiefel 商收缩：$R_{USV^{\mathrm{T}}}^{-1}(\xi)=U_+S_+V_+^{\mathrm{T}}$。对于所有可逆 S_U、S_V，可得

$$U_+S_+V_+^{\mathrm{T}}=(U_+S_U)(S_U^{-1}S_+S_V^{-\mathrm{T}})(V_+S_V)^{\mathrm{T}}$$

因此，需要

$$U+\dot{U}=U_+S_U,\quad S+\dot{S}=S_U^{-1}S_+S_V^{-\mathrm{T}}$$

以及

$$V+\dot{V}=V_+S_V$$

这会产生

$$S_U=(U^{\mathrm{T}}U_+)^{-1},\quad \dot{U}=U_+S_U-U,\quad S_V=(V^{\mathrm{T}}V_+)^{-1}$$
$$\dot{V}=V_+S_V-V,\quad \dot{S}=S_U^{-1}S_+S_V^{-\mathrm{T}}-S$$

4.3.5　简单二阶收缩

本节将讨论基于双因子的简单二阶收缩。基于文献 [218]，考虑 $X=MN^{\mathrm{T}}\in\mathcal{M}_r$，以及

$$\xi=MHN^{\mathrm{T}}+M_\perp KN^{\mathrm{T}}+MLN_\perp^{\mathrm{T}}\in T_X\mathcal{M}_r$$

其中，$M\in\mathbf{R}_*^{m\times r}$, $N\in\mathbf{R}_*^{n\times r}$, $H\in\mathbf{R}^{r\times r}$, $K\in\mathcal{M}^{(m-r)\times r}$, $L\in\mathbf{R}^{r\times(n-r)}$，以及 $M_\perp$ 的列形成 M 列空间正交补的基。$N_\perp$ 有着类似的定义。

本节推导简单二阶收缩 $R_X(\xi)$ 的表达式，并使得 R 是 $\mathcal{M}_r$ 上的二阶收缩：

$$R_X(\xi)=[M\quad M_\perp]\begin{bmatrix}A_0+A_1+A_2\\B_0+B_1+B_2\end{bmatrix}[C_0+C_1+C_2\quad D_0+D_1+D_2]\begin{bmatrix}N^{\mathrm{T}}\\N_\perp^{\mathrm{T}}\end{bmatrix}$$

其中，各项将由 $j(j=0,1,2)$ 索引，表示 ξ 的第 j 阶表达式。R 的 0 阶条件（也就是 $R_X(0)=X$）的具体形式为

$$A_0C_0=I,\quad B_0C_0=0,\quad A_0D_0=0,\quad B_0D_0=0$$

R 的一阶条件 $\left(\text{也就是，}\frac{\mathrm{d}}{\mathrm{dt}}R_X(t\xi)|_{t=0}=\xi\right)$ 的具体形式为

$$A_1C_0+A_0C_1=H$$
$$B_0C_1+B_1C_0=K$$
$$A_0D_1+A_1D_0=L$$
$$B_0D_1+B_1D_0=0$$

最后，R 的二阶条件 $\left(\text{也就是，}\frac{\mathrm{d}^2}{\mathrm{d}t^2}R_X(t\xi)|_{t=0}\in T_X^\perp\mathcal{M}_r\right)$ 的具体形式为

$$A_0C_2+A_1C_1+A_2C_0=0$$
$$B_0C_2+B_1C_1+B_2C_0=0$$
$$A_0D_2+A_1D_1+A_2D_0=0$$
$$B_0D_2+B_1D_1+B_2D_0=\text{任意值}$$

上述的矩阵方程是欠定的。一个简单的解是

$$A_0 = C_0 = I, \quad B_0 = D_0 = 0$$
$$A_1 = H, \quad C_1 = 0, \quad B_1 = K, \quad D_1 = L$$
$$A_2 = 0, \quad C_2 = 0, \quad B_2 = 0, \quad D_2 = -HL$$

因此，R 的形式应是

$$R_X(\xi) = \begin{bmatrix} M & M_p \end{bmatrix} \begin{bmatrix} I+H \\ I \end{bmatrix} \begin{bmatrix} I & I-H \end{bmatrix} \begin{bmatrix} N^{\mathrm{T}} \\ N_p^{\mathrm{T}} \end{bmatrix}$$

其中，$M_p = M_\perp K$, $N_p = N_\perp L^{\mathrm{T}}$。

式 (4.8) 和式 (4.15) 的三因子表示为

$$R_x(\xi) = U_+ S_+ V_+^{\mathrm{T}} \tag{4.19}$$

其中，$U_+ S_U = U(S+\dot{S}) + U_p$ 和 $V_+ S_V = V + V_p S^{-\mathrm{T}}(I - \dot{S}^{\mathrm{T}} S^{-\mathrm{T}})$ 是标准正交化过程，且 $S_+ = S_U S_V^{\mathrm{T}}$。

通过引入 $M = U$ 和 $N = VS^{\mathrm{T}}$，可以将二因子和三因子表示进行联系。切向量表示之间的关系可由 $\dot{S} = HS$、$U_p = M_\perp KS$、$V_p = N_\perp L^{\mathrm{T}}$ 给出。那么，简单二阶收缩的具体形式有

$$R_X(\xi) = \begin{bmatrix} U & U_p S^{-1} \end{bmatrix} \begin{bmatrix} I+\dot{S}S^{-1} \\ I \end{bmatrix} \begin{bmatrix} S & I-\dot{S}S^{-1} \end{bmatrix} \begin{bmatrix} V^{\mathrm{T}} \\ V_p^{\mathrm{T}} \end{bmatrix}$$

基于 4.3.1 节的假设，简单二阶收缩的 FLOP 次数是

$$2mr^2[U(S+\dot{S}) + U_p] + 2nr^2[V + V_p S^{-\mathrm{T}}(I - \dot{S}S^{-1})] + 4mr^2[U_+] + 4nr^2[V_+]$$

因此，简单二阶收缩的主要 FLOP 次数是 $6(m+n)r^2$。类似地，通过适当的矩阵预计算，$R_X(\xi)$ 表达式的主要 FLOP 次数可降至 $2(m+n)r^2$。

4.3.6 简单二阶平衡收缩

基于 4.3.5 节中的欠定方程，如果引入 $A_1 = C_1$，则在左因子和右因子之间可取得平衡。基于式 (4.8) 和式 (4.15) 的表示形式，直接给出简单二阶平衡收缩 [155]：

$$R_X(\xi) = U_+ S_+ V_+^{\mathrm{T}} \tag{4.20}$$

其中，

$$U_+ S_U = U\left(S + \frac{1}{2}\dot{S} - \frac{1}{8}\dot{S}S^{-1}\dot{S}\right) + U_p\left(I - \frac{1}{2}S^{-1}\dot{S}\right)$$

$$V_+S_V = V\left(S^{\mathrm{T}} + \frac{1}{2}\dot{S}^{\mathrm{T}} - \frac{1}{8}\dot{S}S^{-1}\dot{S}\right) + V_p\left(I - \frac{1}{2}S^{-\mathrm{T}}\dot{S}^{\mathrm{T}}\right)$$

是标准正交化过程，$S_+ = S_U S^{-1} S_V^{\mathrm{T}}$。

类似地，简单二阶平衡收缩的主要 FLOP 次数与 4.3.5 节相同。

4.3.7　Lie-Trotter 扩展收缩

注意到式 (4.12) 中的三项属于 $T_X\mathcal{M}_r$。根据文献 [219]，定义 $\mathcal{M}_r$ 上的 Lie-Trotter 扩展收缩 $R_X(Z)$，对于所有 $Z \in T_X\mathbf{R}^{m\times n} \stackrel{\text{def}}{=\!=} \mathbf{R}^{m\times n}$，进行如下计算。

(1) 计算 U_1 和 $\hat{S}_1$：

$$U_1\hat{S}_1V^{\mathrm{T}} = USV^{\mathrm{T}} + ZVV^{\mathrm{T}} \tag{4.21}$$

通过标准正交化过程 $U_1\hat{S}_1 = US + ZV$，可以得到 U_1 和 $\hat{S}_1$。

(2) 计算 $\tilde{S}$：

$$U_1\tilde{S}_0V^{\mathrm{T}} = U_1\hat{S}_1V^{\mathrm{T}} - U_1U_1^{\mathrm{T}}ZVV^{\mathrm{T}} \tag{4.22}$$

其中，$\tilde{S}_0 = \hat{S}_1 - U_1^{\mathrm{T}}ZV$。

(3) 计算 V_1 和 S_1：

$$U_1S_1V_1^{\mathrm{T}} = U_1\tilde{S}_0V^{\mathrm{T}} + U_1U_1^{\mathrm{T}}Z \tag{4.23}$$

通过标准正交化过程 $V_1S_1^{\mathrm{T}} = V\tilde{S}_0^{\mathrm{T}} + Z^{\mathrm{T}}U_1$，可以得到 V_1 和 S_1。

最后得到 Lie-Trotter 扩展收缩为

$$R_X(Z) = U_1S_1V_1^{\mathrm{T}} \tag{4.24}$$

下面证明上述过程属于 $\mathcal{M}_r$ 上的扩展收缩: ① $R_X(Z)$ 既不依赖 X 的表示形式，也不依赖标准正交化过程; ② 映射 R 是光滑的; ③ 对于所有 $X \in \mathcal{M}_r$，$R_X(0) = X$，零阶特性成立; ④ 一阶特性，对于所有 $X \in \mathcal{M}_r, Z \in \mathbf{R}^{m\times n}$，有 $\dfrac{\mathrm{d}}{\mathrm{d}t}R_X(tZ) = \mathcal{P}_XZ$。

下面证明一阶特性。如果 $U(t)S(t) = A(t)$ 是一个时变 polar 分解，那么有 $U' = (I - UU^{\mathrm{T}})A'S^{-1} + U\mathrm{skew}(U^{\mathrm{T}}A')S^{-1}$ 和 $S' = \mathrm{sym}(U^{\mathrm{T}}A')$。其中，$\mathrm{skew}(B) = \dfrac{1}{2}(B - B^{\mathrm{T}})$ 和 $\mathrm{sym}(B) = \dfrac{1}{2}(B + B^{\mathrm{T}})$ 分别表示任意矩阵 B 的反对称与对称成分，这可用乘法准则推导出来。因此可得到

$$T_U\mathrm{St}(m,r) = \{U\Omega + U_\perp K : \Omega = -\Omega^{\mathrm{T}} \in \mathbf{R}^{r\times r}, K \in \mathbf{R}^{(m-r)\times r}\}$$

其中，$[U \quad U_\perp] \in O(m)$。于是可以得到

$$\frac{\mathrm{d}}{\mathrm{d}t}U_1|_{t=0} = (I - UU^{\mathrm{T}})ZVS^{-1} + U\mathrm{skew}(U^{\mathrm{T}}ZV)S^{-1}$$

$$\frac{\mathrm{d}}{\mathrm{d}t}\hat{S}_1|_{t=0} = \mathrm{sym}(U^{\mathrm{T}}ZV)$$

$$\frac{\mathrm{d}}{\mathrm{d}t}\tilde{S}_0|_{t=0} = \mathrm{sym}(U^{\mathrm{T}}ZV) - U^{\mathrm{T}}ZV = -\mathrm{skew}(U^{\mathrm{T}}ZV)$$

$$\begin{aligned}\frac{\mathrm{d}}{\mathrm{d}t}V_1|_{t=0} =& (I - VV^{\mathrm{T}})[V\mathrm{skew}(U^{\mathrm{T}}ZV) + Z^{\mathrm{T}}U]S^{-\mathrm{T}} \\ &+V\mathrm{skew}\{V^{\mathrm{T}}[V\mathrm{skew}(U^{\mathrm{T}}ZV) + Z^{\mathrm{T}}U]\}S^{-\mathrm{T}} \\ =& (I - VV^{\mathrm{T}})Z^{\mathrm{T}}US^{-\mathrm{T}}\end{aligned}$$

$$\frac{\mathrm{d}}{\mathrm{d}t}S_1^{\mathrm{T}}|_{t=0} = \mathrm{sym}\{V^{\mathrm{T}}[V\mathrm{skew}(U^{\mathrm{T}}ZV) + Z^{\mathrm{T}}U]\} = \mathrm{sym}(V^{\mathrm{T}}SU)$$

因此，这将产生

$$\frac{\mathrm{d}}{\mathrm{d}t}U_1S_1V_1^{\mathrm{T}}|_{t=0} = \frac{\mathrm{d}}{\mathrm{d}t}U_1|_{t=0}SV^{\mathrm{T}} + U\frac{\mathrm{d}}{\mathrm{d}t}S_1|_{t=0}V^{\mathrm{T}} + US\frac{\mathrm{d}}{\mathrm{d}t}V_1^{\mathrm{T}}|_{t=0} = \mathcal{P}_XZ$$

下面不加证明地给出三个命题。

命题 4.1 (Lie-Trotter 扩展收缩)　由式 (4.24) 给定的映射 R 是低秩流形 $\mathcal{M}_r$ 上的扩展收缩。

命题 4.2 (Lie-Trotter 扩展收缩的精确性)　设 R 是 Lie-Trotter 扩展收缩（见式 (4.24)），对于所有的 $X, Y \in \mathcal{M}_r$，将有 $R_X(Y - X) = Y$。

命题 4.3 (Lie-Trotter 扩展收缩的二阶特性)　设 R 是 Lie-Trotter 扩展收缩（见式 (4.24)），对于所有的 $X \in \mathcal{M}_r, \xi \in T_X\mathcal{M}_r$，有 $R_X(t\xi) = R_X^{\mathrm{OrthR}}(t\xi) + O(t^3)$。因为 R_X^{OrthR} 是二阶收缩，所以 R 是二阶收缩。

证明　为了方便证明，忽略下标 X。注意到 $R_X^{\mathrm{OrthR}}(t\xi) = X + t\xi + O_N(t^2)$，其中 $O_N(t^2) \in T_X^{\perp}\mathcal{M}_r$。如果所有 t 足够小，则 $\|O_N(t^2)\| \leqslant ct^2$ 成立，这将产生

$$\begin{aligned}R(t\xi) &= R[R^{\mathrm{OrthR}}(t\xi) - X + O_N(t^2)] \\ &= R[R^{\mathrm{OrthR}}(t\xi) - X] + \mathrm{D}R[R^{\mathrm{OrthR}}(t\xi) - X][O_N(t^2)] + O(t^4) \\ &= R[R^{\mathrm{OrthR}}(t\xi) - X] + [\mathrm{D}R(0) + O(t)][O_N(t^2)] + O(t^4) \\ &= R[R^{\mathrm{OrthR}}(t\xi) - X] + O(t^3)\end{aligned}$$

基于 Lie-Trotter 扩展收缩的精确性且 $\mathrm{D}R(0)$ 是投影至切空间的投影算子，可得

$$R(t\xi) = R^{\mathrm{OrthR}}(t\xi) + O(t^3)$$

假设 Z 是 $m \times n$ 的矩阵，X 有式 (4.8) 中的分解形式，那么 Lie-Trotter 扩展收缩的 FLOP 次数是

$$\begin{aligned}&2mr^2 + 2mnr[US + ZV] + rmr^2[U_1, \hat{S}_1] + 2mr^2[U_1^{\mathrm{T}}ZV] + r^2[\hat{S}_1 - U_1^{\mathrm{T}}ZV] \\ &+2nr^2 + 2mnr[V\tilde{S}_0^{\mathrm{T}} + Z^{\mathrm{T}}U_1] + 4nr^2[V_1, S_1^{\mathrm{T}}]\end{aligned}$$

因此，Lie-Trotter 扩展收缩的主要 FLOP 次数是 $4mnr + 8mr^2 + 6nr^2$。此外，$R_X(tZ)$ 的主要 FLOP 次数是

$$4mr^2[U_1, \hat{S}_1] + 2mr^2[tU_1^{\mathrm{T}}ZV] + r^2[\hat{S}_1 - tU_1^{\mathrm{T}}ZV] + 2mnr[V\tilde{S}_0^{\mathrm{T}} + tZ^{\mathrm{T}}U_1] + 4nr^2[V_1, S_1^{\mathrm{T}}]$$

相比之下，对于已定义的 $\tilde{R}$，$\tilde{R}_X(t\mathcal{P}_X Z)$ 的计算复杂度是 $O((m+n)r^2)$，因为 $\mathcal{P}_X Z$ 可以预计算。

4.3.8　指数收缩

指数收缩 (指数映射) 的定义为 $R_X(\xi) = \gamma(1)$。其中，γ 是低秩流形 $\mathcal{M}_r$ 上的测地线且初始条件为 $\gamma(0) = X, \gamma'(0) = \xi$。指数收缩是理论上最 “理想” 的收缩。早期的文献 [46] 给出的实现方法是沿着测地线移动，但是计算复杂度较高。对于本章的低秩流形 $\mathcal{M}_r$，本节不直接给出通用解析式。

为了对上述的收缩进行对比，本节给出求解测地线方程 $\mathcal{P}_{X(t)}\, X''(t) = 0$ 的方法。其中，$\mathcal{P}_X$ 的具体形式 (4.12) 是

$$X(t+\delta) = R_{X(t)}^{\mathrm{ortho}}(\delta\xi(t)), \quad \xi(t+\delta) = \mathcal{P}_{X(t+\delta)}\xi(t)$$

在本章的实验中，取 $\delta = 10^{-3}$。

4.4　数值仿真与实验分析

本节通过数值仿真实验对低秩流形收缩进行对比与分析，主要包括点对点距离、二阶特性、对称性、运行时间等方面。为了方便对比，本节将投影收缩、正交收缩、紧 Stiefel 商收缩、非紧 Stiefel 商收缩、简单二阶收缩、简单二阶平衡收缩、Lie-Trotter 扩展收缩和指数收缩分别记为 ProjR、OrthR、CStR、NStR、SSR、SSBR、LTER 和 GeoR，如表 4.1 所示。

表 4.1　8 种低秩流形收缩符号表

序号	中文名称	英文名称	符号
1	投影收缩	projective retraction	ProjR
2	正交收缩	orthographic retraction	OrthR
3	紧 Stiefel 商收缩	compact Stiefel quotient-based retraction	CStR
4	非紧 Stiefel 商收缩	noncompact Stiefel quotient-based retraction	NStR
5	简单二阶收缩	simple second-order retraction	SSR
6	简单二阶平衡收缩	simple second-order balanced retraction	SSBR
7	Lie-Trotter 扩展收缩	Lie-Trotter extended retraction	LTER
8	指数收缩	geodesic exponential retraction	GeoR

4.4.1 点对点距离对比

本节首先计算不同收缩的点对点距离 $\|R_X^i(t\xi) - R_X^j(t\xi)\|_F$ (表 4.2)，其中，R^i 表示表中的第 i 种收缩。对于 X 的表示方法，采用式 (4.8) 的形式，且 U 和 V 由标准正交化矩阵生成并服从标准正态分布。该实验参数：输入矩阵 $m = 5.0\mathrm{e}+03$, $n = 5.0\mathrm{e}+03$, 秩 $r = 2.0\mathrm{e}+01$, $t = 1.0\mathrm{e}-04$。此外，S 也服从标准正态分布。切向量 $\xi = \mathcal{M}_X Z$，由服从标准正态分布的 $m \times n$ 矩阵 Z 生成。对于足够小的 t 值，二阶收缩 R 与指数收缩对比将产生较小的距离值（除了 CStR 和 NStR)，即收缩 $R_X(t\xi)$ 与 $R_X^{\mathrm{GeoR}}(t\xi)$ 之间有着较小的距离。

表 4.2 低秩流形收缩点对点距离对比结果

	ProjR	OrthR	CStR	NStR	SSR	SSBR	LTER	GeoR
ProjR	0.0e+00	7.3e−05	6.3e−04	9.5e−05	7.3e−05	7.3e−05	5.2e−05	4.9e−05
OrthR	7.3e−05	0.0e+00	6.3e−04	4.7e−05	3.4e−08	1.8e−08	5.3e−05	2.5e−05
CStR	6.3e−04	6.3e−04	0.0e+00	6.3e−04	6.3e−04	6.3e−04	6.3e−04	6.3e−04
NStR	9.5e−05	4.7e−05	6.3e−04	0.0e+00	4.7e−05	4.7e−05	7.6e−05	5.8e−05
SSR	7.3e−05	3.4e−08	6.3e−04	4.7e−05	0.0e+00	2.5e−08	5.3e−05	2.5e−05
SSBR	7.3e−05	1.8e−08	6.3e−04	4.7e−05	2.5e−08	0.0e+00	5.3e−05	2.5e−05
LTER	5.2e−05	5.3e−05	6.3e−04	7.6e−05	5.3e−05	5.3e−05	0.0e+00	3.9e0-5
GeoR	4.9e−05	2.5e−05	6.3e−04	5.8e−05	2.5e−05	2.5e−05	3.9e−05	0.0e+00

注：e−05 表示 10^{-5}，余同。

同时，本节也给出了病态矩阵下低秩流形收缩点对点距离的计算结果，如表 4.3 所示（S 的值有较大的条件数）。该实验参数：输入矩阵 $m = 5.0\mathrm{e}+03, n = 5.0\mathrm{e}+03$，秩 $r = 2.0\mathrm{e}+01$，$t = 1.0\mathrm{e}-04$。例如，选择奇异值等于 1 和 10^{-6}。不同的收缩有着不同的结果，特别地，NStR、SSBR 和其他收缩存在较大的差异。确切地说，这些收缩很容易被认为是无界：有界输入不能产生有界输出。OrthR 很明显是无界的，因为 $S + \dot{S}$ 是病态的。其他收缩如 ProjR、CStR、LTER 和 GeoR 是有界的。

表 4.3 病态矩阵下的低秩流形收缩点对点距离计算结果

	ProjR	OrthR	CStR	NStR	SSR	SSBR	LTER	GeoR
ProjR	0.0e+00	7.6e−01	7.1e−03	3.2e+03	3.2e+03	4.8e+04	7.7e−03	4.3e−03
OrthR	7.6e−01	0.0e+00	7.7e−01	3.2+03	3.2e+03	4.8e+04	7.8e−01	7.7e−01
CStR	7.1e−03	7.7e−01	0.0e+00	3.2e+03	3.2e+03	4.8e+04	7.1e−03	9.5e−03
NStR	3.2e+03	3.2e+03	3.2e+03	0.0e+00	6.4e+03	5.4e+04	3.2e+03	3.2e+03
SSR	3.2e+03	3.2e+03	3.2e+03	6.4e+03	0.0e+00	5.1e+04	3.2e+03	3.2e+03
SSBR	4.8e+04	4.8e+04	4.8e+04	5.4e+04	5.1e+04	0.0e+00	4.8e+04	4.8e+04
LTER	7.7e−03	7.7e−01	7.1e−03	3.2e+03	3.2e+03	4.8e+04	0.0e+00	9.1e−03
GeoR	4.3e−03	7.7e−01	9.5e−03	3.2e+03	3.2e+03	4.8e+04	9.1e−03	0.0e+00

4.4.2　二阶特性分析

正如上述所讨论的，ProjR、OrthR、SSR、SSBR 和 GeoR 是二阶收缩。本节通过实验验证这个结论，并讨论其他非二阶收缩。表 4.4 给出了二阶微分切投影的 Frobenius 范数值，即

$$\delta_i(t) = \|\mathcal{P}_X(R_X^i(t\xi) - 2X + R_X^i(-t\xi))\|_F/t^2$$

其中，R^i 表示第 i 种收缩。如果 $\delta_i(t)$ 是 $O(t)$，那么意味着 R^i 是二阶收缩。如果 $\delta_i(t)$ 表现得像 $O(1)$，那么 R^i 不是二阶收缩。观察表 4.4，CStR 和 NStR 不是二阶收缩，而其他收缩是二阶收缩。该实验参数：输入矩阵 $m = 1.0\text{e}+03, n = 1.0\text{e}+03$。

表 4.4　低秩流形收缩二阶特性分析

t	ProjR	OrthR	CStR	NStR	SSR	SSBR	LTER	GeoR
1.0e−04	3.9e+03	6.3e−06	1.2e+05	8.2e+08	4.0e−02	2.1e+11	8.7e+02	1.5e+06
1.0e−05	3.3e+05	9.1e−04	1.2e+06	8.2e+08	4.4e−02	2.1e+09	9.4e+02	5.2e+06

注意到，对于 OrthR 和 SSR，$\delta(t)$ 在计算过程中是零。对于 OrthR，其具有 $\delta = 0$ 的特性。对于 SSR，$\mathcal{P}_X[R_X^{\text{SSR}}(\xi) - X]$ 是 t 的奇异函数。基于式 (4.18)，可得

$$\mathcal{P}_X[R_X^{\text{OrthR}}(\xi) - X] = \xi$$

因此可得

$$\begin{aligned} &\mathcal{P}_X[R_X^{\text{OrthR}}(\xi) - 2X + R_X^{\text{OrthR}}(-t\xi)] \\ =&\mathcal{P}_X[R_X^{\text{OrthR}}(t\xi) - X] - \mathcal{P}_X[R_X^{\text{OrthR}}(-t\xi) - X] \\ =&t\xi - t\xi = 0 \end{aligned}$$

4.4.3　对称性分析

低秩流形收缩可以保持对称性，也就是说如果 X 和 ξ 都是对称矩阵，则 $R_X(\xi)$ 也是对称矩阵。然而，SSR、LTER 不具备对称性。表 4.5 的实验结果验证了这两个收缩不能保持对称性。在这些实验中，X 和 ξ 具有对称的形式，并使用表达式 $R_X(\xi) - R_X(\xi)^{\text{T}}$ 分析其对称性（Frobenius 范数）。

表 4.5　低秩流形收缩对称性分析

收缩	ProjR	OrthR	CStR	NStR	SSR	SSBR	LTER	GeoR
误差	1.3e−13	6.1e−14	7.4e−14	5.4e−14	3.1e+00	4.9e−14	1.6e+01	2.6e−12

4.4.4　运行时间对比

下面对比不同收缩的运行时间，如表 4.6 和表 4.7 所示。表 4.6 的实验参数：$m = 1.0\text{e}+03, n = 1.0\text{e}+03, r = 1.0\text{e}+01$，表 4.7 的实验参数：$m = 1.0\text{e}+02, n = 1.0\text{e}+03,$

$r = 1.0\mathrm{e}+01$。低秩流形收缩的算法运行环境：Intel i7-4790 CPU(3.60GHz)，16GB 内存，MATLAB R2015b，Windows 10 操作系统。其中，编程语言是 MATLAB 语言。观察表 4.6 和表 4.7，可知指数收缩 GeoR 的计算量比较大。

表 4.6 低秩流形收缩运行时间对比（一）

收缩	ProjR	OrthR	CStR	NStR	SSR	SSBR	LTER	GeoR
运行时间/s	6.5e−04	5.9e−04	4.9e−04	5.8e−04	5.9e−04	7.0e−04	6.2e−04	1.3e+00

表 4.7 低秩流形收缩运行时间对比（二）

收缩	ProjR	OrthR	CStR	NStR	SSR	SSBR	LTER	GeoR
运行时间/s	5.2e−04	4.5e−04	3.8e−04	4.4e−04	4.5e−04	5.3e−04	4.6e−04	1.1e+00

基于 4.3 节和 4.4 节的实验内容和结果，本节对低秩流形收缩进行分析与总结。首先对 4.3 节所给出的低秩流形收缩进行对比分析，如表 4.8 所示，通过点对点距离的分析与对比，总结了低秩流形收缩的有界特性。然后通过 4.4.2 节的数值仿真实验分析八个收缩的二阶特性，基于 4.4.3 节的数值仿真实验分析低秩流形收缩的对称特性。

表 4.8 低秩流形收缩特性分析与总结

序号	中文名称	符号	二阶特性	对称性	有界性
1	投影收缩	ProjR	是	是	是
2	正交收缩	OrthR	是	是	否
3	紧 Stiefel 商收缩	CStR	否	是	是
4	非紧 Stiefel 商收缩	NStR	否	是	否
5	简单二阶收缩	SSR	是	否	是
6	简单二阶平衡收缩	SSBR	是	是	否
7	Lie-Trotter 扩展收缩	LTER	是	否	是
8	指数收缩	GeoR	是	是	是

综合这些结果，可知投影收缩（ProjR）的多个特性较好。

4.5 低秩矩阵填充

本节将探讨低秩流形收缩在实际问题中的应用，即低秩矩阵填充。文献 [9]、[215] 认为使用不同的收缩会产生不同的优化方法，换句话来说，黎曼流形优化方法的性能很大程度上取决于收缩的类型。本节将在黎曼信赖域法中嵌入不同的低秩流形收缩，用于求解低秩矩阵填充问题。在此基础上讨论并分析低秩流形收缩的计算量和近似精度。下面简要地给出低秩矩阵填充的目标函数：

$$f(X) = \min_{X \in \mathcal{M}_r} \frac{1}{2} \|\mathcal{P}_\Omega(X - C)\|_F^2$$

其中，C 是 $m \times n$ 矩阵；$\Omega \subset \{1, 2, \cdots, m\} \times \{1, 2, \cdots, n\}$ 是已观测元素的索引集合。

通过对比黎曼信赖域法的迭代次数来分析不同收缩的性能，如表 4.9 所示。本节的实验参数：$m = 3.0\text{e}+03, n = 3.0\text{e}+03, r = 20$。在实验过程中，矩阵 C 通过 $C = LR^{\mathrm{T}}$ 的方式产生，L 的大小是 $m \times r$，R 的大小是 $n \times r$，且都服从标准正态分布。已观测元素的索引集合 Ω 经过随机选择且采样率为 $4d/(mn)$，$d = k(m+n-k)$ 是 $\mathcal{M}_r$ 的维数。初始值 X_0 是 $\mathcal{P}_\Omega(X)$ 的 r 秩最优近似，并通过对矩阵 $\mathcal{P}_\Omega(C)$ 奇异值分解的 r 个最大奇异值进行截断操作。

表 4.9 使用不同低秩流形收缩求解低秩矩阵填充问题的迭代数

收缩	ProjR	OrthR	CStR	NStR	SSR	SSBR	LTER	GeoR
迭代数	19	20	17	17	50	22	17	21

此外，本节也分析不同低秩流形收缩求解低秩矩阵填充问题的运行时间、目标函数值和梯度范数值。表 4.10 给出了不同低秩流形收缩求解低秩矩阵填充问题的运行时间。该实验参数：$m = 3.0\text{e}+03, n = 3.0\text{e}+03, r = 20$。可以观察到 GeoR 的运行时间最长，LTER 的运行时间最短。图 4.1 给出了不同低秩流形收缩求解低秩矩阵填充问题的目标函数值、梯度范数值随着内部迭代数变化的过程。观察图 4.1(a)，可以发现 ProjR、NStR、LTER 和 CStR 有着类似的最小化过程，但是 ProjR 的精度较高，GeoR 的精度较差。

表 4.10 使用不同低秩流形收缩求解低秩矩阵填充问题的运行时间

收缩	ProjR	OrthR	CStR	NStR	SSR	SSBR	LTER	GeoR
运行时间/s	22.4706	20.8369	23.8269	19.0191	23.8114	23.9774	16.5948	**166.0361**

综上所述，不同的收缩对黎曼流形优化算法的迭代过程有很大影响。收缩较测地线在时间效率和近似精度方面有优势，如表 4.9、表 4.10 和图 4.1 所示，这些结果再次验证了收缩的可行性和有效性。同样地，可以看到 ProjR 的适用性较好。因此，分析特定问题的流形几何结构并确定合适的收缩，研究相应的黎曼流形优化算法，仍然是一个值得研究的工作。

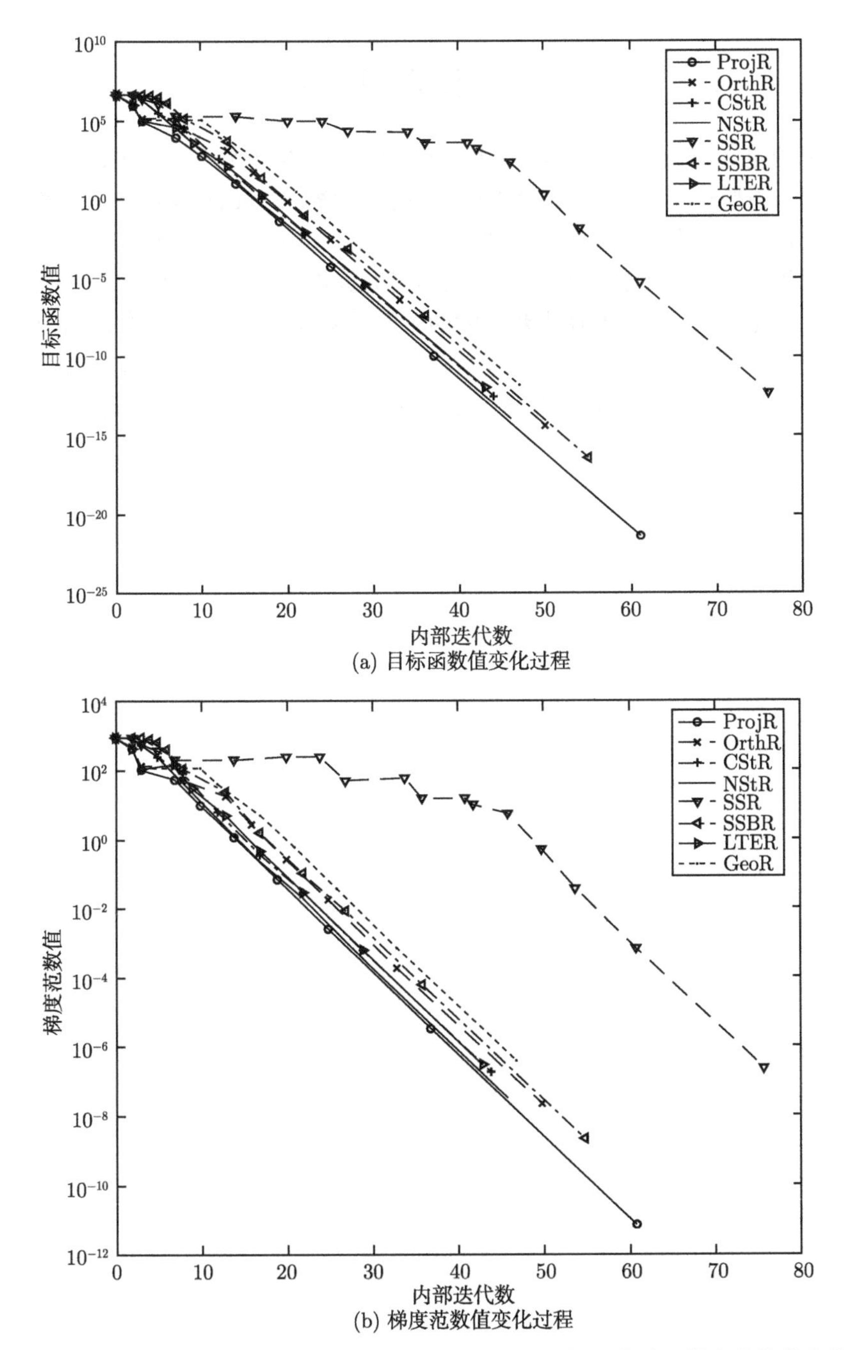

(a) 目标函数值变化过程

(b) 梯度范数值变化过程

图 4.1 使用不同低秩流形收缩求解低秩矩阵填充问题的目标函数值和梯度范数值变化过程

4.6　本章小结

收缩的定义与选择是黎曼流形优化理论中的基本问题。本章讨论并分析了低秩流形的收缩形式及其特性，如投影收缩、正交收缩、紧 Stiefel 商收缩、非紧 Stiefel 商收缩、简单二阶收缩、简单二阶平衡收缩、Lie-Trotter 扩展收缩和指数收缩。低秩流形收缩为黎曼流形优化理论与方法的研究提供了一个全新的视角。通过数值实验进行对比分析，可以发现指数收缩的时间效率较差。然而，本章讨论的低秩流形收缩在定义域、有界性、一阶/二阶特性和对称性方面存在着一定的差异，如何根据不同的低秩流形优化问题选择合适的收缩仍然是需要解决的问题。

第 5 章　基于 Grassmann 流形优化的鉴别性结构化字典学习及应用

图像复原是一个比较活跃且极具挑战性的逆问题（inverse problem）。其中，字典学习（dictionary learning）被认为是一种比较有效的图像处理方法。虽然单一超完备字典有着较明显的优势，但是字典学习仍然存在一些问题，如图像低层特征几何结构的表示与提取等。为了对图像信号的局部结构进行表征，本章提出了一种新的具有块正交约束（block-orthogonal constraint）的稀疏表示建模方法，在此基础上，提出鉴别性结构化字典学习框架，研究其光滑流形结构和商搜索空间（quotient search space）。为求解该目标函数，本章考虑目标函数结构及其约束，提出了一种交替最小化算法。该算法迭代地更新字典块结构，并自动对字典原子进行稀疏化。其中，使用黎曼共轭梯度法进行局部子空间跟踪，并进行收敛性分析。最后，通过去除混合高斯–冲击噪声（mixed Gaussian and impluse noise）的实例来展示其图像复原性能，并在多个公开图像数据集上验证其有效性 [222,223]。

5.1　引　　言

图像复原在计算机视觉领域得到了广泛的研究 [223-229]。图像复原的目标在于从受噪声污染的观测图像中恢复清晰图像。图像复原的视觉效果对于完成后续的视觉任务，如图像超分辨率 [230,231]、步态识别 [232,233]、视觉目标跟踪 [234,235]、人脸素描合成 [236] 等，具有重要的作用。然而，由于传感器受到外界干扰如辐射等因素的影响，噪声结构特性比较复杂，实际过程中存在着多源噪声混合的情况，如混合高斯–冲击噪声 [237]、高斯–泊松组合噪声 [238] 等。这些情况是普遍存在的，并没有得到研究人员的关注。去除混合高斯–冲击噪声是一个很重要的图像预处理过程，如遥感领域中的变化检测和目标识别等。

在过去的二十年里，研究人员提出了多种去噪声算法 [239-244]。其中，稀疏表示（sparse representation）理论 [239,240] 被认为是一种比较好的去噪声方法。相关的实验表明基于图像数据的自适应字典比基于小波变换的方法要好 [245]。此外，基于中值滤波器的方法 [241,242,246] 也被用于去除冲击噪声以及观测数据中的不规则像素（irregular pixels），但无法去除混合噪声。然而，这些方法可能会丢失重要的图像细节或结构信息。因此，需要研究新的自适应表示方法。

本章将基于结构化稀疏模型选择（structured sparse model selection, SSMS）算法开展研究。对于固定宽度 $\sqrt{m}$，SSMS 算法将图像平面划分为一个数据矩阵 X（$m \times n$）。X 中每个块的大小是 $\sqrt{m} \times \sqrt{m}$，n 为块的数目。数据矩阵 X 可由式 (5.1) 表示：

$$DC \stackrel{\text{def}}{=} X \tag{5.1}$$

其中，D 表示大小为 $m \times k$ 的字典；C 表示与字典相对应的系数矩阵。

SSMS 算法的主要思想是使用预先选择的块（block）表示矩阵 C，每一个块对应于字典 D 中固定列的组合。也就是说，D 的子字典用于形成稳定的编码，并记为 $[B_1, B_2, \cdots, B_K]$。对于由 X 的 n 列形成的一类，SSMS 算法的主要思想可由式 (5.2) 表示：

$$\min_{D,C} \|X - DC\|_F^2, \quad \text{s.t.} \quad \|C_i\|_0 \leqslant s,\ B_i^{\mathrm{T}} B_i = I_d,\ 1 \leqslant i \leqslant K \tag{5.2}$$

其中，D 被认为包含有基 $[B_1, B_2, \cdots, B_K]$ 的 K 个块，且与 X 的列及其对应的类别 ω 相关；I_d 为单位矩阵；s 为稀疏化的上界。SSMS 算法可视为一种结构化字典学习算法。

SSMS 算法的优势在于局部基 B_i 的建模与表示能力。SSMS 算法的一个缺点是不能更新已有字典的块结构。具体来说，SSMS 算法中的约束 $B_i^{\mathrm{T}} B_i = I_d$ 使目标函数是非凸的，且在迭代过程中无法保证约束成立，容易陷入局部极小值。为了解决上述问题，本章使用黎曼流形优化理论 [9]，将块正交约束视为光滑流形结构并定义新的目标函数，那么新的目标函数可使用黎曼流形优化算法进行求解，即对局部子空间进行跟踪与求解。上述算法将会产生局部自适应表示框架，并构建一个新的字典对局部图像内容进行近似。具体来说，基于黎曼流形优化理论，通过局部更新 SSMS 中的方向基（directional bases），提高已有字典对图像鉴别性内容或细节的表示能力。

近年来，一些学者已提出一系列算法以去除混合高斯和冲击噪声。这些算法可分为：① 基于变分的算法 [237,247]（variational method）；② 基于非局部均值滤波（non-local means filtering）的算法 [248,249]；③ 基于稀疏表示的算法 [250,251]。

基于变分的算法通过定义图像梯度上的范数，可以保持图像的非连续跳跃幅度 [237,247]。Rodríguez 等 [237] 提出了包含全变分正则项，以及 ℓ_2 和 ℓ_1 数据项的复合目标函数，采用迭代重加权算法进行求解。文献 [247] 引入 Mumford-Shah 正则项，以恢复图像中的边缘。该算法主要有两个步骤：① 检测异常像素点；② 对所产生的图像进行去噪。具体来说，就是其目标函数使用预条件共轭梯度法进行求解。通过对比分析，可以发现这些算法包含一个共同的预处理过程：检测冲击噪声在图像平面中的坐标。因此，基于变分的算法可能会产生阶梯效应（staircase effect）。另外，正则化参数对算法效果有着重要的影响，不易于确定。Xia 等 [252] 基于协同神经正则化策略，提出了一种有效的正则化参数选择算法。

基于非局部均值滤波的算法 [248,249] 被认为是一种比较有效的去高斯噪声算法框架。该框架的主要思想是充分利用图像中存在的冗余模式，即需要考虑图像信号中的内在自相似先验。相关的研究成果指出这种先验是有效的。其中，基于 3D 块匹配（block-matching 3D, BM3D）的算法 [248,249] 被证明是有效的，且得到了广泛的应用。BM3D 算法的主要思想是将非局部相似块重新排列为三维立方体，并对变换系数应用收缩算子（shrinkage operator）。然而，基于局部均值滤波的算法存在一些问题，如低对比度区域的过平滑等。

基于稀疏表示的算法被视为一种可用于表示高维信号的有效算法。该算法通过构建过完备字典（over-complete dictionaries）和稀疏编码（sparse coding）实现基于块的图像表示框架 [253-255]。Xiao 等 [250] 通过求解 ℓ_1-ℓ_0 约束的稀疏表示问题，重建出高质量图像，该算法被证明可用于去除混合高斯和冲击噪声。该算法包含三个过程：使用秩绝对差检测算子（rank order absolute difference detector）进行异常像素点定位，使用 K-SVD 算法进行初始化，对所产生的图像进行去噪声。文献 [251] 提出了一种混合软–硬阈值化的稀疏表示算法。综合上述文献，构建一个有效的过完备字典对稀疏表示是比较重要的。此外，这些算法所学习的字典可能忽略图像的局部高层次结构。

现有的稀疏表示算法仅限于一类特殊的图像信号，对于图像信号中丰富的局部结构，稀疏表示中的局部块可能无法有效表示；图像信号具有不同的局部结构，使得结构化字典不能完全表示。因此，图像复原算法应根据不同的图像数据进行自适应更新。

本章针对现有结构化字典学习无法鲁棒地表示图像信号这一难题进行讨论。所提出算法的思想是学习一个鉴别性结构化字典且同时具有块正交约束，也就是对块的不相关正交基进行更新。为了验证所提方法的有效性，将其用于去除混合高斯和冲击噪声。同时，基于黎曼流形优化理论，针对鉴别性结构化字典学习可能出现的病态情况等问题，充分考虑目标函数的光滑流形结构，定义 Grassmann 流形上的光滑函数，提出一种有效的交替最小化算法。具体来说，就是使用黎曼共轭梯度法进行块更新，构建一组局部子空间，以实现对图像局部高层次结构的高效表示。

5.2 问题建模

针对上述问题，本节将对结构化字典学习问题（5.2）进行重新建模，讨论并定义 Grassmann 流形上 K 子空间的确定方法。问题（5.2）可重写为下面的形式：

$$\min_{B_k,C_i,\omega_k}\sum_{k=1}^{K}\left\{\sum_{i\in\omega_k}\|X_i-B_kC_i\|_F^2\right\},\quad \|C_i\|_0\leqslant s_0,\ B_k^{\mathrm{T}}B_k=I_d,\ \{\omega_k\}\in\Omega \tag{5.3}$$

其中，$X_i\in\mathbf{R}^{m\times n_k}$ 为 X 的子矩阵，且有 n_k 个数据点并属于类别 $\omega(j)=k$；集合 Ω 为从数据点 $(1,2,\cdots,n)$ 至一组子空间 $(1,2,\cdots,K)$ 的映射。具体来说，集合 $\{\omega_k\}_{k=1}^K$ 代表对列 $\{X_i\}_1^n$ 的一个分类，类别 ω_k 具有与 X_i 相对应的索引值。集合 Ω 的具体形式为

$$\Omega=\left\{\omega_k:\bigcup_{k=1}^{K}\omega_k=[1:n],\omega_j\cap\omega_k=\varnothing,\forall j\neq k\right\} \tag{5.4}$$

Ω 的定义可使得 ω_k 不相交。其中，一组局部子空间模型 B_k 与数据矩阵 X_k 相对应。

方程（5.3）中的块正交约束使得结构化字典学习问题难以求解，需要有新的算法使得迭代过程满足块正交约束。从另一角度看，方程（5.3）是非线性的且具有高维矩阵搜索空间，即所提出的求解算法不应该破坏问题的内在几何结构。本节基于收缩的黎曼流形优化理论，参考文献 [9]、[256]、[257]，给出方程（5.3）的求解方法。

方程（5.3）的另外一个问题是当固定 C_i 和 ω_k 时该方程不可微。为求解该问题，采用一些方法使得函数变得光滑，变为可微函数。另外，由于光滑函数的稀疏化性能比 ℓ_1 范数好 [258]，本章将考虑一些非凸且光滑目标函数，并使用黎曼共轭梯度法进行求解。这些光滑函数的具体形式是

$$h_\mu^{lp}:\mathbf{R}^{m\times d}\to\mathbf{R}^+,X\to\sum_{j=1}^{d}\sum_{i=1}^{m}(x_{ij}^2+\mu)^{\frac{p}{2}},\quad 0<p<1 \tag{5.5}$$

$$h_\mu^{\mathrm{atan}}:\mathbf{R}^{m\times d}\to\mathbf{R}^+,X\to\sum_{j=1}^{d}\sum_{i=1}^{m}\arctan^2\left(\frac{x_{ij}}{\mu}\right) \tag{5.6}$$

其中，$\mu>0$ 是一个光滑参数。

为了解决上述问题，可充分利用块正交约束的内在几何结构，B 和 C 不能同时被奇异值分解所唯一确定 [240]。需要注意的是，B 是 Stiefel 流形 $\mathrm{St}_{d,m}=\{B\in\mathbf{R}^{m\times d}|B^{\mathrm{T}}B=I_d\}$ 的一个元素。因此，将方程（5.3）重新定义为商流形上的最优化问题，即 Grassmann 流形 $G_k\in\mathrm{Gr}_{d,m}$。

综上所述，本章给出了鉴别性结构化字典学习问题的一种新形式，并在一组对称映射上进行优化。关注的鉴别性结构化字典学习问题为

$$F(G,C,\omega)=\min_{G_k,C_i,\omega_k}\sum_{k=1}^{K}\left\{\sum_{i\in\omega_k}h(X_i-G_kC_i)\right\},\quad \text{s.t. }\{\omega_k\}\in\Omega \tag{5.7}$$

其中，$G_k=B_kB_k^{\mathrm{T}}$。

不同于其他单一过完备字典学习算法 [250,251,259]，本章通过集成 Grassmann 流形上的优化算法与光滑函数，实现对已学习的字典低维子空间结构的更新。因此，所提出的算法可以对图像局部内容进行高效近似，即可以充分利用过完备字典的局部结构。

备注 5.1 对比其他字典学习形式 [260-262]，Zelnik-Manor 等 [260] 仅是将块稀疏约束引入字典学习问题中，没有提出更有效的局部子空间更新算法。Bao 等 [261] 考虑块正交约束的字典学习问题，并提出了一种交替最小化算法，但该算法的奇异值分解过程可能会给出不稳定的解。另外，这些算法仅能去除高斯噪声。

备注 5.2 在文献 [263]、[264] 中，相关学者推导了基于核的稀疏编码和字典学习算法。这些算法主要基于 Grassmann 流形优化算法进行求解，并在等距映射后充分利用对称矩阵的内在几何，已成功应用于人脸识别、动作识别等领域。

5.3 基于 Grassmann 流形优化的鉴别性结构化字典学习

5.3.1 交替最小化

本节将针对问题（5.7）给出相应的求解方法。本章算法主要包含字典更新（dictionary update）、稀疏编码（sparse coding）和类别更新（clusters update）三个步骤，流程如算法 5.1 所示。所提出算法通过交替最小化最终收敛至一个点。

算法 5.1 问题 (5.7) 的交替最小化算法

1: 输入：$X_0 \in \mathbf{R}^{m\times n}$, 子空间数 K，子空间的维数 d，迭代数 N_1 和 N_2, 光滑参数 μ, 衰减因子 c_μ 和正则化参数 $\lambda = 10^{-8}$
2: B: 学习后的字典，C: 稀疏编码，ω: 学习后的类别
3: **for** $t = 1 : N_1$ **do**
4:   **for** $i = 1 : N_2$ **do**
5:     $B = \arg\min\limits_{B} G(B, C, \omega)$
6:     $C = \arg\min\limits_{C} G(B, C, \omega)$ %参考式（5.9）
7:     $\mu^{i+1} = c_\mu \mu^i$
8:   **end for**
9:   **for** $j = 1 : n$ **do**
10:    **if** $j = 1$，$\omega_k = \varnothing, \forall i$
11:    由式（5.10）给出 j，$1 \leqslant k \leqslant K$
12:    $\hat{\omega}_k = \hat{\omega}_k \cup \{j\}$
13:    **end if**
14:    **end for**
15: **end for**

(1) 字典更新 G_k，通过求解方程

$$\min_{G_k \in \mathrm{Gr}_{d,m}} \sum_{k=1}^{K} \left\{ \sum_{i \in \omega_k} h_\mu(X_i - G_k C_i) \right\} \tag{5.8}$$

给定 X_i、C_i 和 ω_k，方程 (5.8) 是 Grassmann 流形 G_k 上的无约束最优化问题。需要注意的是，方程 (5.8) 需要在非线性矩阵空间上进行搜索。更进一步地，当把正交约束嵌入方程 (5.8) 时，该问题将转化为 K 个无约束最优化问题。本节综合考虑目标函数及其受限搜索空间 (constrained search space)，并使用基于收缩的黎曼流形优化算法进行求解。方程 (5.8) 是本章算法的核心。另外，方程 (5.8) 具有光滑流形结构，可使用黎曼共轭梯度法求解，涉及一些基本的概念，如黎曼共轭梯度、收缩和向量传输等。字典更新 G_k 的具体过程可参见算法 5.2。

算法 5.2　基于黎曼共轭梯度的目标函数 (5.8) 最小化算法

1: 输入：给定 $x_0 \in \mathcal{M}$，$g_0 = \mathrm{grad} h_\mu(x_0)$，$d_0 = -g_0$，$k = 0$
2: **repeat**
3: 　**if** $\langle g_k, d_k \rangle \geqslant 0$ **then**
4: 　$d_k = -g_k$
5: 　**end if**
6: 　$\alpha_k = \mathrm{Backtracking}(x_k, d_k, g_k)$ %参见算法 5.3
7: 　$x_{k+1} = R_{x_k}(\alpha_k d_k)$
8: 　$g_{k+1} = \mathrm{grad} h_\mu(x_{k+1})$
9: 　$d_k^+ = \mathrm{Transp}_{x_{k+1} \leftarrow x_k}(d_k)$
10: $\beta_k = \max(0, \beta_k^{\mathrm{HS}})$
11: $d_{k+1} = -g_{k+1} + \beta_k d_k^+$ %更新搜索方向
12: $k = k + 1$
13: **until** 满足停止准则

(2) 稀疏编码 C_i，通过求解方程

$$\min_{C_i} \sum_{k=1}^{K} \left\{ \sum_{i \in \omega_k} h_\mu(X_i - G_k C_i) \right\} \tag{5.9}$$

给定 X_i、G_i 和 ω_k，求解方程 (5.9) 可以进行稀疏编码。不同于基于 K-SVD 的算法 [254]，这里使用一些光滑函数以自适应地提高字典的稀疏化程度。对比 ℓ_1 范数，文献 [258] 认为光滑函数 (5.5) 和函数 (5.6) 的稀疏化效果较好。本章将使用欧氏空间上的共轭梯度法求解上述目标函数。

(3) 更新类别 $\omega(j)$，通过求解方程

$$\omega(j) = \arg \min_{1 \leqslant k \leqslant K} \min_{c \in \mathbf{R}^d} (\|B_i c - x_j\|_2^2 + \lambda \phi_i^2) \tag{5.10}$$

可以保证在求解过程中，得到一个唯一的分类索引。其中，c 表示编码系数的向量；λ 表示正则化参数；x_j 表示数据矩阵 X 的列；ϕ_i 是一个正则项。然而，该目标函数与式 (5.7) 相比是有差异的，它包含额外的正则化函数。在对所学习的字典 D 进行更新后，可以获得每个点 $x_j (j = 1, 2, \cdots, n) \in \mathbf{R}^m$ 相应的子空间。此外，可以得到第 B_k 行内蕴子空间的第 k 类。最后，可以得到与 x_j 对应的最优子空间估计。

需要注意的是，式 (5.8) 和式 (5.9) 有解析解，可以获得它们的梯度信息。但是它们定义于不同的域，上述的三个步骤分别进行。

5.3.2 黎曼共轭梯度

下面将使用黎曼共轭梯度求解子问题 (5.8)。基于收缩和向量传输这些概念，本节可以求解黎曼商流形上的目标函数。在此给出计算黎曼共轭梯度的三个步骤。

(1) 计算 Grassmann 流形上的黎曼梯度 $\mathrm{grad}h_\mu(B)$。首先，基于式 (5.5) 计算欧氏空间的梯度 $\nabla h_\mu(B)$。然后，基于正交映射方法 [154] 将欧氏空间的梯度映射至切空间 $T_x\mathcal{M}$，设 $Z = U\Sigma V$，可得

$$P_{T_x\mathcal{M}} : \mathbf{R}^{m\times n} \to T_x\mathcal{M} : Z \to P_U Z P_V + P_U^{\perp} Z P_V + P_U Z P_V^{\perp} \tag{5.11}$$

其中，$P_U = UU^{\mathrm{T}}$，$P_U^{\perp} = I - UU^{\mathrm{T}}$，$P_V$ 和 $P_V^{\perp}$ 表示类似的定义。该映射可以获取 Grassmann 流形上的切空间。于是，可得下面的黎曼梯度：

$$\mathrm{grad}h_\mu(B) = P_{T_x\mathcal{M}}(\nabla h_\mu(B)) \tag{5.12}$$

最后，使用下面的收缩将切空间映射至 $\mathrm{Gr}_{d,m}$，其形式为

$$R_B(H) = \mathrm{qf}(B + H) \tag{5.13}$$

其中，$\mathrm{qf}(\cdot)$ 表示 QR 分解，也就是对矩阵的列进行 Gram-Schmidt 正交化；$B \in \mathcal{M}$；$H \in T_B\mathcal{M}$。

(2) 计算共轭搜索方向 $d_i \in T_x\mathcal{M}$。需要计算黎曼梯度与上一个搜索 d_{i-1} 的线性组合，但 d_{i-1} 与 $T_x\mathcal{M}$ 并不处于同一个子空间，因此将 d_{i-1} 传输至 $T_x\mathcal{M}$。本节使用下面的函数将点 U 处的切向量 H 传输至点 V 处的切空间：

$$\mathrm{Transp}_{V \leftarrow U}(H) = (I - VV^{\mathrm{T}})H \tag{5.14}$$

最后，使用 Hestenes-Stiefel+ 公式得到新的搜索方向。

(3) 计算下一个迭代变量。使用后搜索算法得到下一个迭代变量。步长 α 的确定对非线性共轭梯度法的性能具有重要的影响。

Grassmann 流形上的非线性共轭梯度法的计算过程如下：首先给定一个初始点 $x_0 \in \mathrm{Gr}_{d,m}$，并计算黎曼梯度 g_0；然后，设置初始搜索方向 $d_0 = -g_0$。算法 5.3 用于确定一个合适的后搜索方向，因而可得到新的迭代变量：

$$x_{k+1} = R_{x_k}(\alpha_k d_k) \tag{5.15}$$

最后，基于向量传输对搜索方向进行更新，可得

$$d_{k+1} = -g_{k+1} + \beta_k \mathrm{Transp}(d_k) \tag{5.16}$$

下面考虑 β_k 的两个更新策略，即

$$\beta_k^{\mathrm{FR}} = \frac{\langle g_{k+1}, g_{k+1}\rangle}{\langle g_k, g_k\rangle}, \quad \beta_k^{\mathrm{HS}} = \frac{\langle g_{k+1}, g_{k+1} - g_k^+\rangle}{\langle d_{k+1}^+, g_{k+1} - g_k^+\rangle} \tag{5.17}$$

其中，$d_k^+ = \mathrm{Transp}_{x_{k+1}\leftarrow x_k}(d_k)$，$g_k^+ = \mathrm{Transp}_{x_{k+1}\leftarrow x_k}(g_k)$。第一个式子是著名的 Fletcher-Reeves 更新公式，且保证具有收敛性。第二个式子是常用的 Hestenes-Stiefel+ 公式。

备注 5.3 目前，还有一些相关算法 [265] 可用于黎曼流形优化问题的求解。与这些算法对比，本章算法在黎曼梯度的近似方法、目标函数等方面存在着不同。

算法 5.3 后搜索算法

1: 输入：$\alpha_{\mathrm{ini}} > 0, c, \beta \in (0,1)$ 和 $\alpha = \alpha_{\mathrm{ini}}$
2: **repeat**
3: $\quad \alpha = \beta\alpha$
4: **until** $h_\mu(R_x(\alpha d_k)) \leqslant h_\mu(x_k) + c\alpha \mathrm{tr}(g_k^{\mathrm{T}} d_k)$
5: 返回步长 $\alpha_k = \alpha$

5.3.3 收敛性分析

本节将基于黎曼流形优化理论 [9,154] 给出本章算法的收敛性证明。需要注意的是，算法 5.2 的收敛性是有保证的，可达到相应的驻点。然而，本章提出的交替最小化算法（算法 5.1）不能保证单调减少。下面通过实验的方式分析算法 5.1 的收敛性。

命题 5.1 设算法 5.2 基于光滑函数 h_μ 产生迭代序列 $\{x_i\}$，且有 $0 < \gamma < 1$，可得

$$\lim_{i\to\infty} P_{T_{x_i}\mathcal{M}} \nabla h_\mu(x_i) = 2\gamma^2(x_i^* + x_i)$$

证明 首先，迭代序列位于一个闭合且有界的 $\mathcal{M}$ 子集。设 $L=\{x\in\mathcal{M}\}:h_\mu(x)\leqslant h_\mu(x_0)$ 是点 x_0 处的水平集。应用线搜索算法后，序列 x_i 位于 L 域中。那么，可得

$$h_\mu(x_i)+\gamma^2\|x_i^*\|_F^2+\gamma^2\|x_i\|_F^2\leqslant C_0^2,\quad i>0$$

其中，$h_\mu(x_0)=C_0^2$。这意味着

$$\gamma^2\|x_i\|_F^2\leqslant C_0^2-h_\mu(x_i)-\gamma^2\|x_i^*\|_F^2\leqslant C_0^2$$

基于最大的奇异值，可得到一个上界：

$$\sigma_1(x_i)\leqslant\|x_i\|_F\leqslant C_0/\gamma=C^\sigma$$

然后，基于最小的奇异值，可得到一个下界：

$$\gamma^2\|x_*\|_F^2=\sum_{j=1}^{k}\frac{\gamma^2}{\sigma_j^2(x_i)}\leqslant C_0^2-h_\mu(x_i)-\gamma^2\|x_i\|_F^2\leqslant C_0^2$$

这意味着

$$\sigma_k(x_i)\geqslant\gamma/C_0=C_0$$

最后，可得到所有的 x_i 位于集合

$$S=\{x\in\mathcal{M}:\sigma_1(x)\leqslant C^\sigma,\sigma_k(x)\geqslant C_\sigma\}$$

综上所述，该集合是有界且是紧的。

下面假定 $\lim\limits_{i\to\infty}\|\mathrm{grad}h_\mu(x_i)\|_F\neq 0$，存在一个子序列 $\{x_i\}_i$ 使得 $\|\mathrm{grad}h_\mu(x_i)\|_F\geqslant\epsilon>0,\forall i$。因为 x_i 在集合 S 中具有有限点 x_*，这意味着与 $\|\mathrm{grad}h_\mu(x_*)\|_F\geqslant\epsilon$ 矛盾（文献 [9] 中的定理 4.3.1)，即每个聚点是 h_μ 的极限点，所以可得

$$\lim_{i\to\infty}\|\mathrm{grad}h_\mu(x_i)\|_F=0$$

本章算法的收敛性证明是一个比较复杂的问题。现有的一些工作 [9,154] 讨论了黎曼共轭梯度法的收敛性。需要注意的是，本章算法保留了黎曼共轭梯度法的收敛特性。由于篇幅的问题，本章通过实验的方式对本章算法的收敛性进行分析。

5.3.4 计算复杂度分析

本章算法主要包含三个子模块：① 字典更新；② 稀疏编码；③ 类别更新。算法迭代一次需要计算点 (G_k,C_i,ω_k)，该点对应的域是

$$\Theta=(\mathbf{R}^{m\times d})^K\times(\mathbf{R}^{d\times n})^K\times\{1,2,\cdots,K\}^n$$

本章算法的计算复杂度分析如下。

(1) 对于鉴别性结构化字典学习问题，即方程 (5.8)，使用算法 5.2 对每个类别的局部基进行更新。算法 5.2 的计算复杂度是 $\mathcal{O}\{\max(mnd,(2m+n)d^2)\}$。

(2) 给定 G_k 和 ω_k，稀疏编码过程，即式 (5.2)，其计算复杂度是 $\mathcal{O}(mnd)$。本章使用欧氏空间上的共轭梯度法求解该问题，其计算复杂度由欧氏空间上的梯度所决定。

(3) 式 (5.10) 中，对每一列的类别更新的计算复杂度是 $\mathcal{O}(md^2)$。B_ic 的计算复杂度是 $\mathcal{O}(md)$。此外，$B_i^{\mathrm{T}}B_i$ 的计算复杂度是 $\mathcal{O}(md^2)$。最后，获取最优类别的计算复杂度是 $\mathcal{O}(K-1)$。

综上所述，求解问题 (5.7) 的每一次迭代过程的计算复杂度是

$$\mathcal{O}\{\max\left(mnd,(2m+n)d^2\right)\}$$

5.3.5 实现细节

本节将讨论本章算法的一些实现细节。类似于文献 [253] 的工作，本章采用重叠块的实现方式。本章也采用文献 [240] 中的一些策略来实现去噪声过程，使用低频离散余弦变换基进行初始化。为了检测冲击噪声所形成的坏点，考虑使用公式

$$l=\mathrm{abs}(X-\hat{X})$$

其中，abs(·) 用于计算绝对值。

5.4 图像复原实验结果

5.4.1 实验参数及配置

为了验证本章算法的有效性，将此算法与其他图像复原算法在复原性能和视觉质量等方面进行对比分析，如 BM3D 算法 [248]、基于块分组的非局部自相似先验 (patch group based nonlocal self-similarity prior, PGNP) 学习算法 [266]、基于 ℓ_2-ℓ_1 的变分法 [237]、基于 ℓ_1-ℓ_0 的稀疏表示算法 [250,251]，以及基于块分类的低秩正则化 (patch clustering based low-rank regularization, PCLR) 算法 [267]。所对比的算法使用默认的参数配置。对于 BM3D、PCLR 和 PGNP 这些算法，本节首先使用自适应中心加权中值滤波 (adaptive center-weighted median filter, ACWMF) 法去除冲击噪声，然后使用其他图像复原算法对滤波后的图像进行去噪。为表示方便，使用符号 (σ,ri) 表示高斯噪声与随机冲击噪声的混合。其中，高斯噪声是零均值并具有不同的方差；$(\sigma,\mathrm{sp},\mathrm{ri})$ 表示三种噪声混合，即高斯噪声、椒盐噪声和随机冲击噪声。本章算法使用 MATLAB 软件实现，并在一台配置有 Intel CPU (2.9GHz)、内存 8GB 的计算机上进行测试。

本节基于一些公开数据集 [268-270] 开展数值仿真实验。实验使用南加利福尼亚大学（University of Southern California, USC）提供的 SIPI 图像数据集，共 12 张。SIPI 数据集中的图像分辨率是 256×256 像素。图 5.1 显示实验中 12 张标准测试图像的缩略图。此外，也利用其他公开图像数据集的图像进行对比与分析实验，如层次图像质量（categorical image quality, CSIQ）数据集 [268]、Tampere 图像数据集 [269]（TID2008），以及多重畸变图像数据集 [270]（multiply distorted image database, MDID），使用了 CSIQ 数据集中的 30 张图像，其分辨率是 512×512 像素；TID2008 中的 20 张图像，其分辨率是 512×384 像素；MDID 中的 25 张图像，其分辨率是 512×384 像素。

本节使用图像质量评估指标峰值信噪比（peak signal-to-noise ratio, PSNR）和特征结构相似度 [271]（feature structural similarity, FSIM）对复原后的图像进行性能评估。其中，PSNR 是衡量图像失真或噪声水平的客观标准，FSIM 通过图像内容结构、相位相似性来评价图像复原质量。

(a) aerial (b) Barbara (c) boat (d) couple

(e) Einstein (f) Elaine (g) fingerprint (h) Lena

(i) man (j) plant (k) straw (l) tree

图 5.1 实验中的 12 张图像

5.4.2 示例

本节通过一个简单的实验示例对本章算法进行分析。给定一个被噪声污染的图像，通过迭代的方式复原出一个清晰的图像，复原图像的过程及细节如图 5.2 所示。可以看到随着迭代步数的增加，所复原图像逐渐变得清晰且 PSNR 不断增加。本章使用均方根误差（root mean square error, RMSE）对迭代过程进行分析。观察图 5.2，可以看到均方根误差在不断减少。这意味着本章所提算法能有效地抑制混合高斯与冲击噪声，并复原出清晰的图像。

图 5.2(a)~(g) 分别给出了 Barbara 原图、仿真观测图像（加性噪声），以及 5 次迭代过程中所产生的中间图像。仿真观测图像的混合噪声参数是（10, 10%），其中，10 为高斯噪声的方差，10%为随机冲击噪声的比例。其中，对所选择的部分进行放大并置于结果图的右下角。此外，图 5.2(h) 和 (i) 分别给出了所提出算法随着迭代次数增加的 PSNR 和 RMSE 曲线图，可见本章算法在不到 5 次迭代后收敛。

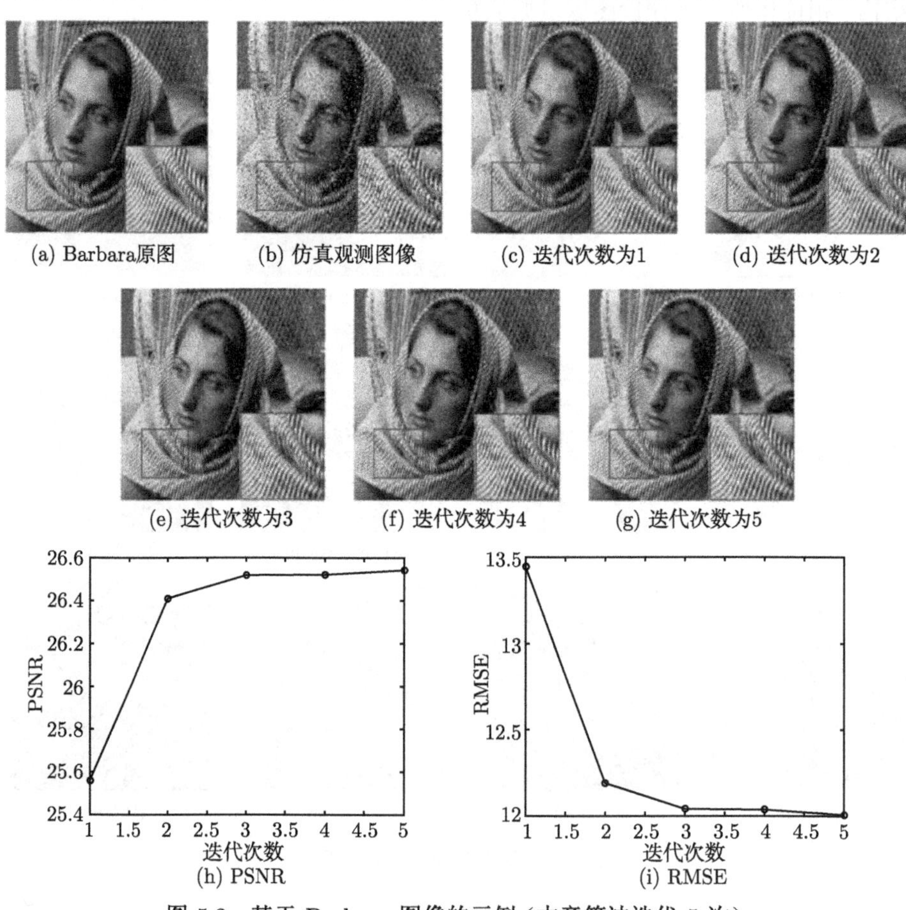

图 5.2 基于 Barbara 图像的示例（本章算法迭代 5 次）

5.4.3 去除混合高斯和随机冲击噪声的实验结果

去除混合高斯和随机冲击噪声的难点在于如何检测随机冲击噪声。虽然一些算法并不能有效地去除随机冲击噪声，如 BM3D、PCLR、PGNP 等，但若将它们与 ACWMF 结合，也能变得可用并取得一定的效果。

表 5.1 和表 5.2 分别给出相关算法去除混合高斯和随机冲击噪声的数值仿真

表 5.1 去除混合高斯和随机冲击噪声实验的 PSNR 值 (单位：dB)

图像名称	(σ, ri)	ACWMF+BM3D	ℓ_2-ℓ_1-TV	ACWMF+PCLR	ℓ_1-ℓ_0	ACWMF+PGNP	本章算法
	(10, 10%)	26.70	26.67	25.69	26.25	26.92	**28.36**
aerial	(15, 20%)	24.12	24.15	24.39	23.49	24.27	**25.61**
	(20, 30%)	22.29	22.24	21.93	22.35	22.77	**23.33**
	(10, 10%)	22.77	21.80	24.47	23.78	25.14	**26.53**
Barbara	(15, 20%)	21.69	21.37	21.88	21.81	22.43	**24.11**
	(20, 30%)	20.71	20.47	20.60	21.03	20.75	**22.17**
	(10, 10%)	28.10	26.47	28.06	28.27	28.13	**29.38**
boat	(15, 20%)	26.10	24.87	25.95	25.54	26.08	**27.68**
	(20, 30%)	24.04	23.50	24.03	23.98	24.17	**25.47**
	(10, 10%)	28.37	27.17	28.24	29.24	28.40	**30.14**
couple	(15, 20%)	26.38	25.44	26.21	26.39	26.35	**26.91**
	(20, 30%)	24.55	24.19	24.31	24.73	24.34	**25.39**
	(10, 10%)	29.92	29.52	29.86	25.27	29.72	**31.67**
Einstein	(15, 20%)	27.73	27.78	27.48	24.46	27.10	**28.80**
	(20, 30%)	25.82	25.71	25.64	23.92	25.17	**26.52**
	(10, 10%)	29.98	29.75	29.49	30.13	31.11	**31.29**
Elaine	(15, 20%)	27.35	27.88	26.68	27.95	**28.71**	28.66
	(20, 30%)	25.22	25.98	24.41	26.33	**27.10**	26.51
	(10, 10%)	21.49	18.30	23.04	22.07	23.14	**24.76**
fingerprint	(15, 20%)	19.52	17.08	20.97	19.12	21.22	**22.19**
	(20, 30%)	17.97	16.23	19.11	17.79	19.32	**21.20**
	(10, 10%)	29.03	27.82	29.09	28.94	29.03	**29.95**
Lena	(15, 20%)	27.37	26.18	27.17	26.78	27.19	**27.76**
	(20, 30%)	25.45	24.81	25.44	25.06	25.27	**26.02**
	(10, 10%)	26.11	25.57	26.12	26.83	26.16	**27.68**
man	(15, 20%)	24.32	24.19	24.60	23.88	24.65	**25.27**
	(20, 30%)	23.15	23.24	23.22	21.89	23.28	**23.85**
	(10, 10%)	28.41	27.52	28.30	28.81	28.37	**30.15**
plant	(15, 20%)	26.15	25.36	25.89	26.06	26.06	**27.26**
	(20, 30%)	24.09	23.96	23.93	24.37	24.05	**25.12**
	(10, 10%)	25.35	23.63	25.43	26.22	25.40	**27.07**
straw	(15, 20%)	23.05	22.33	23.01	22.79	23.16	**24.32**
	(20, 30%)	21.22	20.90	21.16	21.51	21.29	**22.51**
	(10, 10%)	27.97	27.24	28.10	26.33	27.80	**28.86**
tree	(15, 20%)	25.99	25.08	25.68	24.22	25.84	**26.89**
	(20, 30%)	23.85	23.43	23.88	23.16	23.98	**24.95**
	(10, 10%)	27.01	25.95	27.15	26.84	27.44	**28.82**
AVG	(15, 20%)	24.98	24.30	24.99	24.37	25.26	**26.28**
	(20, 30%)	23.19	22.89	23.14	23.01	23.46	**24.42**
	(10, 10%)	1.81	2.87	1.67	1.98	1.38	—
Gain	(15, 20%)	1.30	1.98	1.29	1.91	1.02	—
	(20, 30%)	1.23	1.53	1.28	1.41	0.96	—

表 5.2 去除混合高斯和随机冲击噪声实验的 FSIM 值

图像名称	(σ, ri)	ACWMF+BM3D	ℓ_2-ℓ_1-TV	ACWMF+PCLR	ℓ_1-ℓ_0	ACWMF+PGNP	本章算法
aerial	(10, 10%)	0.914	0.911	0.910	0.923	0.920	**0.932**
	(15, 20%)	0.866	0.857	0.867	0.874	0.873	**0.896**
	(20, 30%)	0.816	0.797	0.822	0.836	0.834	**0.854**
Barbara	(10, 10%)	0.871	0.842	0.915	0.899	0.928	**0.931**
	(15, 20%)	0.822	0.800	0.861	0.838	0.878	**0.885**
	(20, 30%)	0.775	0.765	0.806	0.808	0.831	**0.838**
boat	(10, 10%)	0.920	0.909	0.918	0.925	0.923	**0.939**
	(15, 20%)	0.880	0.868	0.873	0.879	0.885	**0.909**
	(20, 30%)	0.841	0.829	0.827	0.838	0.845	**0.876**
couple	(10, 10%)	0.904	0.901	0.899	0.922	0.911	**0.934**
	(15, 20%)	0.852	0.848	0.838	0.871	0.863	**0.892**
	(20, 30%)	0.808	0.806	0.779	0.827	0.812	**0.852**
Einstein	(10, 10%)	0.911	0.915	0.904	0.892	0.916	**0.934**
	(15, 20%)	0.876	0.879	0.857	0.860	0.878	**0.899**
	(20, 30%)	0.843	0.837	0.814	0.826	0.823	**0.857**
Elaine	(10, 10%)	**0.936**	0.923	0.935	0.922	0.932	0.929
	(15, 20%)	0.899	0.888	0.885	0.891	**0.902**	0.893
	(20, 30%)	0.862	0.859	0.841	0.861	**0.880**	0.856
fingerprint	(10, 10%)	0.908	0.808	0.950	0.921	0.953	**0.957**
	(15, 20%)	0.843	0.718	0.920	0.837	0.921	**0.926**
	(20, 30%)	0.761	0.649	0.877	0.788	0.880	**0.906**
Lena	(10, 10%)	0.925	0.907	0.923	0.917	0.930	**0.940**
	(15, 20%)	0.901	0.869	0.891	0.888	0.902	**0.908**
	(20, 30%)	0.868	0.835	0.859	0.843	0.865	**0.873**
man	(10, 10%)	0.881	0.883	0.887	0.905	0.904	**0.915**
	(15, 20%)	0.832	0.836	0.827	0.844	0.849	**0.872**
	(20, 30%)	0.799	0.802	0.778	0.762	0.810	**0.831**
plant	(10, 10%)	0.915	0.902	0.907	0.930	0.919	**0.942**
	(15, 20%)	0.863	0.852	0.848	0.872	0.874	**0.906**
	(20, 30%)	0.812	0.799	0.782	0.840	0.826	**0.865**
straw	(10, 10%)	0.905	0.852	0.931	0.930	0.934	**0.940**
	(15, 20%)	0.837	0.812	0.880	0.841	0.889	**0.905**
	(20, 30%)	0.758	0.745	0.843	0.808	0.845	**0.862**
tree	(10, 10%)	0.906	0.911	0.898	0.916	0.918	**0.929**
	(15, 20%)	0.878	0.872	0.859	0.868	0.883	**0.898**
	(20, 30%)	0.835	0.830	0.822	0.832	0.845	**0.861**
AVG	(10, 10%)	0.908	0.889	0.915	0.917	0.924	**0.935**
	(15, 20%)	0.862	0.841	0.867	0.864	0.883	**0.899**
	(20, 30%)	0.814	0.796	0.820	0.822	0.841	**0.861**
Gain	(10, 10%)	0.027	0.046	0.020	0.018	0.011	—
	(15, 20%)	0.037	0.058	0.032	0.035	0.016	—
	(20, 30%)	0.047	0.065	0.041	0.039	0.020	—

结果。其中，高斯噪声方差分别是 $\sigma = (10, 15, 20)$，随机冲击噪声占比分别是 $\text{ri} = (10\%, 20\%, 30\%)$，加黑的数据为最好的复原结果，符号 AVG 表示所有评估结果的平均值，符号 Gain 表示本章算法相对于其他算法性能平均值的提升值，并位于表的底部。可见，本章算法的复原效果优于其他图像复原算法。

图 5.3 给出了相关复原算法在噪声 (10, 10%) 下的视觉复原结果。图 5.3(a) 和

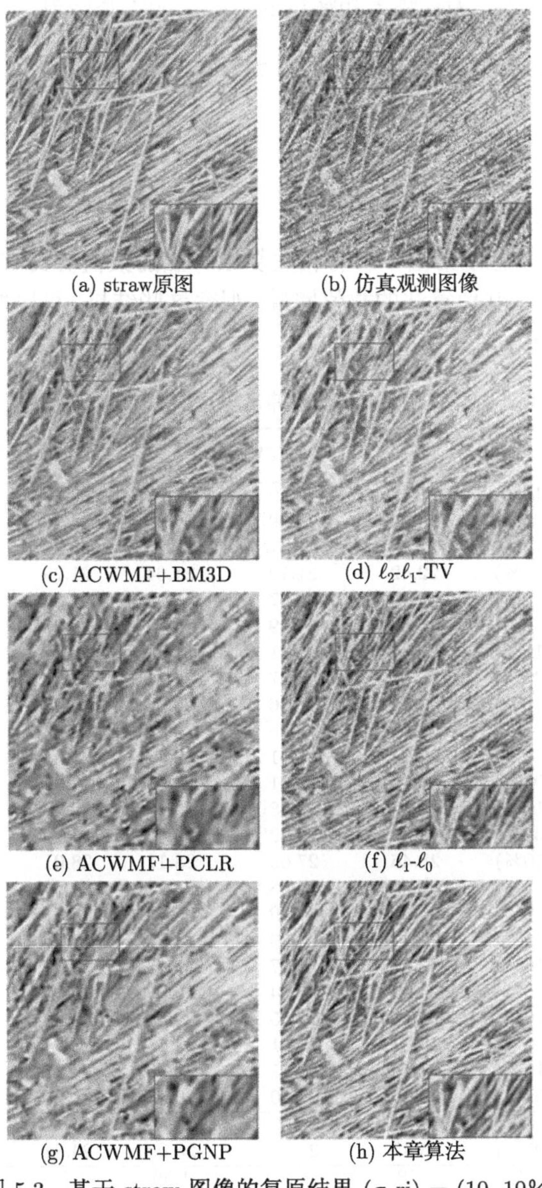

(a) straw原图　(b) 仿真观测图像
(c) ACWMF+BM3D　(d) ℓ_2-ℓ_1-TV
(e) ACWMF+PCLR　(f) ℓ_1-ℓ_0
(g) ACWMF+PGNP　(h) 本章算法

图 5.3 基于 straw 图像的复原结果 $(\sigma, \text{ri}) = (10, 10\%)$

(b) 为 straw 原图和仿真观测图像。图 5.3(c)~(g) 分别为 ACWMF+BM3D、ℓ_2-ℓ_1-TV、ACWMF+PCLR、ℓ_1-ℓ_0 和 ACWMF+PGNP 算法的复原结果。图 5.3(h) 展示了本章算法的复原结果。可见，相比于相关复原算法，本章算法可以复原出更多的图像内容，得到的图像复原结果保持了图像细节的连续性，如图像的纹理和角点等。

5.4.4 去除混合高斯、椒盐噪声和随机冲击噪声的实验结果

为验证本章算法的性能，本节将其用于去除两种不同情况下的混合高斯、椒盐噪声和随机冲击噪声：

$$(\sigma, \mathrm{sp}, \mathrm{ri}) = (10, 10\%, 10\%), (15, 15\%, 05\%)$$

其中，sp 表示椒盐噪声占比。

表 5.3 和表 5.4 分别给出了所有相关复原算法的数值仿真结果。类似地，也给出了本章算法相对于其他算法的数值增量。观察这些结果，可以发现本章算法具有较好的图像复原能力。

表 5.3 去除混合高斯、椒盐噪声和随机冲击噪声实验的 PSNR 值 (单位: dB)

图像名称	$(\sigma, \mathrm{sp}, \mathrm{ri})$	ACWMF+BM3D	ℓ_2-ℓ_1-TV	ACWMF+PCLR	ℓ_1-ℓ_0	ACWMF+PGNP	本章算法
aerial	(10,10%,10%)	25.41	25.10	25.57	25.62	25.39	**26.68**
	(10,15%,05%)	24.00	23.99	24.32	24.36	24.53	**25.60**
Barbara	(10,10%,10%)	22.75	21.37	22.26	23.32	22.57	**24.36**
	(10,15%,05%)	22.42	21.12	21.64	21.79	21.83	**23.65**
boat	(10,10%,10%)	27.49	25.57	27.23	27.30	27.20	**28.63**
	(10,15%,05%)	26.68	24.49	26.04	26.08	26.04	**27.69**
couple	(10,10%,10%)	27.61	26.11	27.53	28.22	27.55	**29.65**
	(10,15%,05%)	26.34	25.17	26.28	27.07	26.51	**28.15**
Einstein	(10,10%,10%)	30.33	28.36	28.29	25.40	28.64	**30.97**
	(10,15%,05%)	28.87	26.75	27.80	24.85	27.69	**29.82**
Elaine	(10,10%,10%)	29.94	28.61	29.72	29.58	**30.63**	30.56
	(10,15%,05%)	28.56	27.01	28.68	27.84	**29.26**	28.77
fingerprint	(10,10%,10%)	21.39	17.68	20.16	20.95	20.11	**22.89**
	(10,15%,05%)	21.35	17.22	19.46	19.16	19.70	**21.94**
Lena	(10,10%,10%)	28.46	27.09	28.11	28.01	28.11	**29.33**
	(10,15%,05%)	27.58	25.68	27.14	27.09	27.39	**28.02**
man	(10,10%,10%)	25.57	24.89	25.37	25.94	25.41	**26.38**
	(10,15%,05%)	24.49	23.99	24.58	24.90	24.83	**25.98**
plant	(10,10%,10%)	27.87	26.47	27.63	28.06	27.45	**29.17**
	(10,15%,05%)	26.59	25.14	25.99	26.58	26.21	**27.65**
straw	(10,10%,10%)	24.40	22.55	24.38	25.30	24.38	**26.25**
	(10,15%,05%)	23.27	22.01	23.14	23.54	23.31	**24.97**
tree	(10,10%,10%)	25.78	25.61	26.96	25.77	26.82	**27.52**
	(10,15%,05%)	25.04	24.60	26.03	24.91	26.07	**26.53**
AVG	(10,10%,10%)	26.41	24.95	26.10	26.12	26.18	**27.69**
	(10,15%,05%)	25.43	23.93	25.09	24.84	25.28	**26.56**
Gain	(10,10%,10%)	1.28	2.74	1.59	1.57	1.51	—
	(10,15%,05%)	1.13	2.63	1.47	1.72	1.28	—

表 5.4 去除混合高斯、椒盐噪声和随机冲击噪声实验的 FSIM 值

图像名称	$(\sigma,\mathrm{sp},\mathrm{ri})$	ACWMF+BM3D	ℓ_2-ℓ_1-TV	ACWMF+PCLR	ℓ_1-ℓ_0	PGNP	本章算法
aerial	(10,10%,10%)	0.901	0.898	0.899	**0.914**	0.903	0.912
	(10,15%,05%)	0.871	0.878	0.859	0.886	0.875	**0.895**
Barbara	(10,10%,10%)	0.870	0.831	0.853	0.890	0.880	**0.907**
	(10,15%,05%)	0.841	0.811	0.811	0.845	0.828	**0.864**
boat	(10,10%,10%)	0.915	0.898	0.910	0.908	0.913	**0.925**
	(10,15%,05%)	0.888	0.865	0.875	0.887	0.885	**0.907**
couple	(10,10%,10%)	0.892	0.883	0.887	0.907	0.898	**0.926**
	(10,15%,05%)	0.857	0.862	0.843	0.879	0.865	**0.902**
Einstein	(10,10%,10%)	0.912	0.902	0.896	0.885	0.908	**0.915**
	(10,15%,05%)	0.889	0.870	0.856	0.863	0.881	**0.893**
Elaine	(10,10%,10%)	**0.937**	0.915	0.918	0.913	0.927	0.926
	(10,15%,05%)	**0.912**	0.886	0.894	0.887	0.907	0.896
fingerprint	(10,10%,10%)	0.906	0.779	0.873	0.903	0.874	**0.917**
	(10,15%,05%)	0.898	0.758	0.842	0.866	0.854	**0.901**
Lena	(10,10%,10%)	0.920	0.898	0.914	0.899	0.922	**0.923**
	(10,15%,05%)	0.902	0.864	0.891	0.892	0.904	**0.912**
man	(10,10%,10%)	0.869	0.866	0.868	0.888	0.879	**0.896**
	(10,15%,05%)	0.838	0.840	0.826	0.861	0.853	**0.877**
plant	(10,10%,10%)	0.904	0.886	0.899	0.921	0.907	**0.931**
	(10,15%,05%)	0.868	0.867	0.849	0.888	0.876	**0.908**
straw	(10,10%,10%)	0.883	0.788	0.883	0.916	0.890	**0.927**
	(10,15%,05%)	0.839	0.778	0.832	0.867	0.851	**0.907**
tree	(10,10%,10%)	0.890	0.894	0.891	0.899	0.901	**0.904**
	(10,15%,05%)	0.865	0.870	0.863	0.880	0.883	**0.898**
AVG	(10,10%,10%)	0.899	0.869	0.891	0.904	0.900	**0.917**
	(10,15%,05%)	0.872	0.845	0.853	0.875	0.872	**0.897**
Gain	(10,10%,10%)	0.018	0.048	0.026	0.013	0.017	—
	(10,15%,05%)	0.025	0.052	0.044	0.022	0.025	—

图 5.4 给出了相关复原算法在噪声强度 (10, 10%, 10%) 下的复原结果（基于 boat 图像）。仔细观察图中已放大的部分，本章算法在局部细节方面较其他算法要好。此外，可以观察到基于 ℓ_2-ℓ_1-TV 的算法会产生一些假信息，而 ACWMF+PCLR、ACWMF+PGNP 重建出类似的结果且都会产生过平滑的边缘，在一定程度上会丢失局部信息。

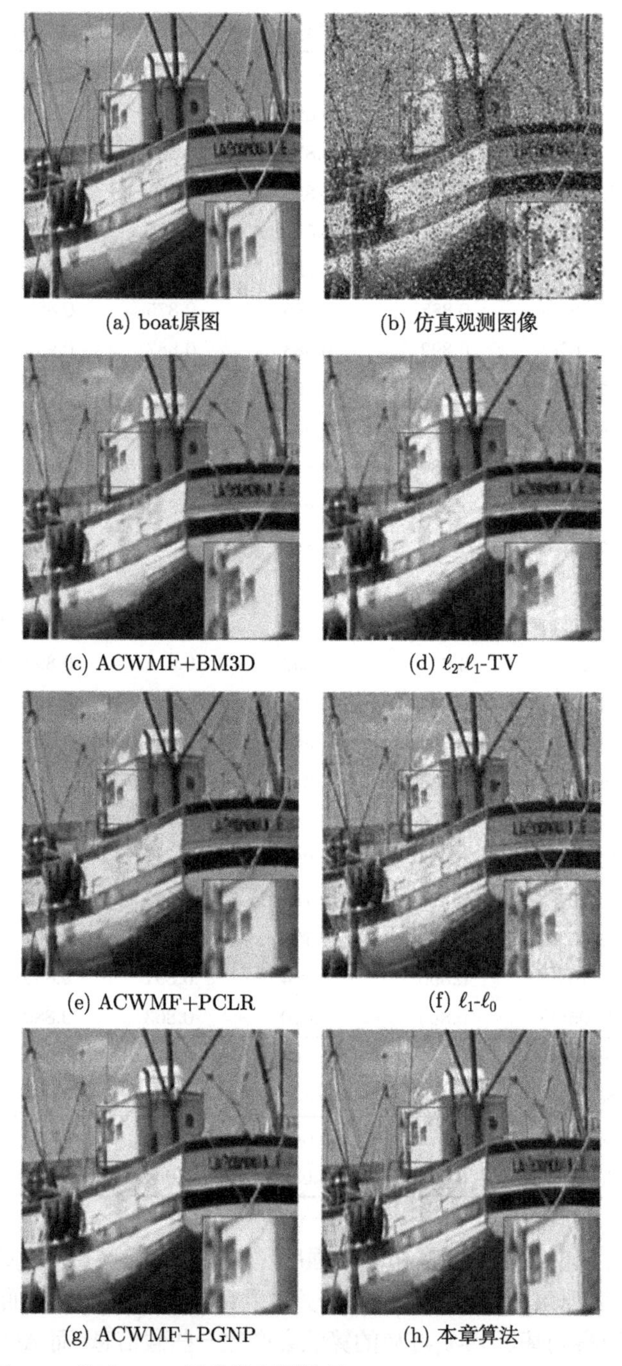
(a) boat原图 (b) 仿真观测图像

(c) ACWMF+BM3D (d) ℓ_2-ℓ_1-TV

(e) ACWMF+PCLR (f) ℓ_1-ℓ_0

(g) ACWMF+PGNP (h) 本章算法

图 5.4 基于 boat 图像的复原结果 $(\sigma, \mathrm{sp}, \mathrm{ri}) = (10,10\%,10\%)$

5.4.5 三个图像数据集的实验结果

本节基于其他三个公共图像数据集的图像进行实验，即 CSIQ[268]、TID2008[269] 和 MDID[270]，实验包含三种噪声情况。表 5.5 和表 5.6 分别给出了所有相关复原算法的平均 PSNR 值和平均 FSIM 值。很明显，本章算法具有较好的复原效果。

表 5.5 三个公开图像数据集在不同噪声情况下的平均 PSNR 值 (单位：dB)

数据集	(σ,ri)	ACWMF+BM3D	ℓ_2-ℓ_1-TV	ACWMF+PCLR	ℓ_1-ℓ_0	ACWMF+PGNP	本章算法
CSIQ	(10, 10%)	27.07	25.25	27.07	26.84	27.12	**28.65**
	(15, 20%)	25.15	23.37	25.04	24.77	25.12	**26.13**
	(20, 30%)	23.22	21.91	23.17	23.46	23.25	**24.14**
MDID	(10, 10%)	28.08	25.74	28.10	27.57	29.09	**30.10**
	(15, 20%)	26.35	23.81	26.39	25.78	26.53	**27.64**
	(20, 30%)	24.51	22.37	24.52	24.38	24.53	**25.55**
TID2008	(10, 10%)	27.81	25.90	27.76	27.93	27.86	**28.74**
	(15, 20%)	25.99	23.89	25.95	25.54	26.08	**27.42**
	(20, 30%)	24.29	22.42	24.23	24.18	24.30	**25.33**

表 5.6 三个公开图像数据集在不同噪声情况下的平均 FSIM 值

数据集	(σ,ri)	ACWMF+BM3D	ℓ_2-ℓ_1-TV	ACWMF+PCLR	ℓ_1-ℓ_0	ACWMF+PGNP	本章算法
CSIQ	(10, 10%)	0.903	0.882	0.901	0.898	0.907	**0.912**
	(15, 20%)	0.858	0.826	0.850	0.852	0.862	**0.864**
	(20, 30%)	0.812	0.778	0.801	0.810	0.817	**0.823**
MDID	(10, 10%)	0.892	0.862	0.885	0.890	0.926	**0.929**
	(15, 20%)	0.857	0.807	0.844	0.849	0.881	**0.890**
	(20, 30%)	0.820	0.759	0.803	0.807	0.836	**0.852**
TID2008	(10, 10%)	0.897	0.874	0.893	0.907	0.904	**0.915**
	(15, 20%)	0.855	0.817	0.843	0.852	0.861	**0.883**
	(20, 30%)	0.813	0.765	0.793	0.810	0.818	**0.839**

5.4.6 算法时间复杂度对比分析实验

本节对算法运行时间进行测量以分析算法的时间复杂度。使用的测试图像是 Barbara（分辨率 256×256 像素）。表 5.7 给出了六种图像复原算法在去除混合高斯和随机冲击噪声（10, 10%）过程中的运行时间。基于 ACWMF+BM3D 的算法具有最快的运行速度，这是因为该算法的部分函数使用 C 语言编写。

表 5.7 基于 Barbara 图像的算法运行时间测量结果 (单位：s)

噪声水平	ACWMF+BM3D	ℓ_2-ℓ_1-TV	ACWMF+PCLR	ℓ_1-ℓ_0	ACWMF+PGNP	本章算法
(10, 10%)	**0.24**	21.75	48.14	96.55	10.66	137.65

5.5 本章小结

图像复原是图像处理、模式识别中的基本问题。本章给出了一种基于 Grassmann 流形优化的鉴别性结构化字典学习算法，并应用于去除混合高斯和冲击噪声。本章充分考虑块正交约束的特殊几何结构（商流形几何结构），提出了一种基于交替最小化的优化框架。本章算法可提高稀疏表示框架对图像块中复杂结构的表示能力，减小模型误差。仿真实验结果表明本章算法在重建误差和视觉质量方面较其他算法好。

第 6 章　基于黎曼流形优化的多源多波段图像融合

多源图像融合是将两个或两个以上的传感器图像数据进行综合或集成的信号处理过程，可以针对某个具体场景给出统一描述，从而减少不确定性 [272]。近年来，国内已发射多颗遥感卫星，如高分二号卫星、高分四号卫星等，可以获得海量多源多模图像数据。多源图像融合可用于提取多源数据特征并进行分析，如低空间分辨率的高光谱数据与高空间分辨率的全色图像融合后既有较高的空间分辨率，又具有高光谱特征，其应用领域包括国防和安全、农业、城市与区域规划等。

然而，现有的图像融合系统需要根据不同的任务需求开发特定的图像融合算法，其通用性有限。更重要的是，多源多模图像数据中的内在几何结构及其特性还有待深入研究。本章针对上述问题，提出基于低秩先验的多源图像融合模型，以及基于黎曼流形优化的多源多波段图像融合算法。

6.1　引　言

图像融合技术已广泛应用于遥感成像系统 [273-276]。在对地观测领域，高光谱成像传感器可检测并识别所观测场景的材料特性。但是，现有的遥感系统难以从全色图像或多光谱图像中获取精确的光谱和空间信息。此外，星载成像系统通过定期观察地球，可以获得高分辨多时相图像，提供丰富的观测区域时空变化信息。近年来，越来越多的学者针对土地使用监测、森林火灾监控、冰盖等应用需求，研究多传感器光谱与空间融合结构建模方法。但尽管高光谱、多光谱等成像传感技术飞速发展，现有图像融合系统的通用性仍然有限。因此，急需对多源多模图像数据的内在几何结构及其统一表征进行研究。

一些研究人员根据不同应用需求提出了多种图像融合算法 [277-280]，但是这些算法可能引入光谱畸变等伪信息。其中，对多源多模图像的空间–时间融合结构 [277]、空间–光谱融合结构 [278-280] 进行建模与分析。此外，还需要研究新的正则化方法，提高系统的融合性能和系统稳定性。

高光谱与全色图像融合已得到了广泛的研究 [279]。常用的算法有基于光滑滤波的像素调制（smoothing filter based intensity modulation, SFIM）法 [281] 和主成分分析法 [282,283] 等。除此以外，基于变分的图像融合算法 [284,285] 及多尺度分析与成分替换相结合的算法 [286] 也得到了许多学者的重视。与其他常用算法对比，基于变分的图像融合算法性能相对较好 [285,287,288]。然而，该算法虽然简单且易于实现，但是其中的变分正则化算法可能会引入阶梯效应。

在此基础上，一些经典的图像融合算法已扩展至高光谱与多光谱图像融合领域 [280,289,290]。与图像融合算法不同，高光谱与多光谱图像算法可分为 5 种类型：① 基于压缩感知（compressive sensing）的图像融合算法 [291-293]；② 基于稀疏表示的图像融合算法 [290]；③ 基于多尺度分析的图像融合算法 [294-296]；④ 基于非负矩阵分解的图像融合算法 [289]；⑤ 基于变分的图像融合算法 [284,285]。具体来说，Zhu 等 [291-293] 提出了一种基于分布式压缩感知理论的高光谱与多光谱图像融合模型及其求解方法。Wei 等 [290] 基于稀疏表示理论，提出了一种基于稀疏编码的高光谱与多光谱图像融合算法。然而，这些融合算法的计算复杂度较高。Zhang 等 [295] 提出了一种基于贝叶斯估计的小波域图像融合算法。Selva 等 [296] 提出了一种基于多尺度回归的图像融合算法。Yokoya 等 [289] 提出了一种新的成像模型，并发展了一种基于耦合非负矩阵分析的图像融合算法。Moeller 等 [284] 提出了一种结合变分与小波分析的高光谱与多光谱图像融合算法。Simões 等 [285] 提出了一种结合变分与子空间的高光谱图像融合算法。综上所述，基于变分的图像融合算法在通用性方面，融合高光谱、多光谱和全色图像方面的工作还比较少。

多时相图像融合（multi-temporal image fusion）已在多个领域得到广泛应用 [103,277,297,298]。文献 [103] 将小波变换应用于多时相图像融合。文献 [277] 提出了一种基于字典学习的时空反射系数融合算法。文献 [297] 使用压缩感知对时空信息变化的结构进行建模，但压缩感知中的下采样过程可能会使得融合性能下降。文献 [298] 提出了一种基于解混合正则化策略的多时相图像融合算法，但该方法需要光谱的先验知识，使得其应用领域受限。

本章开展多源多波段图像中的光谱–空间几何结构及其特性的研究工作，进而揭示其内在本质规律。虽然已有相关工作 [273] 提出了图像融合模型，但是其通用性仍有待提高，无法有效描述常见的融合应用实例。文献 [273] 试图给出一个统一的锐化过程，但是没有充分考虑多传感器的成像特性，如光谱范围、点扩散函数等，该算法缺乏可扩展性，可能会将伪信息引入融合结果。

6.2　基于低秩先验的多源多波段图像融合

6.2.1　多源多波段图像观测模型

用 $X \in \mathbf{R}^{L\times N}$ 表示高分辨率高光谱图像，L 是光谱波段数，N 是图像的像素数。本章的目的在于从 K 个多波段观测图像 $Y_k \in \mathbf{R}^{L_k\times N_k}(k=1,2,\cdots,K)$ 中复原 X。其中，Y_k 可视为 X 在空间或光谱方向的降质图像，$L_k \leqslant L$，$N_k = N/D_k^2$，且 D_k 是第 k 波段图像的空间下采样因子。假设输入的多源图像空间上已配准，且有下面的观测模型：

$$Y_k = R_k X B_k S_k + P_k \tag{6.1}$$

其中，$R_k \in \mathbf{R}^{L_k \times L}$ 是成像传感器产生 Y_k 的谱响应；$B_k \in \mathbf{R}^{N \times N}$ 是波段相关的空间模糊矩阵，是成像传感器产生 Y_k 的点扩散函数；$S_k \in \mathbf{R}^{N \times N_k}$ 是一个稀疏矩阵且满足 $S_k^{\mathrm{T}} S_k = I_N$；$P_k \in \mathbf{R}^{L_k \times N_k}$ 是加性扰动矩阵，表示与 Y_k 相关的噪声或误差。

需要注意的是，$Y_k(k=1,2,\cdots,K)$ 包含校正后的光谱值，而不是原始的测量值。相关过程包含辐射标定、几何校正和大气补偿等多个步骤。在多源传感器图像融合之前，上述预处理过程比较重要。

6.2.2 线性混合模型

在高光谱成像领域，主要使用线性混合模型 [299]（linear mixture model）描述由观测场景所产生的成像数据。具体来说，每个像素的光谱可被视为一些端元的线性组合。端元的数目记为 M，一般远远小于高光谱图像的波段数，即 $M \ll L$。如果将 M 端元重新组织为矩阵 $E \in \mathbf{R}^{L \times M}$ 的列，那么可将 X 分解为

$$X = EA + P \tag{6.2}$$

其中，$A \in \mathbf{R}^{M \times N}$ 是端元丰度矩阵；$P \in \mathbf{R}^{L \times N}$ 是扰动矩阵。本章假设 P 中 $P_k(k=1,2,\cdots,K)$ 是互不相关的。

线性混合模型由于相对简单且易于实现，已广泛应用于高光谱图像处理与分析。但由于端元可能是多种材料光谱信息的组合，或者同一场景中的端元受光照、环境、大气或时间变化影响，高光谱成像过程很可能是非线性的混合过程。

6.2.3 基于低秩先验的多源多波段图像融合模型

基于上述讨论，本节推导并给出基于低秩先验的多源多波段图像融合模型。将式 (6.2) 代入式 (6.1)，可得

$$Y_k = R_k E A B_k S_k + \hat{P}_k \tag{6.3}$$

其中，第 k 波段图像的累加扰动是

$$\hat{P}_k = P_k + R_k P B_k S_k \tag{6.4}$$

本章考虑不直接复原 X，而是给定端元矩阵 E，从观测图像 $Y_k(k=1,2,\cdots,K)$ 中估计出 X 的丰度矩阵 A，再将丰度矩阵 A 与端元矩阵 E 相乘得到高光谱图像 X。该方法的好处在于减少了多源图像融合过程的计算量。但是，该方法需要端元矩阵的先验知识，可以使用光谱库来填充端元矩阵的列，如美国地质勘测数字光谱库等。

基于式（6.3）和式（6.4），可知从 $Y_k(k=1,2,\cdots,K)$ 复原 A 是一个逆问题且是病态的。因此，需要引入一些先验知识以正则化估计过程。目前，相关文献中关于 A 的先验知识有非负且系数和为 1，以及变分等。

为实现任意空间分辨率和光谱分辨率下的多源多波段图像融合，本章使用两种方法进行正则化：① 对 A 施加非负及系数和为 1 约束，也就是 $A \geqslant 0$ 以及 $1_M^{\mathrm{T}}A = 1_N^{\mathrm{T}}$；② 对 A 施加低秩约束，也就是 $A \in \mathcal{M}(r) = \{\mathbf{R}^{M\times N} : \operatorname{rank}(A) \leqslant r\}$，其中，$r>0$。最后给出基于低秩先验的多源多波段图像融合模型：

$$\begin{aligned}&\min_{A} \frac{1}{2}\sum_{k=1}^{K}\|Y_k - R_k E A B_k S_k\|_F^2 + \frac{\alpha}{2}\|A\|_F^2 \\ &\text{s.t.}\quad A \geqslant 0,\quad 1_M^{\mathrm{T}}A = 1_N^{\mathrm{T}},\quad \operatorname{rank}(A) \leqslant r\end{aligned} \tag{6.5}$$

需要注意的是，基于二次项的正则化算法可保证方程（6.5）有解。此外，集合 $\mathcal{M}(r)$ 是黎曼流形且具有黎曼度量 $\langle\cdot,\cdot\rangle$。为了方便计算，将 A 的列约束于单位（$M-1$）单纯形。可见，本章是基于丰度矩阵 A 低秩约束对 X 进行间接正则化。

6.3　基于黎曼流形优化的多源多波段图像融合模型求解

假定 A 的值满足非负且系数和为 1 的约束，即

$$\mathcal{S} = \{A | A \geqslant 0, 1_M^{\mathrm{T}}A = 1_N^{\mathrm{T}}\}$$

且充分利用下面的示性函数:

$$\iota_{\mathcal{S}}(A) = \begin{cases} 0, & A \in \mathcal{S} \\ +\infty, & A \notin \mathcal{S}\end{cases} \tag{6.6}$$

那么，式（6.5）可重写为

$$\min_{A\in\mathcal{M}(r)} \frac{1}{2}\sum_{k=1}^{K}\|Y_k - R_k E A B_k S_k\|_F^2 + \frac{\alpha}{2}\|A\|_F^2 + \iota_{\mathcal{S}}(A) \tag{6.7}$$

其中，$\mathcal{M}(r)$ 代表黎曼流形。

6.3.1　交替最小化

下面使用流形交替方向乘子法 [300]（manifold alternating direction method of multipliers, MADMM）求解问题（6.7）。其主要思想是变量分离策略，即引入辅助变量 $U_k \in \mathbf{R}^{M\times N}(k=1,2,\cdots,K)$、$V \in \mathcal{M}(r)$ 及 $W \in \mathbf{R}^{M\times N}$。因此，可得下面的

目标函数:

$$\begin{aligned}&\min_{A,U_1,U_2,\cdots,U_K,V,W} \frac{1}{2}\sum_{k=1}^{K}\|Y_k - R_k E U_k S_k\|_F^2 + \frac{\alpha}{2}\|V\|_F^2 + \iota_{\mathcal{S}}(W)\\ &\text{s.t.}\quad U_k = AB_k,\quad V = A,\quad W = A\end{aligned} \tag{6.8}$$

那么，直接给出式 (6.8) 的增强拉格朗日函数形式:

$$\begin{aligned}&\mathcal{L}(A,U_1,U_2,\cdots,U_K,V,W,F_1,F_2,\cdots,F_K,G,H)\\ &= \frac{1}{2}\sum_{k=1}^{K}\|Y_k - R_k E U_k S_k\|_F^2 + \frac{\alpha}{2}\|V\|_F^2 + \iota_{\mathcal{S}}(W)\\ &\quad + \frac{\mu}{2}\sum_{k=1}^{K}\|AB_k - U_k - F_k\|_F^2 + \frac{\mu}{2}\|A - V - G\|_F^2\\ &\quad + \frac{\mu}{2}\|A - W - H\|_F^2\end{aligned} \tag{6.9}$$

其中，$F_k \in \mathbf{R}^{M\times N}(k = 1,2,\cdots,K)$、$G \in \mathcal{M}(r)$ 及 $H \in \mathbf{R}^{M\times N}$ 是拉格朗日乘子；$\mu \geqslant 0$ 是罚参数。

基于 MADMM 框架，通过迭代方式最小化增强拉格朗日函数，可得下面的迭代过程:

$$\begin{aligned}A^n = \arg\min_{A} \mathcal{L}(&A, U_1^{n-1}, U_2^{n-1},\cdots,U_K^{n-1},V^{n-1},W^{n-1},F_1^{n-1},F_2^{n-1},\cdots\\ &F_K^{n-1},G^{n-1},H^{n-1})\end{aligned} \tag{6.10}$$

$$\begin{aligned}\{U_1^n,U_2^n,\cdots,U_K^n,V^n,W^n\} = \arg&\min_{U_1,U_2,\cdots,U_K,V,W} \mathcal{L}(A^n,U_1,U_2,\cdots\\ &U_K,V,W,F_1^{n-1},F_2^{n-1},\cdots,F_K^{n-1},G^{n-1},H^{n-1})\end{aligned} \tag{6.11}$$

$$F_k^n = F_k^{n-1} - (A^n B_k - U_k^n),\quad k = 1,2,\cdots,K \tag{6.12}$$

$$G^n = G^{n-1} - (A^n - V^n) \tag{6.13}$$

$$H^n = H^{n-1} - (A^n - W^n) \tag{6.14}$$

其中，上标 n 为当前迭代数且有 $n \geqslant 0$。

此外，最小化辅助变量有下面的方程:

$$\begin{aligned}U_k^n = \arg\min_{U_k} &\frac{1}{2}\|Y_k - R_k E U_k S_k\|_F^2\\ &+ \frac{\mu}{2}\|A^n B_k - U_k - F_k^{n-1}\|_F^2,\quad k = 1,2,\cdots,K\end{aligned} \tag{6.15}$$

$$V^n = \arg\min_{V} \frac{\alpha}{2}\|V\|_F^2 + \frac{\mu}{2}\|A^n - V - G^{n-1}\|_F^2 \tag{6.16}$$

$$W^n = \arg\min_{W} \iota_{\mathcal{S}}(W) + \frac{\mu}{2}\|A^n - W - H^{n-1}\|_F^2 \tag{6.17}$$

6.3.2　求解子问题

考虑式 (6.9) 和式 (6.10)，有

$$A^n = \arg\min_{A} \sum_{k=1}^{K} \|AB_k - U_k^{n-1} - F_k^{n-1}\|_F^2 + \|A - V^{n-1} - G^{n-1}\|_F^2 + \|A - W^{n-1} - H^{n-1}\|_F^2 \tag{6.18}$$

计算方程 (6.18) 的梯度，可得

$$A^n = \left[\sum_{k=1}^{K}(U_k^{n-1} + F_k^{n-1})B_k^{\mathrm{T}} + V^{n-1} + G^{n-1} + W^{n-1} + H^{n-1}\right] \times \left(\sum_{k=1}^{K} B_k B_k^{\mathrm{T}} + I_N + I_N\right)^{-1} \tag{6.19}$$

为了加快 A^n 的计算速度，使用快速傅里叶变换（fast Fourier transform, FFT）方法计算表达式

$$\left(\sum_{k=1}^{K} B_k B_k^{\mathrm{T}} + I_N + I_N\right)^{-1}$$

对式 (6.15) 求导，可得

$$E^{\mathrm{T}} R_k^{\mathrm{T}} R_k E U_k^n S_k S_k^{\mathrm{T}} + \mu U_k^n = E^{\mathrm{T}} R_k^{\mathrm{T}} Y_k S_k^{\mathrm{T}} + \mu\left(A^n B_k - F_k^{n-1}\right) \tag{6.20}$$

引入辅助矩阵变量 $M_k = S_k S_k^{\mathrm{T}}$ 及其补 $I_N - M_k$，式 (6.20) 可重写为

$$U_k^n M_k = \left(E^{\mathrm{T}} R_k^{\mathrm{T}} R_k E + \mu I_N\right)^{-1} [E^{\mathrm{T}} R_k^{\mathrm{T}} Y_k S_k^{\mathrm{T}} + \mu\left(A^n B_k - F_k^{n-1}\right) M_k] \tag{6.21}$$

即

$$U_k^n (I_N - M_k) = \left(A^n B_k - F_k^{n-1}\right)(I_N - M_k) \tag{6.22}$$

需要注意的是，$S_k^{\mathrm{T}} S_k = I_N$，$M_k M_k = M_k$。综上所述，$U_k^n$ 的具体表达式为

$$\begin{aligned} U_k^n &= U_k^n M_k + U_k^n (I_N - M_k) \\ &= (E^{\mathrm{T}} R_k^{\mathrm{T}} R_k E)^{-1} [E^{\mathrm{T}} R_k^{\mathrm{T}} Y_k S_k^{\mathrm{T}} + \mu\left(A^n B_k - F_k^{n-1}\right) M_k \\ &\quad + \left(A^n B_k - F_k^{n-1}\right)(I_N - M_k)] \end{aligned} \tag{6.23}$$

由于 $(E^{\mathrm{T}} R_k^{\mathrm{T}} R_k E)^{-1}$ 和 $E^{\mathrm{T}} R_k^{\mathrm{T}} Y_k S_k^{\mathrm{T}}$ 在迭代过程中是不变的，可以预先对其进行计算。

为方便求解问题，式（6.16）可重写为

$$\begin{aligned}V^n &= \arg\min_{V\in\mathcal{M}(r)} f_V^n(V)\\&= \arg\min_{V\in\mathcal{M}(r)} \frac{\alpha}{2}\|V\|_F^2 + \frac{\mu}{2}\|V-(A^n-G^{n-1})\|_F^2\end{aligned}\tag{6.24}$$

其中，对于任意 $\alpha \geqslant 0$，该子问题有解析解，也就是将 $\dfrac{1}{\alpha+\mu}(A^n-G^{n-1})$ 映射至流形 $\mathcal{M}$。基于黎曼流形优化理论 [9,154]，直接给出下面的定义：

(1) 秩 r 流形 $\mathcal{M}(r)$ 定义为 $\{V\in\mathbf{R}^{M\times N}:\operatorname{rank}(A)=r\}$；

(2) f_V^n 在点 A 上的黎曼梯度记为 $\operatorname{grad}f_V^n(V)$，且使得下式成立：

$$\langle \operatorname{grad}f_V^n(V),\varDelta\rangle = \mathrm{D}f_V^n(V)[\varDelta],\quad \forall\varDelta\in T_{\mathcal{M}}(A)$$

(3) 切空间记为 $T_{\mathcal{M}}(A)$；

(4) $\mathcal{M}$ 上的黎曼联络记为 ∇；

(5) f_V^n 定义于 $\mathcal{M}$ 且在点 A 上的黎曼 Hessian 记为 $\operatorname{Hess}f_V^n$。

备注 6.1 显而易见，子问题（6.16）是黎曼流形上的光滑函数。可基于黎曼梯度，通过 Armijo 线搜索的方式进行求解。但是为了充分利用目标函数的光滑特性，本章基于文献 [9]、[187] 使用黎曼投影信赖域方法求解该子问题。

给定 A^n-G^{n-1}，直接给出方程（6.24）的黎曼梯度：

$$\operatorname{grad}f_V^n(V)=P_{T_{\mathcal{M}(V)}}(\Delta f_V^n(V))=P_{T_{\mathcal{M}(V)}}[(\alpha+\mu)V-\mu(A^n-G^{n-1})]$$

其中，$P_{T_{\mathcal{M}(V)}}(\cdot)$ 表示正交映射于切空间 $T_{\mathcal{M}}(V)$；Δf_V^n 是欧氏空间的梯度。$T_{\mathcal{M}}(A^*)$ 的具体形式是

$$\begin{aligned}T_{\mathcal{M}}(A^*)=\{&UMV^{\mathrm{T}}+U_pV^{\mathrm{T}}+UV_p^{\mathrm{T}}:M\in\mathbf{R}^{r\times r},U_p\in\mathbf{R}^{M\times r},\\&U_p^{\mathrm{T}}U=0,V_p\in\mathbf{R}^{N\times r},V_p^{\mathrm{T}}V=0\}\end{aligned}\tag{6.25}$$

其中，假定矩阵 A^* 的奇异值分解形式是 $U\varSigma V^{\mathrm{T}}$。

根据低秩流形的特性，基于矩阵分解的二阶收缩定义直接给出方程（6.16）的黎曼 Hessian：

$$\begin{aligned}\operatorname{Hess}f_V^n(V^*)[\varDelta]=&(\alpha+\mu)\varDelta+(I-UU^{\mathrm{T}})\Delta f_V^n(I-VV^{\mathrm{T}})\varDelta^{\mathrm{T}}U\varSigma^{-1}V^{\mathrm{T}}\\&+U\varSigma^{-1}V^{\mathrm{T}}\varDelta^{\mathrm{T}}(I-UU^{\mathrm{T}})\Delta f_V^n(I-VV^{\mathrm{T}})\end{aligned}\tag{6.26}$$

其中，$V^*=U\varSigma V^{\mathrm{T}}$ 是 V^* 的紧奇异值分解且有对角矩阵 $\varSigma\in\mathbf{R}^{r\times r}$，以及两个正交矩阵 $U\in\mathbf{R}^{M\times r}$ 和 $V\in\mathbf{R}^{N\times r}$。

为了方便讨论，本章假设 $g^n = \text{grad}f_V^n(V^n)$，$H^n = \text{Hess}f_V^n(V^n)$。基于黎曼流形优化理论，可得下面的柯西点：

$$\varDelta_C^n = -\frac{\|g^n\|^2}{\langle g^n, H^n[g^n]\rangle} g^n \tag{6.27}$$

以及牛顿点：

$$\varDelta_N^n = -g(H^n)^{-1}[g^n] \tag{6.28}$$

那么可得下面的黎曼投影信赖域轨迹公式：

$$\varDelta^n(\tau^n) = \begin{cases} \tau^n \varDelta_C^n, & 0 \leqslant \tau^k \leqslant 1 \\ \tau^n \varDelta_C^n + (1-\tau^n)(\varDelta_N^n - \varDelta_C^n), & 1 < \tau^k \leqslant 2 \end{cases} \tag{6.29}$$

给定一个当前的迭代变量 $V^n \in \mathcal{M}$，使用下面的映射方法 $P_{\mathcal{M}} : \mathbf{R}^{M\times N} \to \mathcal{M}$，其具体形式是

$$P_{\mathcal{M}}(V) = \arg\min_{V\in\mathcal{M}} \|V - Z\| \tag{6.30}$$

式(6.30)的目的是在 V^n 附近进行光滑映射[301]。给定 $V \in \mathcal{M}$ 和 $\varDelta \in T_{\mathcal{M}}(V)$，可以使用奇异值分解方法计算 $P_{\mathcal{M}}(V+\varDelta)$[302]。

子问题（6.17）的求解思路：对示性函数 $\iota_{\mathcal{S}}(W)$ 在点 $A^n - H^{n-1}$ 处进行逼近计算，即需要将 $A^n - H^{n-1}$ 映射至集合 $\mathcal{S}$。因此，有下面的表达式：

$$W^n = \arg\min_{W\in\mathcal{S}} \|A^n - H^{n-1} - W\|_F^n = \varPi_{\mathcal{S}}\{A^n - H^{n-1}\} \tag{6.31}$$

其中，$\varPi_{\mathcal{S}}\{\cdot\}$ 表示映射至 $\mathcal{S}$。由于篇幅有限，本章不讨论该算法的收敛性，但是基于文献 [300]、[303]，应该可以证明本章算法的收敛性。

本章提出的交替最小化算法如算法 6.1 所示。子问题 (6.16) 的求解流程如算法 6.2 所示。表达式 (6.30) 的计算流程如算法 6.3 所示。算法 6.1 中的顶点分量分析[304]（vertex component analysis, VCA）方法用于提取端元矩阵 E，基于端元矩阵 E，使用 SUnSAL 方法对高光谱图像进行解混，以获得丰度矩阵。

算法 6.1　问题 (6.8) 的交替最小化算法

1: $E = \text{VCA}(Y_l)$; %E 未知且 Y_l 有全光谱分辨率
2: $A^0 = \text{SUnSAL}(Y_l, E)$; %对算法 SUnSAL 的输出进行上采样
3: **for** $k = 1 : K$ **do**
4: 　$U_k^0 = A^0; F_k^n = 0_{M\times N}$
5: 　$V^0 = A^0; W^0 = A^0$

6: $G^0 = 0_{M\times N}; H^0 = 0_{M\times N}$
7: **end for**
8: **for** $n = 1 : N$ **do**
9: 计算 A^n；%具体过程见式（6.19）
10: **for** $k = 1 : K$ **do**
11: 计算 U_k^n；计算 $A^n - G^{n-1}$
12: **end for**
13: 计算 V^n；%具体过程见算法 6.2
14: 计算 W^n；%具体过程见式（6.31）及文献 [305]
15: **for** $k = 1 : K$ **do**
16: $F_k^n = F_k^{n-1} - (A^n B_k - U_k^n)$
17: $G^n = G^{n-1} - (A^n - V^n)$
18: $H^n = H^{n-1} - (A^n - W^n)$
19: **end for**
20: **end for**
21: 输出：$X = EA^n$

算法 6.2 子问题 (6.16) 的求解流程

1: $V^n, \epsilon > 0$
2: 计算 g^n, H^n
3: **if** $\langle g^n, H^n[g^n]\rangle > 0$
4: 计算 $\varDelta_C^n$；%具体计算过程见式（6.27）
5: 计算 $\varDelta_N^n$；%具体计算过程见式（6.28）
6: **else**
7: 计算 $\varDelta^n(\tau^n) = -g^n$
8: 直接转至步骤 15
9: **end if**
10: **if** $\langle \varDelta_C^n, \varDelta_N^n - \varDelta_C^n\rangle < 0$
11: $\varDelta^n(\tau^n) = \varDelta_C^n$
12: **else**
13: $\varDelta^n(\tau^n) = \varDelta_N^n$
14: **end if**
15: 基于式（6.29）计算 dogleg 轨迹
16: 计算 $\varDelta^n(\tau^n)$，且满足 $f_V^n(V^n) - f_V^n(P_{\overline{\mathcal{M}}}(V^n + \varDelta^n(\tau^n))) \geqslant \epsilon\|V^n - P_{\overline{\mathcal{M}}}(V^n + \varDelta^n(\tau^n))\|^n$
17: 输出：$V^{n+1} = P_{\overline{\mathcal{M}}}(V + \varDelta^n(\tau^n))$ %具体计算过程见算法 6.3

算法 6.3　式 (6.30) 的计算过程

1: 输入：$V^n = U\Sigma V^{\mathrm{T}}, V^n \in \overline{\mathcal{M}}(r)$，$\Delta \in T_{\overline{\mathcal{M}}(r)}(V^n)$，以及 $0 < \delta \ll 1$

2: 计算 $M = U^{\mathrm{T}}\Delta V, U_p = \Delta V - UM, V_p\Delta^{\mathrm{T}}U - VM^{\mathrm{T}}$

3: 计算 U_p 和 V_p 的 QR 分解，使得 $U_p = Q_uR_u$ 和 $V_p = Q_vR_v$。其中，$Q_u \in \mathbf{R}^{M\times r}$ 和 $Q_v \in \mathbf{R}^{N\times r}$ 是两个正交矩阵，$R_u \in \mathbf{R}^{r\times r}$ 和 $R_v \in \mathbf{R}^{r\times r}$ 是两个上三角矩阵

4: 对组合矩阵 $\tilde{U}\tilde{\Sigma}\tilde{V}^{\mathrm{T}} = \begin{bmatrix} \Sigma + M & R_v^{\mathrm{T}} \\ R_u & 0 \end{bmatrix}$ 进行奇异值分解。其中，$\tilde{\Sigma} = \mathrm{diag}(\{\tilde{\sigma}_j\}_{j=1}^{2r}) \in \mathbf{R}^{2r\times 2r}$，$\tilde{U}$ 和 $\tilde{V}$ 是相应的正交矩阵

5: 计算 $\hat{\Sigma} = \mathrm{diag}(\{\max(\tilde{\sigma}_j, \delta)\}_{j=1}^{r}) \in \mathbf{R}^{r\times r}$，$\hat{U} = [UQ_u][\{\tilde{U}_j\}_{j=1}^{r}] \in \mathbf{R}^{M\times r}$，以及 $\hat{V} = [VQ_v][\{\tilde{V}_j\}_{j=1}^{r}] \in \mathbf{R}^{N\times r}$

6: 输出：$P_{\overline{\mathcal{M}}(r)}(V^n + \Delta) = \tilde{U}\tilde{\Sigma}\tilde{V}^{\mathrm{T}}$

备注 6.2　$P_{\mathcal{M}}$ 是 V^n 邻域的光滑微分同胚 [9,301]。因此，$P_{\mathcal{M}}(V^n + \Delta^n(\tau^n))$ 是一个光滑函数，且以二阶的方式局部近似指数映射。

6.4　多源多波段图像融合实验及融合性能分析

6.4.1　实验参数

本节基于低秩先验的多源多波段图像融合模型，考虑三种多源图像数据：全色图像、多光谱图像、高光谱图像，通过仿真实验验证多源多波段图像融合算法的有效性。本节仿真实验所使用的遥感数据集有 Botswana（$400 \times 240 \times 145$）、Indian Pines[306]（$400 \times 400 \times 200$），以及 Washington DC Mall（$400 \times 300 \times 191$）。其中，$400 \times 240 \times 145$ 代表数据集的空间分辨率是 400×240，波段数是 145。本章所有实验运行在 3.6GHz Intel CPU 和 16GB 内存的计算机。所有融合算法都使用 MATLAB 语言编程实现。

高光谱、多光谱与全色图像融合实验使用上述的数据集生成三个多波段图像，也就是全色图像、多光谱图像和高光谱图像。为了生成高光谱图像，本章对所有波段的输入图像使用二维高斯模糊核（$13 \times 13, \sigma = 2.12$）进行卷积操作，再在空间方向以 4 的比率下采样。对于多光谱图像，首先对所有波段的输入图像使用二维高斯模糊核（$7 \times 7, \sigma = 1.06$）进行卷积操作，并在空间方向以 2 的比率下采样，然后使用 Landsat 8 多光谱传感器的光谱响应特性进行图像降质，最后生成所需要的仿真图像。根据文献 [307] 设置上述高斯模糊核的标准方差，从而使得滤波器调制传输函数的归一化幅度近似于 0.25（归一化空间–频率响应）。此外，在所生成的图像

中加入高斯噪声（零均值），使多光谱图像和高光谱图像的信噪比是 30dB，全色图像的信噪比是 40dB。

现有的多波段图像融合算法仅能融合两种不同源的图像，如全色图像与高光谱图像融合、多光谱图像与全色图像融合、多光谱图像与高光谱图像融合等。因此，传统的多波段图像融合算法可以用不同的方式完成全色图像、多光谱图像和高光谱图像的融合：① 全色图像与高光谱图像融合；② 多光谱图像与高光谱图像融合，然后与全色图像融合；③ 多光谱图像与全色图像融合，再分别与高光谱图像融合。

下面对传统的多波段图像融合算法进行简要介绍 [278]。为了完成多光谱图像与全色图像融合，仿真实验使用两种融合算法：基于局部参数估计的波段相关空间细节 [308]（band-dependent spatial detail, BDSD）算法和基于高通调制的调制传输函数广义拉普拉斯金字塔 [309]（modulation-transfer-function generalized Laplacian pyramid, MTF-GLP）算法。其中，BDSD 算法属于成分替换（component substitution）法，MTF-GLP 算法属于多尺度分析法。为了实现全色图像或多光谱图像与高光谱图像的融合，采用基于变分的融合算法 [285] 和基于 Sylvester 方程的快速融合（fast fusion based Sylvester equation, FUSE）算法 [310]。这两种融合算法都基于变分先验。

本章使用三个融合性能指标对多波段图像融合算法的融合结果进行定量评估：① 相对无量纲全局误差 [311]（ERGAS）；② 波谱角 [312]（spectral angle mapper, SAM）；③ 广义通用图像质量指标 [313]（generalization of the universal image quality index, GUIQI）。其中，ERGAS 和 SAM 指标的值越小越好，GUIQI 的指标值越大越好。

6.4.2 实验结果及融合性能分析

本节基于三组图像数据集，给出高光谱、多光谱与全色图像融合实验的融合性能评估结果。表 6.1 给出了融合性能的定量评价结果。不难看出，本章所提出的算法具有较好的融合性能。其中，P+H 表示全色图像与高光谱图像融合；(P+M)+H 表示先融合全色图像和多光谱图像，再融合高光谱图像；P+(M+H) 表示先融合高光谱图像和多光谱图像，再融合全色图像；P+M+H 表示高光谱、多光谱与全色三种图像同时融合。此外，Hy、BD、RF、MT 分别表示基于变分的图像融合算法 [285]（Hysure）、BDSD 算法 [308]、FUSE 算法 [310] 和 MTF-GLP 算法 [309]。融合方式采用 (P+M)+H，融合算法采用 BD+Hy，表示先使用 BDSD 算法融合全色图像和多光谱图像，再使用 Hysure 算法融合高光谱图像。其他符号依此类推。加黑的数据表示较好的结果。

表 6.1　高光谱、多光谱与全色图像融合性能定量评估结果

融合方式	融合算法	Botswana			Indian Pines		
		ERGAS	SAM	GUIQI/%	ERGAS	SAM	GUIQI/%
P+H	Hy	1.8450	2.4035	94.49	0.8182	1.0467	64.65
	RF	1.8364	2.4047	94.65	0.8149	1.0511	65.44
(P+M)+H	BD+Hy	2.2677	2.2279	92.33	0.7476	1.0834	69.65
	BD+RF	2.2759	2.2378	92.34	0.7445	1.0880	69.81
	MT+Hy	2.0343	2.2561	93.79	0.9223	1.1487	63.03
	MT+RF	2.0443	2.2651	93.79	0.9176	1.1555	63.21
P+(M+H)	Hy+Hy	2.0442	2.1535	93.78	0.7970	**0.9480**	61.03
	RF+RF	2.0590	2.1671	93.72	0.8113	0.9492	60.61
P+M+H	本章算法	**1.6260**	**1.6928**	**95.27**	**0.6510**	0.9822	**94.36**

融合方式	融合算法	Washington DC Mall		
		ERGAS	SAM	GUIQI(%)
P+H	Hy	3.9132	4.6076	92.63
	RF	3.9207	4.6075	92.64
(P+M)+H	BD+Hy	4.0388	4.7666	92.32
	BD+RF	4.1409	4.7867	92.06
	MT+Hy	4.2401	4.8087	91.63
	MT+RF	4.3543	4.8267	91.29
P+(M+H)	Hy+Hy	3.0955	3.6234	95.28
	RF+RF	3.6510	3.8968	94.26
P+M+H	本章算法	**2.5941**	**2.8863**	**96.71**

不同图像融合算法的差异主要来自多源多波段图像成像过程建模与图像细节的挖掘能力。本节使用归一化均方根误差（normalized root mean-square error, NRMSE）分析不同融合算法在不同数据集上的鲁棒性，得到的 NRMSE 曲线如图 6.1 所示。NRMSE 的定义是

$$\frac{\|X_i - \hat{X}_i\|_2}{\|X_i\|_2}$$

其中，X_i 和 $\hat{X}_i$ 分别表示真实图像 X 和融合图像 $\hat{X}$ 的第 i 列。

图 6.1 将 NRMSE 值按升序排序后显示。从各融合算法的 NRMSE 曲线可以看出本章所提算法的融合图像较接近真实图像。

图 6.2 和图 6.3 分别给出了数据集 Indian Pines、Washington DC Mall 对应的全色图像、多光谱图像、高光谱图像及真实图像。其中，图 6.2(e) 和图 6.3(e) 分别给出了本章算法的融合结果，图 6.2(f) 和图 6.3(f) 分别给出了 Hysure 算法的融合效果。从视觉效果对比可以看出，本章提出的融合算法有着更为优越的表现。

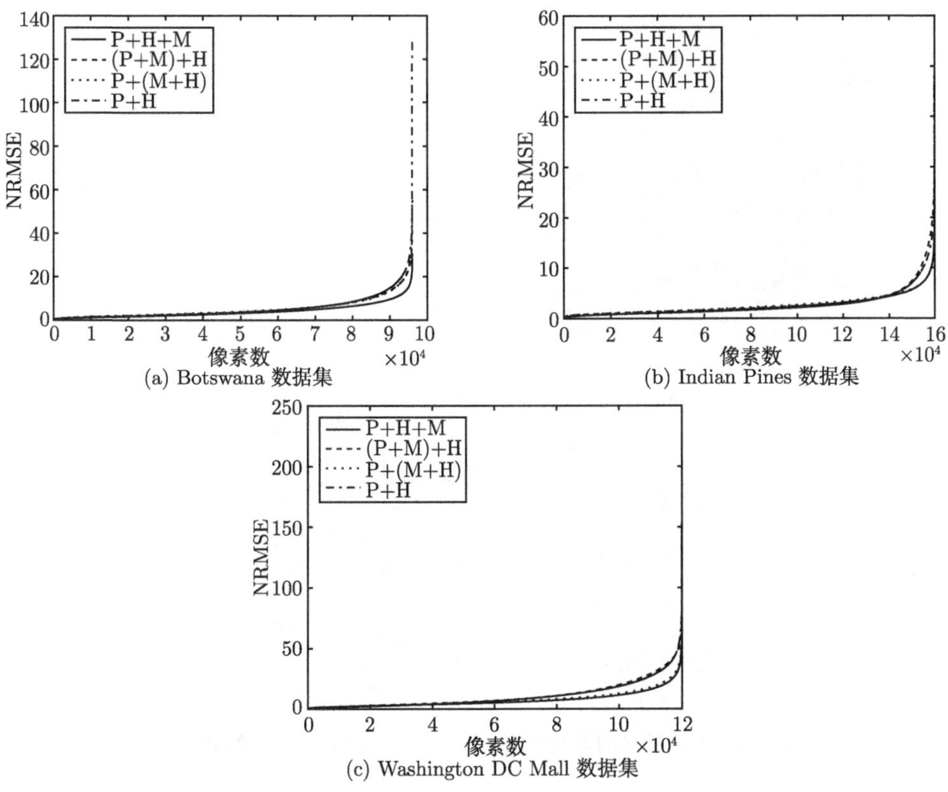

(a) Botswana 数据集 (b) Indian Pines 数据集 (c) Washington DC Mall 数据集

图 6.1 不同融合方式的 NRMSE 曲线

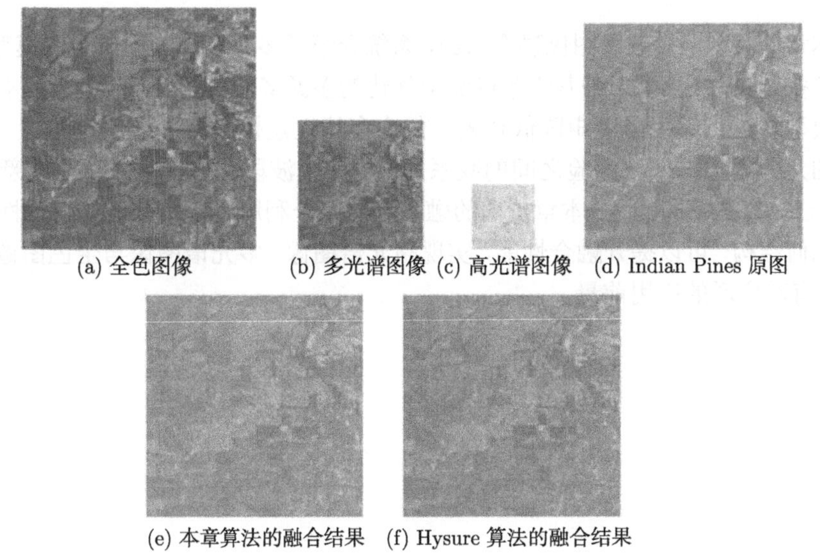
(a) 全色图像 (b) 多光谱图像 (c) 高光谱图像 (d) Indian Pines 原图 (e) 本章算法的融合结果 (f) Hysure 算法的融合结果

图 6.2 不同算法的融合结果（Indian Pines 数据集）

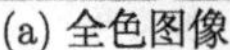

(a) 全色图像

(b) 多光谱图像

(c) 高光谱图像

(d) Indian Pines 原图

(e) 本章算法的融合结果

(f) Hysure 算法的融合结果

图 6.3　不同算法的融合结果（Washington DC Mall 数据集）

6.5　本章小结

本章针对多源多波段图像融合问题，系统介绍了多源多波段图像观测模型，并引入低秩先验，提出了一种基于黎曼流形优化的多源多波段图像融合算法。本章提出的模型通过将端元丰度矩阵低秩先验的内在特性建模为流形的几何结构，建立流形的几何结构与低秩先验之间的联系，为多源多波段图像融合提供了全新的手段。与已有算法不同的是，本章提出的融合算法充分利用目标函数的光滑特性及其内在几何结构，可以提升融合性能，实现高光谱图像、多光谱图像与全色图像同时融合，有着广泛的应用前景。

第 7 章　基于黎曼流形优化的特征值问题求解

本章首先针对线性代数中的一类特征值问题，如球面约束的 Rayleigh 商，以及 Stiefel 流形上的 Brockett 函数最小化，应用基于收缩的黎曼流形优化理论 [9,314-316]，给出黎曼最速下降法的具体过程、收敛性及其实现方法。然后，给出基于低秩流形优化的雅可比–戴维森（Jacobi-Davidson, JD）方法，如定秩流形上的 Jacobi 修正方程、子空间加速等，并应用于 Rayleigh 商迭代。该方法可视为黎曼牛顿法。接着，讨论并分析了算法的计算复杂度。最后，通过理论与实验相结合的方法，为读者提供动手实践的实例。

7.1　引　　言

本章主要研究下面的数值优化问题：

$$\min f(x), \quad \text{s.t. } x \in \mathcal{M} \tag{7.1}$$

其中，$\mathcal{M}$ 表示黎曼流形；f 表示黎曼流形 $\mathcal{M}$ 上的函数。

目标函数或问题 (7.1) 是黎曼流形上的最优化问题，并可认为是欧氏空间优化理论与方法的推广。最优化过程中考虑黎曼流形几何结构的好处在于：① 将约束最优化问题转化为考虑流形内在特性的无约束最优化问题；② 选取合适的黎曼度量，可以将一些非凸优化问题转化为凸优化问题。

国外针对 Rayleigh 商和相关特征值问题已进行了较多的研究 [317,318]。1951 年，Hestenes [319] 首次讨论并分析了该问题。Brockett[320] 基于离散的假设，针对一类特征值问题，给出了步长选择方法。Moore 等 [321] 分析了对称特征值问题。Chu[322] 针对逆特征值问题提出了一种数值计算方法。Smith 等 [171,174,181] 针对特征空间跟踪问题，考虑了线搜索及共轭梯度更新方法。Mahony 等 [323,324] 针对主成分分析问题，提出了梯度流（gradient flow）并考虑了离散更新方法。此外，Mahony 还提出了一种将梯度流动态系统与数值集成策略进行显式结合的方法，可保证矩阵约束的成立。Moser 等 [325] 基于该方法，提出了一种用于矩阵分解的数值方法。相关文献针对结构保持问题，给出了较好的综述 [326,327]。

Knyazev[327] 针对对称特征值（symmetric eigenvalue）问题，提出了一种局部最优共轭梯度算法。Hetmaniuk 等 [328] 针对该问题继续进行了深入讨论与分析，提出了基选择方法。文献 [324] 给出了可用于 Rayleigh 商的 Power 方法，并分析了与线搜索的关系。

本章首先基于收缩的黎曼最速下降法求解 Rayleigh 商等问题。该方法将产生点序列 $\{x_k\}$：

$$x_{k+1} = R_{x_k}(t_k\xi_k)$$

其中，$\xi_k \in T_{x_k}\mathcal{M}$，$T_{x_k}\mathcal{M}$ 表示流形 $\mathcal{M}$ 在点 x_k 处的切空间；t_k 是一个常数，可用于实现 Armijo 搜索并确定下一个点 x_{k+1}；R_{x_k} 是收缩，具体定义可参见定义 2.37。

Luenberger [46] 提出了黎曼流形上线搜索的思想，即沿着测地线的线搜索方法。Gabay[47] 基于测地线提出了黎曼流形上的拟牛顿法，并对收敛性进行了分析。Udriste 提出了基于指数映射的黎曼流形优化方法 [170]。类似地，Yang[172] 提出了沿着测地线的 Armijo 搜索策略。

本章对传统 JD 迭代方法进行推广，以便从 $N \times N$ 矩阵 A 中求解出特征值 λ 及相应的特征向量 x：

$$Ax = \lambda x$$

本章将主要考虑 $N = nm$ 这种情况，且把特征向量 x 重构为 $n \times m$ 矩阵，或是以秩 r 的方式近似。例如，考虑张量积网格上离散化的 Laplacian 算子，其重构后的特征向量为秩 1。如果 $r \ll n, m$，那么可以极大地减少算法的空间复杂度和计算复杂度。基于这个思想，给出算法复杂度的分析结果。

本章给出定秩流形上的 Jacobi 修正方程，并阐述其子空间加速方法。通过对比，本章提出的方法可保持传统 JD 迭代方法的特性。该方法可视为单位球面 $\{x : \|x\| = 1\}$ 上的黎曼牛顿法，且具有子空间加速特性 [9]。基于此，本章给出一种球面和定秩流形相交叉的非精确黎曼牛顿法。假设矩阵 A 是实矩阵且对称（同样适用于不对称矩阵），如果

$$A \approx \sum_{\alpha=1}^{R} F_\alpha \otimes G_\alpha$$

那么，其计算复杂度是 $\mathcal{O}((n+m)r(R+r))$。其中，F_α 和 G_α 可通过矩阵–向量乘法实现。低秩约束的特征值问题通常出现于多维阵列低秩分解，如张量列分解 [329] 等。

目前，有两种方法可求解低秩特征值问题：基于交替极小化的 Rayleigh 商方法（考虑分解的多重线性结构）和秩截断的迭代方法。第一种方法已得到了相关学者的重视，具体可参考文献 [300]~[332]。近年来数学领域中的交替最小化算法，要么基于交替线性算法 [333,334]，要么基于交替最小能量法 [81,335]；秩截断的迭代算法有 Power 算法 [336]、逆迭代法 [337]、局部最优块预条件共轭梯度法 [338-340]。文献 [341] 讨论了低秩情况下的特征值问题。文献 [338] 提出了一种非精确黎曼牛

顿法（低秩），并用于求解线性方程组，但是没有考虑函数的曲率信息（Hessian），仅利用算子的结构提出了构建预条件件的方法。Rakhuba 等提出了一种基于交替线性算法的逆迭代算法 [343]。

7.2 基于黎曼最速下降的特征值问题求解

本节结合黎曼梯度与收缩，针对一类特征值问题，即单位球面约束的 Rayleigh 商最小化、Stiefel 流形上的 Brockett 函数最小化，给出基于黎曼最速下降的特征值问题求解方法。

7.2.1 单位球面约束的 Rayleigh 商最小化

考虑下面的 Rayleigh 商函数：

$$\begin{aligned}\bar{f}:\ & \mathbf{R}^n \to \mathbf{R}\\ & x \mapsto \bar{f}(x) = x^{\mathrm{T}}Ax\end{aligned}$$

根据单位球面约束 S^{n-1}，可得

$$\begin{aligned}\bar{f}:\ & S^{n-1} \to \mathbf{R}\\ & x \mapsto \bar{f}(x) = x^{\mathrm{T}}Ax\end{aligned} \tag{7.2}$$

其中，矩阵 A 是对称的（$A = A^{\mathrm{T}}$），但并不一定是正定的。本章将 S^{n-1} 视为欧氏空间 $\mathbf{R}^n$ 的黎曼子流形且具有典型的黎曼度量。

单位球面约束的 Rayleigh 商最小化相关公式如表 7.1 所示。考虑 $\xi_k = -\mathrm{grad}f(x_k)$，对于 Rayleigh 商问题，可得

$$\xi_k = -2(Ax_k - x_k x_k^{\mathrm{T}} A x_k)$$

从上述公式可以明显地看到所选择的搜索方向是梯度相关的。另外，使用下面的收缩，也就是

$$R_x(\xi) = \frac{x+\xi}{\|x+\xi\|}$$

下面给出单位球面约束的 Rayleigh 商最小化算法，如算法 7.1 所示。该算法的数值仿真结果如表 7.2 所示。其中，算法的参数为 $\sigma = 0.5, \beta = 0.6, \bar{\alpha} = 1$。设置近似误差为 $\epsilon = 0.00001$，初始点为 $[0.6 \quad 0.8]^{\mathrm{T}}$。具体实现程序可参见附录第 1 部分。

表 7.1　单位球面约束的 Rayleigh 商最小化相关公式

优化元素	流形（S^{n-1}）	欧氏空间 $\mathbf{R}^n$
目标函数	$f(x)=x^{\mathrm{T}}Ax, x\in S^{n-1}$	$\bar{f}(x)=x^{\mathrm{T}}Ax, x\in \mathbf{R}^n$
度量	诱导度量	$\bar{g}(\xi,\zeta)=\xi^{\mathrm{T}}\zeta$
切空间	$\xi\in\mathbf{R}^n: x^{\mathrm{T}}\xi=0$	$\mathbf{R}^n$
映射至切空间	$P_x\xi=(I-xx^{\mathrm{T}})\xi$	单位矩阵
梯度	$\mathrm{grad}f(x)=P_x\mathrm{grad}\bar{f}(x)$	$\mathrm{grad}\bar{f}(x)=2Ax$
收缩	$R_x(\xi)=\dfrac{x+\xi}{\\|x+\xi\\|}$	$R_x(\xi)=x+\xi$

算法 7.1　基于 Armijo 线搜索的单位球面约束 Rayleigh 商最小化

1: 输入: 对称矩阵 A，常数 $\bar{\alpha}>0,\beta,\sigma\in(0,1)$，以及初始点 $x_0\in\mathbf{R}^n$ 且 $\|x_0\|=1$，迭代序列 $\{x_k\}$
2: **for** $k=0,1,2,\cdots$ **do**
3: 　计算 $\eta_k=-2(Ax_k-x_kx_k^{\mathrm{T}}Ax_k)$
4: 　计算最小整数 $m\geqslant 0$，使 $f(R_{x_k}(\bar{\alpha}\beta^m\xi_k))\leqslant f(x_k)-\sigma\bar{\alpha}\beta^m\xi_k^{\mathrm{T}}\xi_k$
5: 　计算更新式 $x_{k+1}=R_{x_k}(\bar{\alpha}\beta^m\xi_k)$
6: **end for**

表 7.2　单位球面约束的 Rayleigh 商最小化数值仿真结果

x_k	迭代变量	X	目标函数值	$\\|\mathrm{grad}f(x_k)\\|$
x_0	1	(0.600000, 0.800000)	6.2000	3.2000
x_1	2	(−0.584619, 0.811308)	−1.4527	1.5829
x_2	3	(−0.642786, 0.766046)	−1.5261	0.4044
x_3	4	(−0.657123, 0.753783)	−1.5308	0.1004
x_4	5	(−0.660646, 0.750698)	−1.5311	0.0249
x_5	6	(−0.661516, 0.749931)	−1.5311	0.0062
x_6	7	(−0.661732, 0.749741)	−1.5311	0.0015
x_7	8	(−0.661785, 0.749694)	−1.5311	0.000377
x_8	9	(−0.661798, 0.749682)	−1.5311	0.000094
x_9	10	(−0.661801, 0.749679)	−1.5311	0.0000023
x_{10}	11	(−0.661802, 0.749678)	−1.5311	0.0000006

7.2.2　Stiefel 流形上的 Brockett 函数最小化

考虑最小化下面的函数，其矩阵形式为

$$\begin{aligned}\bar{f}:\ & \mathrm{St}(p,n)\to\mathbf{R}\\ & X\mapsto \mathrm{tr}(X^{\mathrm{T}}AXN)\end{aligned}$$

其中，$N=\mathrm{diag}(\mu_1,\mu_2,\cdots,\mu_p)$ 且有 $0\geqslant\mu_1\geqslant\mu_2\geqslant\cdots\geqslant\mu_p$；$\mathrm{St}(p,n)$ 表示正交

Stiefel 流形，即

$$\mathrm{St}(p,n)=\{X\in\mathbf{R}^{n\times p}:X^{\mathrm{T}}X=I_p\}$$

将 $\mathrm{St}(p,n)$ 视为欧氏空间 $\mathbf{R}^{n\times p}$ 的嵌入子流形且具有典型的内积:

$$\langle Z_1,Z_2\rangle=\mathrm{tr}(Z_1^{\mathrm{T}}Z_2)$$

下面给出 Stiefel 流形上 Brockett 函数最小化的相关公式，如表 7.3 所示。其中，$\mathrm{sym}(M)=\dfrac{1}{2}(M+M^{\mathrm{T}})$。最后直接给出 Stiefel 流形上的 Brockett 函数的具体形式：

$$\begin{aligned} f:\ & \mathrm{St}(p,n)\to\mathbf{R}\\ & X\mapsto\mathrm{tr}(X^{\mathrm{T}}AXN) \end{aligned}\tag{7.3}$$

表 7.3 基于 Stiefel 流形优化的 Brockett 函数最小化相关公式

优化元素	流形（S^{n-1}）	欧氏空间 $\mathbf{R}^n$
目标函数	$\mathrm{tr}(X^{\mathrm{T}}AXN),X^{\mathrm{T}}X=I_p$	$\mathrm{tr}(X^{\mathrm{T}}AXN),X\in\mathbf{R}^{n\times p}$
度量	诱导度量	$\langle Z_1,Z_2\rangle=\mathrm{tr}(Z_1^{\mathrm{T}}Z_2)$
切空间	$Z\in\mathbf{R}^{n\times p}:\mathrm{sym}(X^{\mathrm{T}}Z)=0$	$\mathbf{R}^{n\times p}$
映射至切空间	$P_XZ=Z-X\mathrm{sym}(X^{\mathrm{T}}Z)$	单位矩阵
梯度	$\mathrm{grad}f(x)=P_x\mathrm{grad}\bar{f}(x)$	$\mathrm{grad}\bar{f}(x)=2AXN$
收缩	$R_X(\xi)=\mathrm{qf}(X+Z)$	$R_X(Z)=X+Z$

为分析本章的算法，考虑下面的公式:

$$\xi_k=-\mathrm{grad}f(X)=-(2AXN-XX^{\mathrm{T}}AXN-XNX^{\mathrm{T}}AX)$$

以及相应的收缩，也就是 $R_X(\xi)=\mathrm{qf}(X+\xi)$。

下面通过一个数值实验来分析其收敛性来验证算法的有效性，如表 7.4 所示。相关实验参数为

$$A=\begin{bmatrix}1&0\\0&5\end{bmatrix},\quad N=\begin{bmatrix}3&0\\0&4\end{bmatrix}$$

此外，考虑将下面的矩阵作为初始点：

$$A=\begin{bmatrix}-0.8&-0.6\\-0.6&0.8\end{bmatrix}$$

表 7.4　基于 Stiefel 流形优化的 Brockett 函数最小化实验结果

x_k	迭代变量	X	目标函数值	$\\|\mathrm{grad}f(x_k)\\|$
x_0	1	$\begin{bmatrix} -0.8 & -0.6 \\ -0.6 & 0.8 \end{bmatrix}$	21.5600	1.9200
x_1	2	$\begin{bmatrix} -2.027599\mathrm{e}-01 & -9.792285\mathrm{e}-01 \\ -9.792285\mathrm{e}-01 & 2.027599\mathrm{e}-01 \end{bmatrix}$	19.1644	0.7942
x_2	3	$\begin{bmatrix} -2.506590\mathrm{e}-02 & -9.996858\mathrm{e}-01 \\ -9.996858\mathrm{e}-01 & 2.506590\mathrm{e}-02 \end{bmatrix}$	19.0025	0.1002
x_3	4	$\begin{bmatrix} -2.975784\mathrm{e}-03 & -9.999956\mathrm{e}-01 \\ -9.999956\mathrm{e}-01 & 2.975784\mathrm{e}-03 \end{bmatrix}$	19.0000	0.0119
x_4	5	$\begin{bmatrix} -3.530622\mathrm{e}-04 & -9.999999\mathrm{e}-01 \\ -9.999999\mathrm{e}-01 & 3.530622\mathrm{e}-04 \end{bmatrix}$	19.0000	0.0014
x_5	6	$\begin{bmatrix} -4.188874\mathrm{e}-05 & -1.000000\mathrm{e}+00 \\ -1.000000\mathrm{e}+00 & 4.188874\mathrm{e}-05 \end{bmatrix}$	19.0000	0.0001675
x_6	7	$\begin{bmatrix} -4.969850\mathrm{e}-06 & -1.000000\mathrm{e}+00 \\ -1.000000\mathrm{e}+00 & 4.969850\mathrm{e}-06 \end{bmatrix}$	19.0000	0.0000198
x_7	8	$\begin{bmatrix} -5.896433\mathrm{e}-07 & -1.000000\mathrm{e}+00 \\ -1.000000\mathrm{e}+00 & 5.896433\mathrm{e}-07 \end{bmatrix}$	19.0000	0.00000235

其他参数还有 $\sigma = 0.5$，$\beta = 0.6$，$\bar{\alpha} = 1$，近似误差 $\epsilon = 0.00001$。具体实现程序可参见附录第 2 部分。

经过八次迭代，可以得到最优解：

$$X_* = \begin{bmatrix} -5.896433 \times 10^{-7} & -1.000000 \\ -1.000000 & 5.896433 \times 10^{-7} \end{bmatrix}$$

此外，可以得到相应的目标函数值是 $f(x_*) = 19.0000$。其中，x_* 表示最优值。

7.3　黎曼最速下降法收敛性分析

本节将给出黎曼流形优化方法收敛性及极限点的定义 [9,314]，讨论最速下降法的全局收敛特性。

7.3.1　流形的收敛特性

流形上的收敛性的定义可以认为是对欧氏空间 $\mathbf{R}^n$ 的广义化。

定义 7.1　给定流形 $\mathcal{M}$ 上的一个无穷点序列 $\{x_k\}_{k=0,1,2,\cdots}$，如果存在一个图卡 $(\mathcal{U}, \psi)$，点 $x_* \in \mathcal{U}$，$k > 0$，且对于所有 $k \geqslant K$，x_k 位于 $\mathcal{U}$ 且序列 $\{\psi(x_k)\}_{k=K,K+1,K+2,\cdots}$ 收敛于 $\psi(x_*)$，那么可以说序列 $\{x_k\}_{k=0,1,2,\cdots}$ 是收敛的。

定义 7.2 给定序列 $\{x_k\}_{k=0,1,2,\cdots}$，x 是一个聚点或序列的极限点，存在子序列 $\{x_{j_k}\}_{k=0,1,2,\cdots}$ 并收敛至 x。

7.3.2 最速下降法收敛性

基于文献 [9] 中的线搜索算法（line search algorithm）1，本节直接给出下面的定理。

定理 7.1 设 $\{x_k\}$ 是线搜索算法 1 在迭代过程中产生的一个无穷序列，那么每个聚点 $\{x_k\}$ 是目标函数 f 的驻点。

证明 假定存在子序列 $\{x_k\}_{k\in\mathcal{K}}$ 收敛至一个点 x_* 且 $\mathrm{grad}f(x_*)\neq 0$，那么 $\{f(x_k)\}$ 是非增的，且整个序列 $\{f(x_k)\}$ 收敛至 $f(x_*)$。因为 $f(x_k)-f(x_*)$ 渐近变为零，所以通过构建线搜索算法（文献 [9]），可得

$$f(x_k)-f(x_{k+1})\geqslant -c\sigma\alpha_k\langle \mathrm{grad}f(x_k),\eta_k\rangle_{x_k}$$

因为 $\{\eta_k\}$ 是梯度相关的，所以有 $\{\alpha_k\}_{k\in\mathcal{K}}\to 0$。其中，$\alpha_k$ 由 Armijo 准则确定。对于不小于 $\bar{k}$ 的所有整数 k，有 $\alpha_k=\beta^{m_k}\bar{\alpha}$（$m_k$ 是一个大于零的整数），这意味着 $\dfrac{\alpha_k}{\beta\eta_k}$ 的更新不能满足 Armijo 条件。因此，有

$$f(x_k)-f\left(R_{x_k}\left(\frac{\alpha_k}{\beta}\eta_k\right)\right)<-\sigma\frac{\alpha_k}{\beta}\langle \mathrm{grad}f(x_k),\eta_k\rangle_{x_k},\quad \forall k\in\mathcal{K},k\geqslant\bar{k}$$

其中

$$\widetilde{\eta_k}=\frac{\eta_k}{\|\eta_k\|},\quad \widetilde{\alpha_k}=\frac{\alpha_k\|\eta_k\|}{\beta}$$

那么根据上述的不等式有

$$\frac{\hat{f}_{x_k}-\hat{f}_{x_k}(\widetilde{\alpha_k}\widetilde{\eta_k})}{\widetilde{\alpha_k}}<-\sigma\langle \mathrm{grad}f(x_k),\widetilde{\eta_k}\rangle_{x_k},\quad \forall k\in\mathcal{K},k\geqslant\bar{k}$$

中值定理可保证存在 $t\in[0,\widetilde{\alpha_k}]$，使得

$$-\mathrm{D}\hat{f}_{x_k}(t\widetilde{\eta_k})[\widetilde{\eta_k}]<-\sigma\langle \mathrm{grad}f(x_k),\tilde{\eta}_k\rangle_{x_k},\quad \forall k\in\mathcal{K},k\geqslant\bar{k} \tag{7.4}$$

其中，微分过程是基于欧氏空间的定义，并在 $T_{x_k}\mathcal{M}$ 上进行。因为 $\{\alpha_k\}_{k\in\mathcal{K}}\to 0$ 和 η_k 是梯度相关的，所以 α_k 有界，且有 $\{\widetilde{\alpha_k}\}_{k\in\mathcal{K}}\to 0$。此外，$\tilde{\eta}_k$ 有单位范数，属于一个紧集，且存在一个索引集合 $\widetilde{\mathcal{K}}\subseteq\mathcal{K}$，对于某些 $\tilde{\eta}_*$ 及 $\|\tilde{\eta}_k\|=1$，使得

$$\{\tilde{\eta}_k\}_{k\in\widetilde{\mathcal{K}}}\to\tilde{\eta}_*$$

基于 $\mathcal{K}$，可以得到方程（7.4）的极限。因为黎曼度量是连续的，且 $f\in C^1$，以及 $\mathrm{D}\hat{f}_{x_k}(0)[\widetilde{\eta_k}]=\langle \mathrm{grad}f(x_*),\tilde{\eta}_k\rangle_{x_k}$，所以有

$$-\langle \mathrm{grad}f(x_*),\tilde{\eta}_*\rangle_{x_*}\leqslant -\sigma\langle \mathrm{grad}f(x_*,\tilde{\eta}_*)\rangle_{x_*}$$

因为 $\sigma < 1$，所以 $\langle \mathrm{grad}f(x_*), \tilde{\eta}_* \rangle_{x_*} \geqslant 0$。也就是说，由于 $\{\eta_k\}$ 是梯度相关的，可以得到 $\langle \mathrm{grad}f(x_*), \tilde{\eta}_* \rangle_{x_*} > 0$，存在矛盾。定理得证。

推论 7.1　设 $\{x_k\}$ 是线搜索算法 1 [9] 在迭代过程中产生的一个无穷序列。假设水平集 $\mathcal{L} = \{x \in \mathcal{M} : f(x) \leqslant f(x_0)\}$ 是紧的（当 $\mathcal{M}$ 是紧时成立），那么可得

$$\lim_{k\to\infty} \|\mathrm{grad}f(x_k)\| = 0$$

证明　假设存在一个子序列 $\{x_k\}_{k\in\mathcal{K}}$，以及 $\epsilon > 0$，且对于所有 $k \in \mathcal{K}$ 有 $\|\mathrm{grad}f(x_k)\| > \epsilon$。对于所有 $x_k \in \mathcal{L}$，函数 f 在 $\{x_k\}$ 上是非增的。因为 $\mathcal{L}$ 是紧的，而且序列 $\{x_k\}_{k\in\mathcal{K}}$ 有一个聚点 x_*，加上 grad$f$ 的连续性，所以 $\|\mathrm{grad}f(x_*)\} > \epsilon$，即 x_* 不是驻点。这与定理 7.1 相矛盾。推论得证。

7.3.3　不动点的稳定性

定理 7.1 给出了目标函数 f 的驻点可以是线搜索算法 1 [9] 迭代序列 $\{x_k\}$ 的聚点，但是没有回答聚点是否为局部极小值、局部极大值或鞍点。

事实上，如果给定一个较好的初始点 x_0，线搜索算法 1 将生成一个序列，其中的聚点是目标函数的局部极小值。本节将通过下面的驻点稳定性分析来支持这一观点。首先，给出下面五个相关的定义。

定义 7.3　设 F 是从 $\mathcal{M}$ 至 $\mathcal{M}$ 的映射，如果有 $F(x_*) = x_*$，那么点 $x_* \in \mathcal{M}$ 是 F 的不动点。设 $F^{(n)}$ 表示函数 F 经过 n 次映射的结果，即

$$F^{(1)}(x) = F(x), \quad F^{(i+1)}(x) = F(F^{(i)}(x)), \quad i = 1, 2, \cdots$$

定义 7.4　F 的不动点 x_* 是 F 的一个稳定点，对于每一个 x_* 的邻域 $\mathcal{U}$，存在 x_* 的一个邻域 $\mathcal{V}$ 对于所有 $x \in \mathcal{V}$ 以及所有正整数 n，使得 $F^{(n)}(x) \in \mathcal{U}$ 成立。

定义 7.5　如果不动点 x_* 是稳定的，且对于所有与 x_* 足够近的 x，可得

$$\lim_{n\to\infty} F^{(n)}(x) = x_*$$

那么不动点 x_* 渐近稳定。

定义 7.6　如果不动点 x_* 不稳定，那么存在 x_* 的一个邻域 $\mathcal{U}$ 且对于 x_* 的所有邻域 $\mathcal{V}$ 使得对于某个 n 值，有 $F^{(n)}(x) \notin \mathcal{U}$。

定义 7.7　如果目标函数 f 有

$$f(F(x)) \leqslant f(x), \quad \forall x \in \mathcal{M}$$

那么目标函数 F 是一个下降映射。

定理 7.2 (不稳定不动点, unstable fixed point)　给定光滑函数 f，以及一个下降映射 $F : \mathcal{M} \to \mathcal{M}$，并假设每一个 $x \in \mathcal{M}$，$\{F^{(k)}(x)\}_{k=1,2,\cdots}$ 是函数 f 的驻点。

如果 x_* 是 F 的一个不动点，且不是函数 f 的局部最小值。此外，存在 x_* 的一个紧邻域 $\mathcal{U}$，对于邻域 $\mathcal{U}$ 中 F 的每一个驻点 y，应有 $f(y)=f(x_*)$。那么，x_* 是一个不稳定点。

证明 因为 x_* 不是函数 f 的一个局部最小值，且 x_* 的每个邻域 $\mathcal{V}$ 包含一个点 y 并有 $f(y)<f(x_*)$。考虑序列 $y_k=F^{(k)}(y)$，为证明存在矛盾，假设 $y_k\in\mathcal{U},\forall k$，由于紧性（compactness），$\{y_k\}$ 在邻域 $\mathcal{U}$ 中有一个聚点 z。基于假设，z 是函数 f 的驻点，因此 $f(z)=f(x_*)$。从另一角度看，因为 F 是下降映射，所以有 $f(z)\leqslant f(y)<f(x_*)$，存在矛盾。定理得证。

备注 7.1 类似地，不动点的稳定性分析也可以参考动态系统理论，如文献 [342] 或 [343]。实际上，迭代变量 $x_{k+1}=F(x_k)$ 可视为一个离散动态系统。

基于文献 [9]，直接给出下面的稳定性定理。

定理 7.3 (Capture 定理) 设 $F:\mathcal{M}\to\mathcal{M}$ 是光滑函数 f 的一个下降映射，并假设每一个 $x\in\mathcal{M}$，$\{F^{(k)}(x)\}_{k=1,2,\cdots}$ 所有的聚点是函数 f 的驻点。设 x_* 是函数 f 的一个局部最小点，且是孤立驻点。假设当 x 趋近 x_* 时，$\mathrm{dist}(F(x),x)$ 趋近于零，那么，x_* 是 F 的一个渐近稳定点。

证明 设 $\mathcal{U}$ 是 x_* 的一个邻域。因为 x_* 是函数 f 的一个孤立局部最小值，且存在着一个闭环

$$\bar{B}_\epsilon(x_*)=\{x\in\mathcal{M}:\mathrm{dist}(x,x_*)\leqslant\epsilon\}$$

使 $\bar{B}_\epsilon(x_*)\subset\mathcal{U}$ 和 $f(x)>f(x_*)$ 对于所有 $x\in\bar{B}_\epsilon(x_*)-\{x_*\}$ 成立。基于条件 $\mathrm{dist}(F(x),x)$，存在 $\delta>0$ 使对于所有 $x\in B_\delta(x_*)$，$F(x)\in\bar{B}_\epsilon(x_*)$ 成立。设 α 是函数 f 在紧集 $\bar{B}_\epsilon(x_*)-B_\delta(x_*)$ 上的极小值，那么可得

$$\mathcal{V}=\{x\in\bar{B}_\epsilon(x_*):f(x)<\alpha\}$$

该集合包含于 $B_\delta(x_*)$ 中。因此，对于 $\mathcal{V}$ 中的每个 x，$F(x)\in\bar{B}_\epsilon(x_*)$ 成立。此外，F 是一个下降映射，有 $f(F(x))\leqslant f(x)<\alpha$。对于 $\forall x\in\mathcal{V}$，可得 $F(x)\in\mathcal{V}$。$F^{(n)}(x)\in\mathcal{V}\subset\mathcal{U},\forall x\in\mathcal{V}$，是稳定的。更进一步地，假设 x_* 是函数 f 仅有的驻点，那么对于所有 $x\in\mathcal{V}$ 有 $\lim\limits_{n\to\infty}F^{(n)}(x)=x_*$，且是渐近稳定的 [344]。

7.4 基于黎曼牛顿的特征值问题求解

7.4.1 特征值问题的黎曼 Hessian

函数（7.1）的黎曼梯度为

$$\mathrm{grad}f(x)=P_{T_xS^{n-1}}\nabla f(x)=(I-xx^{\mathrm{T}})(2Ax) \tag{7.5}$$

其中，∇ 表示欧氏空间梯度。

函数 $f(x)$ 的黎曼 Hessian，记为 $\text{Hess}_x : T_xS^{n-1} \to T_xS^{n-1}$。其具体形式为 [345]

$$\begin{aligned}\text{Hess}_x f(x)[\xi] &= P_{T_xS^{n-1}}(\text{D}(\text{grad} f(x))[\xi]) \\ &= 2P_{T_xS^{n-1}}(\text{D}(P_{T_xS^{n-1}}Ax)[\xi]) \\ &= 2P_{T_xS^{n-1}}(A\xi + \dot{P}_{T_xS^{n-1}}Ax), \quad \xi \in T_xS^{n-1}\end{aligned} \tag{7.6}$$

其中，D 表示微分映射，也就是方向导数，且有

$$\dot{P}_{T_xS^{n-1}}Ax = \text{D}(P_{T_xS^{n-1}})[\xi]Ax = -(x^{\text{T}}Ax)\xi - (\xi^{\text{T}}Ax)x$$

因为 $P_{T_xS^{n-1}} = 0$，且有 $P_{T_xS^{n-1}}\xi = \xi$，所以可得到

$$\text{Hess}_x f(x)[\xi] = 2P_{T_xS^{n-1}}[A - (x^{\text{T}}Ax)I]P_{T_xS^{n-1}}\xi \tag{7.7}$$

那么，黎曼牛顿法的第 k 步形式为

$$\text{Hess}_{x_k} f(x_k)[\xi_k] = -\text{grad} f(x_k), \quad \xi_k \in T_{x_k}S^{n-1} \tag{7.8}$$

其中，收缩的定义为

$$x_k = \frac{x_k + \xi_k}{\|x_k + \xi_k\|} \tag{7.9}$$

可以把变量 $x_k + \xi_k$“拉回”至流形空间 S^{n-1}。综合考虑式（7.5）和式（7.7），可将式（7.8）重写为

$$(I - x_kx_k^{\text{T}})(A - f(x_k)I)(I - x_kx_k^{\text{T}})\xi_k = -r_k, \quad x_k^{\text{T}}\xi_k = 0 \tag{7.10}$$

其中，

$$f(x_k) = x_k^{\text{T}}Ax_k, \quad r_k = (I - x_kx_k^{\text{T}})Ax_k = Ax_k - f(x_k)x_k$$

方程（7.10）称为 Jacobi 修正方程 [346]。需要注意的是，如果没有映射 $(I - x_kx_k^{\text{T}})$，可得到下面的 Davidson 方程：

$$(A - f(x_k)I)\xi_k = -r_k$$

其解 $\xi_k = -x_k$ 与近似变量 x_k 共线。因此，Davidson 方程是一种非精确的求解方法。已有的 Davidson 方程 [347] 使用矩阵 A 相应的对角矩阵来转换 A。如果 Jacobi 修正方程（7.10）使用 Krylov 迭代法进行非精确求解，那么其解将与 x_k 正交并具有稳定性。此外，因为本章算法采用牛顿的形式，所以它具有局部超线性收敛性。本章将扩展 Jacobi 修正方程（7.10），并考虑所提出算法的低秩流形子空间加速形式。

7.4.2 定秩流形上的 Jacobi 修正方程

设 $x \in \mathbf{R}^{nm}$ 是 A 的特征向量，$X \in \mathbf{R}^{n\times m}$ 是其矩阵形式：$x = \mathrm{vec}(X)$。其中，vec 表示将 $n \times m$ 矩阵逐列构建为 nm 大小的向量。假设矩阵 X 的近似秩为 r。为了近似最小特征值，可求解下面的优化问题：

$$\min f(x) = x^{\mathrm{T}}Ax, \quad \text{s.t. } x \in S^{nm-1} \cap \mathcal{M}_r \tag{7.11}$$

其中，

$$\mathcal{M}_r = \{\mathrm{vec}(X), X \in \mathbf{R}^{n\times m} : \mathrm{rank}(X) = r\}$$

该形式形成 $\mathbf{R}^{nm}$ 空间的一个光滑嵌入子流形且维数为 $(m+n)r - r^2$[147]。通过类比推导雅可比方程，可将流形 $\mathcal{M}$ 与球面 S^{nm-1} 相交。基于下面的命题，可以看到 $S^{nm-1} \cap \mathcal{M}_r$ 形成 $\mathbf{R}^{nm}$ 空间的一个光滑嵌入子流形。因此，问题（7.11）被认为是黎曼流形最优化问题。

命题 7.1 设 $\mathcal{N} = S^{nm-1} \cap \mathcal{M}_r$，那么有如下特性：

(1) $\mathcal{N}$ 形成 $\mathbf{R}^{nm}$ 空间的一个光滑嵌入子流形且维数为 $(m+n)r - r^2 - 1$；

(2) $\mathcal{N}(\mathrm{vec}(x) \in \mathcal{N})$ 的切空间可由奇异值分解给出：$X = USV^{\mathrm{T}}$，$U^{\mathrm{T}}U = I$，$V^{\mathrm{T}}V = I$，$S = \mathrm{diag}(\sigma_1, \sigma_2, \cdots, \sigma_r), \sigma_1 \geqslant \sigma_2 \geqslant \cdots \geqslant \sigma_r > 0$，且具有下面的形式：

$$T_X\mathcal{N} = \{\mathrm{vec}(U_\xi V^{\mathrm{T}} + UV_\xi^{\mathrm{T}} + US_\xi V^{\mathrm{T}}) : U_\xi \perp U, V_\xi \perp V, \mathrm{vec}(S_\xi) \perp \mathrm{vec}(S)\}$$

(3) 正交映射 $P_{T_X\mathcal{N}}$ 可重写为

$$\begin{aligned} P_{T_X\mathcal{N}} &= P_{T_X\mathcal{M}_r} P_{T_X S^{nm-1}} \\ &= P_{T_X S^{nm-1}} P_{T_X\mathcal{M}_r} P_{T_X\mathcal{M}_r} - \mathrm{vec}(X)\mathrm{vec}^{\mathrm{T}}(X) \end{aligned} \tag{7.12}$$

其中，$P_{T_X\mathcal{M}_r}$ 是映射至 $\mathcal{M}_r$ 的正交映射：

$$P_{T_X\mathcal{M}_r} = VV^{\mathrm{T}} \otimes UU^{\mathrm{T}} + VV^{\mathrm{T}} \otimes (I_n - UU^{\mathrm{T}}) + (I_m - VV^{\mathrm{T}}) \otimes UU^{\mathrm{T}}$$

证明 第一个特性的证明可基于 $\mathcal{M}_r$ 和 S^{nm-1} 是横向嵌入子流形这一事实。容易验证

$$T_X\mathcal{M}_r + T_X S^{nm-1} = \mathbf{R}^{nm}$$

因此，$\mathcal{N}$ 的横截性 [147] 可形成 $\mathbf{R}^{nm}$ 空间的一个光滑嵌入子流形，且其维数为

$$\dim(\mathcal{M}_r) + \dim(S^{nm-1}) - \dim(\mathbf{R}^{nm}) = (n+m)r - r^2 - 1$$

对于第二个特性的证明，可以看到向量 $\xi = T_X\mathcal{M}_r$ 具有下面的形式：

$$\xi = \mathrm{vec}(U_\xi V^{\mathrm{T}} + UV_\xi^{\mathrm{T}} + US_\xi V^{\mathrm{T}}) \tag{7.13}$$

且具有 Gauge 条件：

$$U_\xi \perp U, \quad V_\xi \perp V \tag{7.14}$$

为了获得 $\xi \in T_X S^{nm-1} \cap T_X\mathcal{M}_r$ 的参数化形式，需要综合考虑 $\xi \in T_X S^{nm-1}$ 和 $\xi^{\mathrm{T}} x = 0$。因此，可得到下面的 Gauge 条件：

$$\mathrm{vec}(S_\xi) \perp \mathrm{vec}(S) \tag{7.15}$$

下面通过证明算子 $P_{T_X\mathcal{M}_r}$ 和 $P_{T_X S^{nm-1}}$ 是可交换的来验证第三个特性。设

$$P_{T_X\mathcal{N}} = P_{T_X\mathcal{M}_r} P_{T_X S^{nm-1}} = P_{T_X S^{nm-1}} P_{T_X\mathcal{M}_r} \tag{7.16}$$

是映射于空间 $T_X\mathcal{M}_r$ 和空间 $T_X S^{nm-1}$ 之交的正交映射。由于

$$\mathrm{vec}(X)\mathrm{vec}(X)^{\mathrm{T}} = (V \otimes U)\mathrm{vec}(S)\mathrm{vec}(S)^{\mathrm{T}}(V^{\mathrm{T}} \otimes U^{\mathrm{T}})$$

且

$$UU^{\mathrm{T}}(I - UU^{\mathrm{T}}) = 0, \quad VV^{\mathrm{T}}(I - VV^{\mathrm{T}}) = 0$$

可以得到

$$P_{T_X\mathcal{M}_r}\mathrm{vec}(X)\mathrm{vec}(X)^{\mathrm{T}} = \mathrm{vec}(X)\mathrm{vec}(X)^{\mathrm{T}} = \mathrm{vec}(X)\mathrm{vec}(X)^{\mathrm{T}} P_{T_X\mathcal{M}_r}$$

因为 $P_{T_X S^{nm-1}} = I - \mathrm{vec}(X)\mathrm{vec}(X)^{\mathrm{T}}$，所以可得

$$P_{T_X\mathcal{N}} = P_{T_X\mathcal{M}_r} P_{T_X S^{nm-1}} = P_{T_X\mathcal{M}_r}(I - \mathrm{vec}(X)\mathrm{vec}(X)^{\mathrm{T}})$$

$$P_{T_X\mathcal{M}_r} - \mathrm{vec}(X)\mathrm{vec}(X)^{\mathrm{T}} = P_{T_X S^{nm-1}} P_{T_X\mathcal{M}_r}$$

至此，命题得证。

下面给出广义 Jacobi 修正方法，它是 $\mathcal{N}$ 上的黎曼牛顿法。基于式 (7.12)，以及 $x = \mathrm{vec}(X)$，可得

$$\begin{aligned}\mathrm{grad} f(x) &= P_{T_X\mathcal{N}} \nabla f(x) \\ &= P_{T_X\mathcal{M}_r}(I - xx^{\mathrm{T}}) \nabla f(x) \\ &= 2P_{T_X\mathcal{M}_r}(I - xx^{\mathrm{T}}) Ax.\end{aligned} \tag{7.17}$$

类似于式（7.6），基于式（7.12）可得

$$\begin{aligned}\mathrm{Hess}_X f(x)[\xi] &= P_{T_X\mathcal{N}}(A\xi + \dot{P}_{T_X\mathcal{N}}Ax) \\ &= 2P_{T_X\mathcal{N}}(A\xi - x\xi^{\mathrm{T}}Ax - \xi x^{\mathrm{T}}Ax + \dot{P}_{T_X\mathcal{M}_r}Ax), \quad x \in T_X\mathcal{N}\end{aligned}$$

基于式（7.12），可得 $P_{T_X\mathcal{N}}x = P_{T_X\mathcal{M}_r}P_{T_X S^{nm-1}}x = 0$，因此有

$$\begin{aligned}\mathrm{Hess}_X f(x)[\xi] &= 2P_{T_X\mathcal{N}}[A - (x^{\mathrm{T}}Ax)I]\xi + P_{T_X\mathcal{N}}\dot{P}_{T_X\mathcal{M}_r}Ax \\ &= 2P_{T_X\mathcal{M}_r}(I - xx^{\mathrm{T}})[A - (x^{\mathrm{T}}Ax)I]\xi + P_{T_X\mathcal{N}}\dot{P}_{T_X\mathcal{M}_r}Ax\end{aligned}$$

其中，$P_{T_X\mathcal{N}}\dot{P}_{T_X\mathcal{M}_r}Ax$ 表示低秩流形的曲率，包含奇异值的逆。如果过高估计矩阵的秩，那么奇异值将会比较小，这会使得整个运算过程不稳定。类似于文献[338]，忽略这一项，可得到非精确牛顿法，并可视为约束高斯–牛顿法。通过忽略 $P_{T_X\mathcal{N}}\dot{P}_{T_X\mathcal{M}_r}Ax$，可得

$$\mathrm{Hess}_X f(x)[\xi] \approx 2P_{T_X\mathcal{M}_r}(I - xx^{\mathrm{T}})(A - f(x)I)\xi$$

或者有下面的对称形式：

$$\mathrm{Hess}_X f(x)[\xi] \approx 2P_{T_X\mathcal{M}_r}(I - xx^{\mathrm{T}})(A - f(x)I)(I - xx^{\mathrm{T}})P_{T_X\mathcal{M}_r}\xi \tag{7.18}$$

基于式（7.17）和式（7.18），可以给出下面的线性方程（非精确牛顿法）：

$$\begin{aligned}&(I - xx^{\mathrm{T}})[P_{T_X\mathcal{M}_r}(A - f(x)I)P_{T_X\mathcal{M}_r}](I - xx^{\mathrm{T}})\xi = -P_{T_X\mathcal{M}_r}(I - xx^{\mathrm{T}})Ax \\ &\xi^{\mathrm{T}}x = 0, \quad \xi \in T_X\mathcal{M}_r\end{aligned} \tag{7.19}$$

式（7.19）与原有的 Jacobi 修正方程（7.10）有着类似的形式。

方程（7.19）是一个线性方程，但是未知变量数目与切空间维数 $(n+m)r - r^2 - 1$ 相同。下一步将推导局部线性方程，即易于实现且具有较小维数的方程。因此，给出命题 7.2。

命题 7.2 方程（7.19）解的形式是

$$\xi = \mathrm{vec}(U_\xi V^{\mathrm{T}} + UV_\xi^{\mathrm{T}} + US_\xi V^{\mathrm{T}})$$

且可由下面的局部方程给出：

$$(I - BB^{\mathrm{T}})(A - f(x)I)_{\mathrm{loc}}(I - BB^{\mathrm{T}})\tau_\xi = -(I - BB^{\mathrm{T}})_g, \quad B^{\mathrm{T}}\tau_\xi = 0 \tag{7.20}$$

可得

$$\tau_\xi = \begin{bmatrix}\mathrm{vec}(U_\xi) \\ \mathrm{vec}(V_\xi^{\mathrm{T}}) \\ \mathrm{vec}(S_\xi)\end{bmatrix}, \quad g = \begin{bmatrix}A_{v,v}\mathrm{vec}(US) \\ A_{u,u}\mathrm{vec}(SV^{\mathrm{T}}) \\ A_{vu,vu}\mathrm{vec}(S)\end{bmatrix}, \quad B = \begin{bmatrix}I_r \otimes U & 0 & 0 \\ 0 & V \otimes I_r & 0 \\ 0 & 0 & \mathrm{vec}(S)\end{bmatrix}$$

$$(A-f(x)I)_{\text{loc}}=\begin{bmatrix}(A-f(x)I)_{v,v} & (A-f(x)I)_{v,u} & (A-f(x)I)_{v,uv}\\(A-f(x)I)_{u,v} & (A-f(x)I)_{u,u} & (A-f(x)I)_{u,vu}\\(A-f(x)I)_{vu,v} & (A-f(x)I)_{vu,u} & (A-f(x)I)_{vu,vu}\end{bmatrix}$$

证明　注意到 $P_{T_X\mathcal{M}_r}$ 是三个正交映射的和：

$$\begin{aligned}&P_{T_X\mathcal{M}_r}=P_1+P_2+P_3\\&P_1=VV^{\mathrm{T}}\otimes(I_n-UU^{\mathrm{T}})\\&P_2=(I_m-VV^{\mathrm{T}})\otimes UU^{\mathrm{T}}\\&P_3=VV^{\mathrm{T}}\otimes UU^{\mathrm{T}}\end{aligned}$$

由 $P_iP_j=O,i\neq j$ 以及 $P_i^2=P_i$，可以得到

$$\begin{aligned}&\begin{bmatrix}P_1\\P_2\\P_3\end{bmatrix}(I-xx^{\mathrm{T}})(A-f(x)I)(I-xx^{\mathrm{T}})\begin{bmatrix}P_1 & P_2 & P_3\end{bmatrix}\begin{bmatrix}P_1\xi\\P_2\xi\\P_3\xi\end{bmatrix}\\&=\begin{bmatrix}P_1\\P_2\\P_3\end{bmatrix}(I-xx^{\mathrm{T}})Ax\end{aligned}\tag{7.21}$$

很容易验证：

$$\begin{aligned}P_1(I-xx^{\mathrm{T}})&=P_1=(V\otimes I_n)[V^{\mathrm{T}}\otimes(I_n-UU^{\mathrm{T}})]\\P_2(I-xx^{\mathrm{T}})&=P_2=(I_m\otimes U)[(I_m-VV^{\mathrm{T}})\otimes U^{\mathrm{T}}]\\P_3(I-xx^{\mathrm{T}})&=(VV^{\mathrm{T}}\otimes UU^{\mathrm{T}})[I-(V\otimes U)\mathrm{vec}(S)(\mathrm{vec}(S))^{\mathrm{T}}(V^{\mathrm{T}}\otimes U^{\mathrm{T}})]\\&=(V\otimes U)[I_{r^2}-\mathrm{vec}(S)(\mathrm{vec}(S))^{\mathrm{T}}](V^{\mathrm{T}}\otimes U^{\mathrm{T}})\end{aligned}$$

基于式 (7.13)，可得

$$\begin{aligned}&P_1\xi=V\otimes(I_n-UU^{\mathrm{T}})\mathrm{vec}(U_\xi)\\&P_2\xi=(I_m-VV^{\mathrm{T}})\otimes U\mathrm{vec}(V_\xi^{\mathrm{T}})\\&P_2\xi=V\otimes U\mathrm{vec}(S_\xi)\end{aligned}$$

因此，式 (7.21) 的第一行可重写为

$$
\begin{aligned}
V\otimes(I_n-UU^{\mathrm{T}})&\underbrace{(V^{\mathrm{T}}\otimes I)(A-f(x)I)(V\otimes I_n)}_{(A-f(x)I)_{v,v}}[I_r\otimes(I_n-UU^{\mathrm{T}})]\mathrm{vec}(U_\xi)\\
&+\underbrace{(V^{\mathrm{T}}\otimes I)(A-f(x)I)(I_m\otimes U)}_{(A-f(x)I)_{v,u}}[(I_m-VV^{\mathrm{T}})\otimes I_r]\mathrm{vec}(V_\xi^{\mathrm{T}})\\
&+\underbrace{(V^{\mathrm{T}}\otimes I)(A-f(x)I)(V\otimes U)}_{(A-f(x)I)_{v,uv}}(I_{r^2}-\mathrm{vec}(S)(\mathrm{vec}(S))^{\mathrm{T}})\mathrm{vec}(S_\xi)\\
&=V\otimes(I_n-UU^{\mathrm{T}})\underbrace{(V^{\mathrm{T}}\otimes I)A(V\otimes I_n)}_{A_{v,v}}\mathrm{vec}(US)
\end{aligned}
$$

其他行可以依此类推。

备注 7.2 对于 $nm\times nm$ 矩阵 C，使用下面的表示形式：

$$
\begin{aligned}
C_{v,v}&=(V_k^{\mathrm{T}}\otimes I_n)C(V_k\otimes I_n)\in\mathbf{R}^{nr\times nr}\\
C_{v,u}&=(V_k^{\mathrm{T}}\otimes I_n)C(I_m\otimes U_k)\in\mathbf{R}^{nr\times mr}\\
C_{v,vu}&=(V_k^{\mathrm{T}}\otimes I_n)C(V_k\otimes U_k)\in\mathbf{R}^{nr\times r^2}
\end{aligned}
$$

矩阵 $C_{vu,v}$、$C_{vu,u}$、$C_{vu,vu}$ 可依此类推。

类似于式（7.9），参考式（7.20）可以得到解 ξ。因此，需要将向量 $x+\xi$ 从切空间映射回流形空间。下面直接给出一个命题，显式地给出 $\mathcal{N}$ 上的收缩。

命题 7.3 设 R_r 是从切从 $T\mathcal{M}_r$ 映射至 $\mathcal{M}_r$ 的收缩，那么

$$
R_X(\xi)=\frac{R_X^r(\xi)}{\|R_X^r(\xi)\|} \tag{7.22}
$$

是映射至 $\mathcal{N}$ 的收缩。

证明 基于文献 [9]，验证 R 是一个收缩，并检查下面的三个基本性质：

(1) 在 $T\mathcal{N}$ 中零元素的邻域具有光滑特性；

(2) 对于所有 $X\in\mathcal{N}$，有 $R_X(0)=X$；

(3) 对于所有 $X\in\mathcal{N}$ 和 $\xi\in T_X\mathcal{N}$，有 $\dfrac{\mathrm{d}}{\mathrm{d}t}R_X(t\xi)|_{t=0}=\xi$。

第一个属性是 R_r 的光滑特性。当 $R_X^r(0)=X,\|X\|=1,X\in\mathcal{N}$ 时，第二个属性成立。下面验证第三个属性：

$$
\begin{aligned}
&\frac{\mathrm{d}}{\mathrm{d}t}R_X(t\xi)|_{t=0}=\frac{\mathrm{d}}{\mathrm{d}t}\left(\frac{R_X(t\xi)}{\|R_X(t\xi)\|}\right)\bigg|_{t=0}\\
&=\frac{\dfrac{\mathrm{d}}{\mathrm{d}t}R_X(t\xi)|_{t=0}\left\|\dfrac{\mathrm{d}}{\mathrm{d}t}R_X(t\xi)|_{t=0}\right\|-\dfrac{\mathrm{d}}{\mathrm{d}t}\|R_X^r(t\xi)\||_{t=0}R_X^r(t\xi)|_{t=0}}{\|R_X^r(t\xi)|_{t=0}\|^2}
\end{aligned} \tag{7.23}
$$

因为对于所有 $X \in \mathcal{N}$，有 $(X,\xi)=0$，所以可得

$$\begin{aligned}\frac{\mathrm{d}}{\mathrm{d}t}\|R_X^r(t\xi)\|\|_{t=0} &= \frac{\left(\frac{\mathrm{d}}{\mathrm{d}t}R_X^r(t\xi), R_X^r(t\xi)\right)\Big|_{t=0} + \left(R_X^r(t\xi), \frac{\mathrm{d}}{\mathrm{d}t}R_X^r(t\xi)\right)\Big|_{t=0}}{2\|R_X^r(t\xi)|_{t=0}\|} \\ &= \frac{(\xi,X)+(X,\xi)}{2\|X\|} = 0, \quad X \in \mathcal{N}, \xi \in T_X\mathcal{N}\end{aligned}$$

将上面的表达式代入方程（7.23），并考虑

$$\|R_X^r(t\xi)|_{t=0}\| = \|R_X^r(0)\| = \|X\| = 1$$

可以得到 $\frac{\mathrm{d}}{\mathrm{d}t}R_X(t\xi)|_{t=0}=\xi$。命题得证。

备注 7.3　收缩（7.22）是两个收缩的组合：低秩流形 $\mathcal{M}_r$ 上的收缩；球面 S^{n-1} 上的收缩，需要注意的是，该收缩的逆可能不是一个收缩，这是因为该收缩的逆不能映射至流形 $\mathcal{N}$。

基于文献 [215]，可以使用下面的收缩（流形 $\mathcal{M}_r$）：

$$R_r(x,\xi) = R_r(x+\xi) = P_{\mathcal{M}_r}(x+\xi)$$

其中，

$$P_{\mathcal{M}_r}(x+\xi) = \arg\min_{y\in\mathcal{M}_r} \|y-(x+\xi)\|$$

对于一些 ξ，收缩可使用奇异值分解进行计算。于是有

$$\begin{aligned} x+\xi &= \mathrm{vec}(USV^{\mathrm{T}} + U_\xi V^{\mathrm{T}} + UV_\xi^{\mathrm{T}} + US_\xi V^{\mathrm{T}}) \\ &= \mathrm{vec}\left(\begin{bmatrix} U & U_\xi \end{bmatrix}\begin{bmatrix} S+S_\xi & I \\ I & O \end{bmatrix}\begin{bmatrix} V & V_\xi \end{bmatrix}^{\mathrm{T}}\right)\end{aligned}$$

通过 QR 分解，可得

$$Q_U R_U = [U \quad U_\xi], \quad Q_V R_V = [V \quad V_\xi]$$

此外，具有截断秩 r 的截断奇异值分解是

$$R_U \begin{bmatrix} S+S_\xi & I \\ I & O \end{bmatrix} R_V^{\mathrm{T}}$$

有 r 个对应的奇异向量 $U_r \in \mathbf{R}^{2r\times r}, V_r \in \mathbf{R}^{2r\times r}$，以及奇异值矩阵 $S_r \in \mathbf{R}^{r\times r}$。因此，$R_r(x+\xi)$ 相应的收缩形式为

$$R_r(x+\xi) = (Q_U U_r)S_r(Q_V V_r)^{\mathrm{T}}$$

基于式 (7.22)，其最终的形式为

$$R_r(x,\xi)=R_r(x+\xi)=(Q_U U_r)\frac{S_r}{\|S_r\|}(Q_V V_r)^{\mathrm{T}} \tag{7.24}$$

下面回顾矩阵 $(A-f(x)I)_{\text{loc}}$ 的一些重要性质。假设寻找最小的特征值 λ_1，且 $f(x)$ 与 λ_1 的距离比与 λ_2 的距离更近，也就是矩阵 $A-f(x)I$ 是非负正定的。

矩阵 $(A-f(x)I)_{\text{loc}}$ 是奇异的，即存在一个非零向量

$$\begin{bmatrix}\operatorname{vec}(U)\\-\operatorname{vec}(V^{\mathrm{T}})\\0\end{bmatrix}$$

是 $(A-f(x)I)_{\text{loc}}$ 的零空间。在不满足 Gauge 条件下，这是切向量不唯一表示特性的结果。然而，$(A-f(x)I)_{\text{loc}}$ 是正定的：

$$B^{\mathrm{T}}\tau_z=0,\quad \tau_z=\begin{bmatrix}\operatorname{vec}(U)\\-\operatorname{vec}(V^{\mathrm{T}})\\0\end{bmatrix}$$

其中，B 由方程 (7.20) 给出，也就是

$$\begin{aligned}&\min_{B^{\mathrm{T}}\tau_z=0,\tau_z\neq0}(\tau_z,(A-f(x)I)_{\text{loc}}\tau_z)\\&=\min_{B^{\mathrm{T}}\tau_z=0,\tau_z\neq0}(\operatorname{vec}(U_zV^{\mathrm{T}}+UV_z^{\mathrm{T}}+US_zV^{\mathrm{T}}),\\&\qquad\qquad(A-f(x)I)\operatorname{vec}(U_zV^{\mathrm{T}}+UV_z^{\mathrm{T}}+US_zV^{\mathrm{T}}))\\&=\min_{z\in T_x\mathcal{N},z\neq0}(z,(A-f(x)I)z)\geqslant\min_{z\perp x,z\neq0}(z,(A-f(x)I)z)\\&\geqslant\lambda_1+\lambda_2-2f(x)\end{aligned}\tag{7.25}$$

最后一个不等式基于文献 [348] 中的引理 3.1。因此，$f(x)$ 与 λ_1 的距离比与 λ_2 的距离更近，且矩阵 $A-f(x)I$ 非负正定。

考虑矩阵

$$(I-BB^t)(A-f(x)I)_{\text{loc}}(I-BB^t)$$

的条件数不会影响 $f(x)$ 收敛至真实的特征值。条件数如下：

$$\kappa=\frac{\max\limits_{B^{\mathrm{T}}\tau_z=0,\tau_z\neq0}q(\tau_z)}{\min\limits_{B^{\mathrm{T}}\tau_z=0,\tau_z\neq0}q(\tau_z)},\quad q(\tau_z)=\frac{(\tau_z,(A-f(x)I)_{\text{loc}}\tau_z)}{(\tau_z,\tau_z)}$$

类似于式 (7.25)，可得

$$\kappa \leqslant \frac{\max\limits_{z \perp x, z \neq 0} q(z)}{\min\limits_{z \perp x, z \neq 0} q(z)}$$

在原有的 JD 修正方程中，该表达式是有界的。

7.4.3 子空间加速

因为本章所考虑的黎曼牛顿法是非精确的，所以只给出了线性方程的近似解。现给出下面的线搜索方程：

$$x_{\text{new}} = R(x + \alpha\xi) \tag{7.26}$$

其中，

$$\alpha = \arg\min_{\alpha} f(R(x + \alpha\xi))$$

该参数的确定可使用 Armijo 后搜索准则进行简单的近似：

$$\alpha \approx \arg\min_{\alpha} f(x + \alpha\xi)$$

为了加速收敛，可以充分利用上一个迭代变量的信息。然而，为了减少计算的不稳定性并减少计算复杂度，需要使用向量传输。经过 k 次迭代，可得到基 $\mathcal{V}_{b-1} = [v_1, v_2, \cdots, v_{b-1}], b \leqslant k$，并将其映射至 $T_{X_k}\mathcal{M}_r$：

$$\widetilde{\mathcal{V}}_{b-1} = [P_{T_{X_k}\mathcal{M}_r} v_1, P_{T_{X_k}\mathcal{M}_r} v_2, \cdots, P_{T_{X_k}\mathcal{M}_r} v_{b-1}]$$

如果需要，可以对 $\widetilde{\mathcal{V}}_{b-1}$ 向量进行正交化。需要注意的是，正交化过程的计算量不大。给定方程 (7.19) 的解 ξ 后，下一步将是扩展 $\widetilde{\mathcal{V}}_{b-1}$：

$$\mathcal{V}_b = [\widetilde{\mathcal{V}}_{b-1}, v_b] \tag{7.27}$$

本章通过 Rayleigh-Ritz 过程近似 x。首先计算 $\mathcal{V}_b^{\mathrm{T}} A \mathcal{V}_b$，然后寻找下面的特征对 (θ, c):

$$\mathcal{V}_b^{\mathrm{T}} A \mathcal{V}_b c = \theta c \tag{7.28}$$

并对应着所期望的特征值。最后，Ritz 向量 c 可以给出一个新的近似值 x：

$$x_{k+1} = \mathcal{V}_b c$$

需要注意的是，$\mathcal{V}_b$ 的列主要基于 $T_{X_k}\mathcal{M}_r$，不会导致矩阵秩的增加。如果要维持定秩 r，那么需要优化系数 c：

$$x_{k+1} = R(\mathcal{V}_b c_{\text{opt}}), \quad c_{\text{opt}} = \arg\min_{c_1, c_2, \cdots, c_b} f(R(\mathcal{V}_b c))$$

7.4.4 计算复杂度分析

本节将讨论如何求解 Jacobi 修正方程。矩阵 A 的形式：

$$A = \sum_{\alpha=1}^{R} F_\alpha \otimes G_\alpha \tag{7.29}$$

其中，F_α 和 G_α 分别是 $n \times n$ 矩阵和 $m \times m$ 矩阵。假设 F_α 和 G_α 向量乘法的计算复杂度分别是 $\mathcal{O}(n)$ 和 $\mathcal{O}(m)$。

下面考虑 A_{loc} 第一行块的乘法：

$$\begin{aligned} u =& A_{v,v}\mathrm{vec}(U) + A_{v,u}\mathrm{vec}(V^{\mathrm{T}}) + A_{vu,vu}\mathrm{vec}(S) \\ &= (V_k^{\mathrm{T}} \otimes I_n)A(\mathrm{vec}(UV_k^{\mathrm{T}} + U_k V^{\mathrm{T}} + U_k S V_k^{\mathrm{T}})) \\ &= (V_k^{\mathrm{T}} \otimes I_n)A(\mathrm{vec}(UV_k^{\mathrm{T}} + U_k(V^{\mathrm{T}} + SV_k^{\mathrm{T}}))) \end{aligned} \tag{7.30}$$

将式（7.29）代入式（7.30），可得

$$\begin{aligned} u &= (V_k^{\mathrm{T}} \otimes I_n)\left(\sum_{\alpha=1}^{R} F_\alpha \otimes G_\alpha\right)\left[(V_k \otimes I_n)\mathrm{vec}(U) + (I_n \otimes U_k)\mathrm{vec}(V^{\mathrm{T}} + SV_k^{\mathrm{T}})\right] \\ &= \left(\sum_{\alpha=1}^{R} (V_k^{\mathrm{T}} F_\alpha V_k) \otimes G_\alpha\right)\mathrm{vec}(U) + \left(\sum_{\alpha=1}^{R} (V_k^{\mathrm{T}} F_\alpha) \otimes (G_\alpha U_k)\right)\mathrm{vec}(V^{\mathrm{T}} + SV_k^{\mathrm{T}}) \end{aligned}$$

综合考虑这些公式，可得到 $r \times r$ 矩阵 $V_k^{\mathrm{T}} F_\alpha V_k$ 的计算复杂度是 $\mathcal{O}(nr^2 + nr)$，$V_k^{\mathrm{T}} F_\alpha V_k \otimes G_\alpha$ 与向量进行乘法操作的计算复杂度是 $\mathcal{O}(mr^2 + mr)$，$V^{\mathrm{T}} F_\alpha$ 和 $G_\alpha U_k$ 的计算复杂度分别是 $\mathcal{O}(n^2 r)$ 和 $\mathcal{O}(m^2 r)$。因此，矩阵–向量乘法操作的计算复杂度是 $\mathcal{O}((m+n)r^2)$。

在子空间加速过程中，将向量 $\mathcal{V}_b$（7.27）映射至切空间，每个向量映射的计算复杂度是 $\mathcal{O}((m+n)r^2)$。假设 $r \ll n, m$，则整个算法的计算复杂度是 $\mathcal{O}((m+n)r(R+r))$。

7.4.5 局部方程的块 Jacobi 预条件

基于文献 [349]，预条件公式的形式为

$$M_d = (I - xx^{\mathrm{T}})M(I - xx^{\mathrm{T}})$$

其中，M 是对 $A - f(x)I$ 的近似。

此外，基于 M 的方程可很简便地求解，也就是

$$M_d y = z$$

因此，可以得到下面的解析式：

$$y = -\lambda M^{-1}x - M^{-1}z, \quad \lambda = -\frac{x^{\mathrm{T}}M^{-1}z}{x^{\mathrm{T}}M^{-1}x} \tag{7.31}$$

基于上述概念，考虑下面的预条件公式：

$$M_d = (I - BB^{\mathrm{T}})M_{\mathrm{loc}}(I - BB^{\mathrm{T}}) \tag{7.32}$$

其中，M_{loc} 是 $(A - f(x)I)_{\mathrm{loc}}$ 的近似。使用块 Jacobi 预条件：

$$\begin{aligned} M_d &= (I - BB^{\mathrm{T}})\begin{bmatrix} A_{v,v} - f(x)I & 0 & 0 \\ 0 & A_{u,u} - f(x)I & 0 \\ 0 & 0 & A_{vu,vu} - f(x)I \end{bmatrix}(I - BB^{\mathrm{T}}) \\ &= \begin{bmatrix} P_U^{\perp}(A_{v,v} - f(x)I)P_U^{\perp} & 0 & 0 \\ 0 & P_V^{\perp}(A_{u,u} - f(x)I)P_V^{\perp} & 0 \\ 0 & 0 & P_S^{\perp}(A_{vu,vu} - f(x)I)P_S^{\perp} \end{bmatrix} \end{aligned} \tag{7.33}$$

其中，投影矩阵 $P_U^{\perp}$、$P_V^{\perp}$ 和 $P_S^{\perp}$ 的定义分别是

$$\begin{aligned} P_U^{\perp} &= I_r \otimes (I_n - UU^{\mathrm{T}}) \\ P_V^{\perp} &= (I_n - VV^{\mathrm{T}}) \otimes I_r \\ P_S^{\perp} &= I_{r^2} - \mathrm{vec}(S)(\mathrm{vec}(S))^{\mathrm{T}} \end{aligned}$$

由于矩阵的大小是 $r^2 \times r^2$，该方程可以直接求解：

$$P_S^{\perp}(A_{vu,vu} - f(x)I)P_S^{\perp}y = P_S^{\perp}z, \quad y^{\mathrm{T}}\mathrm{vec}(S) = 0$$

基于式 (7.31)，可以直接得到

$$y = (A_{vu,vu} - f(x)I)^{-1}P_S^{\perp} - \lambda_S(A_{vu,vu} - f(x)I)^{-1}\mathrm{vec}(S)$$

其中，

$$\lambda_S = \frac{\mathrm{vec}(S)^{\mathrm{T}}(A_{vu,vu} - f(x)I)^{-1}P_S^{\perp}z}{\mathrm{vec}(S)^{\mathrm{T}}(A_{vu,vu} - f(x)I)^{-1}P_S^{\perp}\mathrm{vec}(S)}$$

下面求解

$$P_U^{\perp}(A_{v,v} - f(x)I)P_U^{\perp}y = z, \quad P_U^{\perp}y = y$$

或

$$[I_r \otimes (I_n - UU^{\mathrm{T}})](A_{v,v} - f(x)I)[I_r \otimes (I_n - UU^{\mathrm{T}})]y = z, \quad (I_r \otimes U^{\mathrm{T}})y = 0$$

那么有

$$(A_{v,v} - f(x)I)y - (I_r \otimes U)\Lambda = z$$

其中，Λ 应满足 $(I_r \otimes U^{\mathrm{T}})y = 0$。

基于一个合适的预条件 M_{vv}，使用下面的表达式近似 $(A_{v,v} - f(x)I)$:

$$y - M_{vv}^{-1}(I_r \otimes U)\Lambda = M_{vv}^{-1}z$$

两边同时乘以 $(I_r \otimes U^{\mathrm{T}})$，可得到

$$\Lambda = -[(I_r \otimes U^{\mathrm{T}})M_{vv}^{-1}(I_r \otimes U)]^{-1}M_{vv}^{-1}z$$

以及

$$y = M_{vv}^{-1}(I_r \otimes U)\Lambda + M_{vv}^{-1}z$$

类似地，对于问题

$$P_V^{\perp}(A_{u,u} - f(x)I)P_V^{\perp}y = z, \quad P_V^{\perp}y = y$$

可以得到

$$y = M_{uu}^{-1}(V \otimes I_r)\Lambda + M_{uu}^{-1}z, \quad \Lambda = -[(V^{\mathrm{T}} \otimes I_r)M_{uu}^{-1}(V \otimes I_r)]^{-1}M_{uu}^{-1}z$$

矩阵 $[(V^{\mathrm{T}} \otimes I_r)M_{uu}^{-1}(V \otimes I_r)]$ 和 $[(I_r \otimes U^{\mathrm{T}})M_{vv}^{-1}(I_r \otimes U)]$ 的大小是 $r \times r$，且较容易取逆。但是，求解 M_{vv}^{-1} 和 M_{uu}^{-1} 将比较困难。如果 $M = I \otimes F + G \otimes I$,，那么其逆可以近似为 [350]

$$M^{-1} \approx \sum_{k=1}^{K} c_k \mathrm{e}^{-t_k F} \otimes \mathrm{e}^{-t_k G} \tag{7.34}$$

7.5 数值仿真实验

基于黎曼最速下降法，本节给出一些函数的最小化方法 [314]，并通过数值仿真实验进行分析与讨论。相关的函数有

(1) $f(x) = \sqrt{-\lg[x_1(1-x_1)x_2(1-x_2)]}$;

(2) $f(x) = \lg\{1 - \lg[x_1(1-x_1)x_2(1-x_2)]\}$;

(3) $f(x)=\arctan\{-\lg[x_1(1-x_1)x_2(1-x_2)]\}$。

在本节的数值实验中，将给出上述函数在单位球面约束下的最小化结果，即

$$\min\{f(x):x\in S^{n-1}\}$$

7.5.1　数值仿真实验一

本节实验将求解下面的最优化问题：

$$\begin{aligned}\bar{f}:\quad &(0,1)^2\to\mathbf{R}\\ &x\mapsto \bar{f}(x)=\sqrt{-\lg[x_1(1-x_1)x_2(1-x_2)]}\end{aligned}$$

其约束是单位球面 $S^1=\{(x_1,x_2):x_1^2+x_2^2=1\}$，除去函数未定义的点，最优化问题可重写为

$$\begin{aligned}\bar{f}:\quad &S^1-Z\to\mathbf{R}\\ &x\mapsto f(x)=\sqrt{-\lg[x_1(1-x_1)x_2(1-x_2)]}\end{aligned}$$

其中，$Z=\{(0,1),(0,-1),(1,0),(-1,0)\}$。

基于上述约束，可得到

$$\mathrm{grad}f(x)=P_x\mathrm{grad}\bar{f}(x)$$

另外，也有

$$P_x\xi=\xi-xx^{\mathrm{T}}\xi$$

而且，函数 f 的梯度为

$$\mathrm{grad}=P_x\nabla\bar{f}(x)=[\nabla\bar{f}(x)]^{\mathrm{T}}-xx^{\mathrm{T}}[\nabla\bar{f}(x)]^{\mathrm{T}}\tag{7.35}$$

其中，$\Delta\bar{f}(x)$ 是函数 $\bar{f}$ 在欧氏空间梯度。本节所使用的收缩为

$$R_x\xi=\frac{x+\xi}{\|x+\xi\|}$$

得到的不同初始值下的数值仿真结果如表 7.5 所示。其中，x 表示算法的初始点；迭代次数表示算法在满足停止准则之前所迭代的次数；N 表示 Armijo 测试的次数；x_* 表示近似的最优值；$f^*(x_*)$ 表示最优值。具体实现过程可参见附录第 3 部分。

表 7.5 实验一的数值仿真结果

x	迭代次数	N	x_*	$f^*(x_*)$	$\|\text{grad}f(x_k)\|$
(0.40, 0.50)	5	10	(0.707110, 0.707104)	1.774554	0.0000081567
(0.10, 0.20)	7	17	(0.707108, 0.707106)	1.774554	0.0000028072
(0.30, 0.20)	8	19	(0.707106, 0.707108)	1.774554	0.0000028312
(0.70, 0.60)	7	15	(0.707108, 0.707105)	1.774554	0.0000047602
(0.50, 0.90)	7	15	(0.707105, 0.707109)	1.774554	0.0000054056

7.5.2 数值仿真实验二

本节实验将求解下面的最优化问题：

$$\begin{aligned}\bar{f}:\quad &(0,1)^2 \to \mathbf{R}\\ &x \mapsto \bar{f}(x) = \lg\{1-\lg[x_1(1-x_1)x_2(1-x_2)]\}\end{aligned}$$

其约束是单位球面 $S^1 = \{(x_1, x_2) : x_1^2 + x_2^2 = 1\}$，除去函数未定义的点，最优化问题可重写为

$$\begin{aligned}\bar{f}:\quad &S^1 - Z \to \mathbf{R}\\ &x \mapsto f(x) = \lg\{1-\lg[x_1(1-x_1)x_2(1-x_2)]\}\end{aligned}$$

其中，$Z = \{(0,1), (0,-1), (1,0), (-1,0)\}$。

基于上述约束，函数 f 的梯度为

$$\text{grad} = P_x \Delta \bar{f}(x) = [\Delta \bar{f}(x)]^{\mathrm{T}} - xx^{\mathrm{T}}[\Delta \bar{f}(x)]^{\mathrm{T}}$$

本节所使用的收缩为

$$R_x\xi = \frac{x+\xi}{\|x+\xi\|}$$

类似地，本节给出不同初始值下的数值仿真结果，如表 7.6 所示。

表 7.6 实验二的数值仿真结果

x	迭代次数	N	x_*	$f^*(x_*)$	$\|\text{grad}f(x_k)\|$
(0.40, 0.50)	13	13	(0.707094, 0.707120)	0.617948	0.0000088995
(0.10, 0.20)	14	14	(0.707120, 0.707094)	0.617948	0.0000089828
(0.30, 0.20)	12	12	(0.707115, 0.707098)	0.617948	0.0000060181
(0.70, 0.60)	13	13	(0.707116, 0.707097)	0.617948	0.0000065265
(0.50, 0.90)	14	14	(0.707094, 0.707119)	0.617948	0.0000086185

7.5.3　数值仿真实验三

本节实验将求解下面的最优化问题：

$$\begin{aligned}\bar{f}:\ & (0,1)^2 \to \mathbf{R}\\ & x \mapsto \bar{f}(x) = \arctan\{-\lg[x_1(1-x_1)x_2(1-x_2)]\}\end{aligned}$$

其约束是单位球面 $S^1 = \{(x_1, x_2) : x_1^2 + x_2^2 = 1\}$，除去函数未定义的点，最优化问题可重写为

$$\begin{aligned}\bar{f}:\ & S^1 - Z \to \mathbf{R}\\ & x \mapsto f(x) = \arctan\{-\lg[x_1(1-x_1)x_2(1-x_2)]\}\end{aligned}$$

其中，$Z = \{(0,1), (0,-1), (1,0), (-1,0)\}$。

基于上述约束，函数 f 的梯度为

$$\text{grad} = P_x \Delta \bar{f}(x) = [\Delta \bar{f}(x)]^{\mathrm{T}} - xx^{\mathrm{T}}[\Delta \bar{f}(x)]^{\mathrm{T}}$$

本节所使用的收缩为

$$R_x \xi = \frac{x+\xi}{\|x+\xi\|}$$

类似地，本节给出不同初始值下的数值仿真结果，如表 7.7 所示。

表 7.7　实验三的数值仿真结果

x	迭代次数	N	x_*	$f^*(x_*)$	$\\|\text{grad}f(x_k)\\|$
(0.40, 0.50)	16	16	(0.707097, 0.707116)	1.263311	0.0000057703
(0.10, 0.20)	15	15	(0.707117, 0.707097)	1.263311	0.0000059702
(0.30, 0.20)	15	15	(0.707119, 0.707094)	1.263311	0.0000075497
(0.70, 0.60)	15	15	(0.707119, 0.707094)	1.263311	0.0000077137
(0.50, 0.90)	17	17	(0.707092, 0.707121)	1.263311	0.0000089079

7.5.4　数值仿真实验四

本节实验将求解下面的最优化问题：

$$\begin{aligned}\bar{f}:\ & \mathbf{R}^2 \to \mathbf{R}\\ & x \mapsto \bar{f}(x) = x_1^2 + \frac{1}{2}x_2^2\end{aligned}$$

其约束是单位球面 $S^1 = \{(x_1, x_2) : x_1^2 + x_2^2 = 1\}$，最优化问题可重写为

$$\begin{aligned}\bar{f}:\ & S^1 \to \mathbf{R}\\ & x \mapsto f(x) = x_1^2 + \frac{1}{2}x_2^2\end{aligned}$$

其中，$Z=\{(0,1),(0,-1),(1,0),(-1,0)\}$。

基于上述约束，函数 f 的梯度为

$$\text{grad} = P_x \Delta \bar{f}(x) = [\Delta \bar{f}(x)]^{\mathrm{T}} - xx^{\mathrm{T}}[\Delta \bar{f}(x)]^{\mathrm{T}}$$

问题（7.38）的最优解是 $(0,1)$ 或 $(0,-1)$。本节所使用的收缩为

$$R_x\xi = \frac{x+\xi}{\|x+\xi\|}$$

类似地，本节给出不同初始值下的数值仿真结果，如表 7.8 所示。

表 7.8 实验四的数值仿真结果

x	迭代次数	N	x_*	$f^*(x_*)$	$\\|\text{grad} f(x_k)\\|$
(3.0, 4.0)	3	3	(0.000000, 1.000000)	0.500012	0.0000001225
(1.0, 2.8)	4	13	(0.000000, 1.000000)	0.500000	0.00000000000008
(5.0, 3.0)	5	20	(0.000000, 1.000000)	0.500013	0.00000013609
(1.5, 0.6)	6	11	(0.000000, 1.000000)	0.500000	0.0000000000004
(0.7, 0.9)	4	4	(0.000000, 1.000000)	0.500000	0.00000000000004

7.6 本章小结

本章基于黎曼流形优化理论，针对一类特征值问题，即单位球面约束的 Rayleigh 商以及 Stiefel 流形上的 Brockett 函数最小化问题，充分利用特定流形的几何结构特性，结合黎曼梯度和收缩，给出了黎曼最速下降法和黎曼牛顿法的具体推导过程及实现细节。在此基础上，给出了基于低秩流形优化的 JD 方法的推导过程，如低秩 Jacobi 修正方程、子空间加速等，最后分析了相关算法的计算复杂度。

参 考 文 献

[1] Michael S. A Comprehensive Introduction to Differential Geometry[M]. 3rd ed. Houston: Publish or Perish Inc, 1979.

[2] 陈维桓, 李兴校. 黎曼几何引论[M]. 北京: 北京大学出版社, 2002.

[3] 忻元龙. 黎曼几何讲义[M]. 上海: 复旦大学出版社, 2010.

[4] 曼克勒斯, 芒克里斯. 流形上的分析[M]. 谢孔彬, 谢云鹏, 译. 北京: 科学出版社, 2012.

[5] 伍鸿熙, 沈纯理, 虞言林. 黎曼几何初步[M]. 北京: 高等教育出版社, 2014.

[6] 丘成桐, 杨乐, 季理真. 陈省身与几何学的发展[M]. 北京: 高等教育出版社, 2011.

[7] William M B. An Introduction to Differentiable Manifolds and Riemannian Geometry[M]. San Diego: Academic Press, 1986.

[8] Jost J. Riemannian Geometry and Geometric Analysis[M]. Berlin: Springer, 2011.

[9] Absil P A, Mahony R, Sepulchre R. Optimization Algorithms on Matrix Manifolds[M]. Princeton: Princeton University Press, 2008.

[10] Bonnabel S. Stochastic gradient descent on Riemannian manifolds[J]. IEEE Transactions on Automatic Control, 2013, 58(9): 2217-2229.

[11] Himmelblau D M. Applied Nonlinear Programming[M]. New York: McGraw-Hill, 1972.

[12] Luenberger D G. Introduction to Linear and Nonlinear Programming[M]. Boston: Addison-Wesley, 1973.

[13] Bazaraa M S, Sherali H D, Shetty C M. Nonlinear Programming—Theory and Algorithms[M]. 2nd ed. Hoboken: John Wiley, 1979.

[14] Bertsekas D P. Nonlinear Programming[M]. 3rd ed. Nashua: Athena Scientific, 2016.

[15] Borwein J M, Lewis A S. Convex Analysis and Nonlinear Optimization: Theory and Examples[M]. Berlin: Springer, 2000.

[16] Luenberger D G, Ye Y. Linear and Nonlinear Programming[M]. 3rd ed. New York: Springer, 2008.

[17] Gill P E, Murray W, Saunders M A. Snopt: An SQP algorithm for large-scale constrained optimization[J]. SIAM Review, 2005, 47(1): 99-131.

[18] Nesterov Y. Introductory Lectures on Convex Optimization[M]. New York: Springer, 2014.

[19] Grant M, Boyd S. CVX: MATLAB software for disciplined convex programming, version 2.1[J/OL]. http://cvxr.com/cvx/. [2019-07-02].

[20] Becker S R, Candès E J, Grant M C. Templates for convex cone problems with applications to sparse signal recovery[J]. Mathematical Programming Computation, 2011, 3(3):

165-218.
[21] 袁亚湘. 非线性规划数值方法[M]. 上海: 上海科学技术出版社, 1993.
[22] 袁亚湘. 信赖域方法的收敛性[J]. 计算数学, 1994，16(3): 333-346.
[23] 袁亚湘, 孙文瑜. 最优化理论与方法[M]. 北京: 科学出版社, 1997.
[24] 袁亚湘. 非线性优化计算方法[M]. 北京: 科学出版社, 2008.
[25] 谢政, 李建平, 汤泽滢. 非线性最优化[M]. 长沙: 国防科技大学出版社, 2006.
[26] 席少霖. 非线性最优化方法[M]. 北京: 高等教育出版社, 1992.
[27] Balasubramanian M, Schwartz E L. The isomap algorithm and topological stability[J]. Science, 2002, 295(5552): 1-3.
[28] Tenenbaum J B, Silva V D, Langford J C. A global geometric framework for nonlinear dimensionality reduction[J]. Science, 2000, 290(5500): 2319-2323.
[29] Bachmann C M, Ainsworth T L, Fusina R A. Exploiting manifold geometry in hyperspectral imagery[J]. IEEE Transactions on Geoscience & Remote Sensing, 2005, 43(3): 441-454.
[30] Lin T, Zha H B. Riemannian manifold learning[J]. IEEE Transactions on Pattern Analysis and Machine Intelligence, 2008, 30(5): 796-809.
[31] Ma Y Q, Fu Y. Manifold Learning Theory and Applications[M]. Boca Raton: CRC Press, 2011.
[32] Zhang H Y, He W, Zhang L P, et al. Hyperspectral image restoration using low-rank matrix recovery[J]. IEEE Transactions on Geoscience and Remote Sensing, 2014, 52(8): 4729-4743.
[33] Chen P. Optimization algorithms on subspaces: Revisiting missing data problem in low-rank matrix[J]. International Journal of Computer Vision, 2008, 80(1): 125-142.
[34] 黄建国, 孙连山, 叶中行. 黎曼流形上带 Armijo 步长准则优化算法[J]. 上海交通大学学报, 2002, 36(2): 267-271.
[35] 董承非. 基于黎曼流形的随机优化算法及在计算金融中的应用[D]. 上海: 上海交通大学, 2003.
[36] 段玲. 黎曼流形上若干优化算法设计、理论分析及其数值模拟[D]. 上海: 上海交通大学, 2003.
[37] 刘俊凯, 王雪松, 王涛, 等. 信息几何在脉冲多普勒雷达目标检测中的应用[J]. 国防科技大学学报, 2011，33(2): 77-80.
[38] 宋如意. 基于黎曼流形上的优化方法求解稀疏 PCA[D]. 上海: 复旦大学, 2012.
[39] 程永强. 雷达信号处理的信息理论与几何方法研究[D]. 长沙: 国防科技大学, 2012.
[40] 章建军. 流形上的优化算法及其在图像拼接与盲源分离中的应用[D]. 南京: 南京航空航天大学, 2013.
[41] 章建军, 曹杰, 王源源. Stiefel 流形上的梯度算法及其在特征提取中的应用[J]. 雷达学报, 2013, 2(3): 309-313.
[42] 黎湘. 雷达信号处理的信息几何方法[M]. 北京: 科学出版社, 2014.

[43] 孙华飞. 信息几何导引[M]. 北京: 科学出版社, 2016.

[44] 王越. 基于矩阵恢复问题的黎曼流形上的牛顿法和改进的奇异值阈值算法[D]. 厦门: 厦门大学, 2016.

[45] Markovsky I. Low Rank Approximation: Algorithms, Implementation, Applications[M]. New York: Springer, 2011.

[46] Luenberger D G. The gradient projection method along geodesics[J]. Management Science, 1972, 18(11): 620-631.

[47] Gabay D. Minimizing a differentiable function over a differential manifold[J]. Journal of Optimization Theory & Applications, 1982, 37(2): 177-219.

[48] Helmke U, Moore J B. Optimization and Dynamical Systems[M]. Berlin: Springer-Verlag, 1994.

[49] Edelman A, Arias T A, Smith S T. The geometry of algorithms with orthogonality constraints[J]. SIAM Journal Matrix Analysis & Applications, 1998, 20(2): 303-353.

[50] Absil P A, Mahony R, Sepulchre R. A Grassmann-Rayleigh quotient iteration for computing invariant subspaces[C]. Proceedings of the IEEE Conference on Decision and Control, Sydney, 2000: 57-73.

[51] Baker C G. Riemannian manifold trust-region methods with applications to eigenproblems[D]. Tallahassee: Florida State University, 2008.

[52] Vandereycken B. Riemannian and multilevel optimization for rank-constrained matrix problems[D]. Flanders: Katholieke Universiteit Leuven, 2010.

[53] Qi C. Numerical optimization methods on Riemannian manifolds[D]. Tallahassee: Florida State University, 2011.

[54] Mishra B. A Riemannian approach to large-scale constrained least-squares with symmetries[D]. Liège: Université de Liège, 2014.

[55] Kovnatsky A, Glashoff K, Bronstein M M. MADMM: A generic algorithm for non-smooth optimization on manifolds[C]. The 14th European Conference on Computer Vision, Amsterdam, 2016: 680-696.

[56] Zhang H Y, Sra S. First-order methods for geodesically convex optimization[C]. Proceedings of the 29th Conference on Learning Theory, New York, 2016: 1617-1638.

[57] Sato H, Iwai T. A new, globally convergent Riemannian conjugate gradient method[J]. Optimization, 2015, 64(4): 1011-1031.

[58] Sato H. A Dai-Yuan-type Riemannian conjugate gradient method with the weak Wolfe conditions[J]. Computational Optimization and Applications, 2016, 64(1): 101-118.

[59] Zhou G F, Huang W, Gallivan K A, et al. A Riemannian rank-adaptive method for low-rank optimization[J]. Neurocomputing, 2016, 192: 72-80.

[60] Zhang H Y, Reddi S J, Sra S. Riemannian SVRG: Fast stochastic optimization on Riemannian manifolds[C]. The 30th Conference on Advances in Neural Information Processing Systems, Barcelona, 2016: 4592-4600.

[61] Xu Z Q, Ke Y P, Gao X. A fast stochastic Riemannian eigensolver[C]. Proceedings of the Conference on Uncertainty in Artificial Intelligence (UAI), Sydney, 2017: 1-10.

[62] Kasai H, Sato H, Mishra B. Riemannian stochastic variance reduced gradient on Grassmann manifold[C]. The Fifth International Conference on Continuous Optimization, Tokyo, 2016: 1-5.

[63] Kasai H, Sato H, Mishra B. Riemannian stochastic quasi-Newton algorithm with variance reduction and its convergence analysis[C]. Proceedings of the Twenty-First International Conference on Artificial Intelligence and Statistics, Playa Blanca, 2018: 269-278.

[64] Seyedehsomayeh H, André U. A Riemannian gradient sampling algorithm for nonsmooth optimization on manifolds[J]. SIAM Journal on Optimization, 2017, 27(1): 173-189.

[65] Meyer G, Bonnabel S, Sepulchre R. Regression on fixed-rank positive semidefinite matrices: a Riemannian approach[J]. Journal of Machine Learning Research, 2011, 12(3): 593-625.

[66] Minh H Q, Murino V. Algorithmic Advances in Riemannian Geometry and Applications[M]. New York: Springer, 2016.

[67] Ring W, Wirth B. Optimization methods on Riemannian manifolds and their application to shape space[J]. SIAM Journal on Optimization, 2012, 22(2): 596-627.

[68] Wen Z W, Yin W T. A feasible method for optimization with orthogonality constraints[J]. Mathematical Programming, 2013, 142(1): 397-434.

[69] Boumal N, Mishra B, Absil P A, et al. Manopt, a matlab toolbox for optimization on manifolds[J]. The Journal of Machine Learning Research, 2014, 15(1): 1455-1459.

[70] Boumal N, Absil P A. Low-rank matrix completion via trust regions on the Grassmann manifold[J]. Linear Algebra & Its Applications, 2012, 475: 200-239.

[71] Huang W, Absil P A, Gallivan K A. A Riemannian symmetric rank-one trust-region method[J]. Mathematical Programming, 2015, 150(2): 179-216.

[72] Uschmajew A, Vandereycken B. Greedy rank updates combined with Riemannian descent methods for low-rank optimization[C]. International Conference on Sampling Theory and Applications, Washington, 2015: 420-424.

[73] Pompili F, Gillis N, Absil P A, et al. ONP-MF: An orthogonal nonnegative matrix factorization algorithm with application to clustering[C]. European Symposium on Artificial Neural Networks, Computational Intelligence and Machine Learning, Bruges, 2013: 297-302.

[74] Jia C, Evans B L. Constrained 3D rotation smoothing via global manifold regression for video stabilization[J]. IEEE Transactions on Signal Processing, 2014, 62(13): 3293-3304.

[75] Boumal N, Absil P A, Cartis C. Global rates of convergence for nonconvex optimization on manifolds[J]. IMA Journal of Numerical Analysis, 2018, 39(1): 1-33.

[76] Sirković P, Kressner D. Subspace acceleration for large-scale parameter-dependent Hermitian eigenproblems[J]. SIAM Journal on Matrix Analysis and Applications, 2016,

37(2): 695-718.

[77] Agarwal N, Boumal N, Bullins B, et al. Adaptive regularization with cubics on manifolds with a first-order analysis[J/OL]. https://arxiv.org/pdf/1806.00065.pdf. [2019-07-02].

[78] Mishra B, Meyer G, Bach F, et al. Low-rank optimization with trace norm penalty[J]. SIAM Journal on Optimization, 2012, 1112(4): 2124-2149.

[79] Sarkis M, Diepold K. Camera-pose estimation via projective Newton optimization on the manifold[J]. IEEE Transactions on Image Processing, 2012, 21(4): 1729-1741.

[80] Borckmans P B, Selvan S E, Boumal N, et al. A Riemannian subgradient algorithm for economic dispatch with valve-point effect[J]. Journal of Computational & Applied Mathematics, 2014, 255(285): 848-866.

[81] Kressner D, Steinlechner M, Vandereycken B. Low-rank tensor completion by Riemannian optimization[J]. BIT Numerical Mathematics, 2014, 54(2): 447-468.

[82] Wang Z, Lai M J, Lu Z S, et al. Orthogonal rank-one matrix pursuit for low rank matrix completion[J]. SIAM Journal on Scientific Computing, 2014, 37(1): 488-514.

[83] Kressner D, Steinlechner M, Vandereycken B. Preconditioned low-rank Riemannian optimization for linear systems with tensor product structure[J]. SIAM Journal on Scientific Computing, 2015, 38(4): 2018-2044.

[84] Li Z Z, Zhao D L, Lin Z C, et al. A new retraction for accelerating the Riemannian three-factor low-rank matrix completion algorithm[C]. IEEE Conference on Computer Vision and Pattern Recognition, Boston, 2015: 4530-4538.

[85] Xie Y, Huang J J, Willett R. Multiscale online tracking of manifolds[C]. IEEE Statistical Signal Processing Workshop, Ann Arbor, 2012: 620-623.

[86] Usevich K, Markovsky I. Optimization on a Grassmann manifold with application to system identification[J]. Automatica, 2014, 50(6): 1656-1662.

[87] Hosseini S, Huang W, Yousefpour R. Line search algorithms for locally Lipschitz functions on Riemannian manifolds[J]. SIAM Journal on Optimization, 2018, 28(1): 596-619.

[88] Pedersen K S. Unscented Kalman filtering on Riemannian manifolds[J]. Journal of Mathematical Imaging & Vision, 2013, 46(1): 103-120.

[89] Hintermüller M, Wu T. Robust principal component pursuit via inexact alternating minimization on matrix manifolds[J]. Journal of Mathematical Imaging & Vision, 2015, 51(3): 361-377.

[90] Rakhuba M, Oseledets I. Jacobi-Davidson method on low-rank matrix manifolds[J]. SIAM Journal on Scientific Computing, 2017, 40(2): 1149-1170.

[91] Laus F, Nikolova M, Persch J, et al. A nonlocal denoising algorithm for manifold-valued images using second order statistics[J]. SIAM Journal on Imaging Sciences, 2017, 10(1): 416-448.

[92] Breiding P, Vannieuwenhoven N. A Riemannian trust region method for the canonical tensor rank approximation problem[J]. SIAM Journal on Optimization, 2018, 28(3):

2435-2465.

[93] Absil P A, Hosseini S. A collection of nonsmooth Riemannian optimization problems[M]. //Hosseini S, Mordukhovich B S, Uschmajew A. Nonsmooth Optimization and Its Applications. Cham: Springer Birkhäuser, 2019.

[94] Amari S I, Chen T P, Cichocki A. Nonholonomic orthogonal learning algorithms for blind source separation[J]. Neural Computation, 2000, 12(6): 1463-1484.

[95] Douglas S C. Self-stabilized gradient algorithms for blind source separation with orthogonality constraints[J]. IEEE Transactions on Neural Networks, 2000, 11(6): 1490-1497.

[96] Rahbar K, Reilly J. Geometric optimization methods for blind source separation of signals[C]. International Workshop on Independent Component Analysis and Signal Separation, Finland, 2000: 375-380.

[97] Pham D T. Joint approximate diagonalization of positive definite Hermitian matrices[J]. SIAM Journal on Matrix Analysis and Applications, 2001, 22(4): 1136-1152.

[98] Zhang L Q, Cichocki A, Amari S. Natural gradient algorithm for blind separation of overdetermined mixture with additive noise[J]. IEEE Signal Processing Letters, 1999, 6(11): 293-295.

[99] Joho M, Rahbar K. Joint diagonalization of correlation matrices by using Newton methods with application to blind signal separation[C]. Proceedings of Sensor Array and Multichannel Signal Processing Workshop, Rosslyn, 2002: 403-407.

[100] Nikpour M, Manton J H, Hori G. Algorithms on the stiefel manifold for joint diagonalisation[C]. IEEE International Conference on Acoustics, Speech, and Signal Processing, Orlando, 2002: 1-4.

[101] Nishimori Y, Akaho S. Learning algorithms utilizing quasi-geodesic flows on the Stiefel manifold[J]. Neurocomputing, 2005, 67: 106-135.

[102] Absil P A, Gallivan K A. Joint diagonalization on the oblique manifold for independent component analysis[C]. IEEE International Conference on Acoustics, Speech and Signal Processing, Toulouse, 2006: 1-4.

[103] Wu M Q, Wang C Y. Spatial and temporal fusion of remote sensing data using wavelet transform[C]. International Conference on Remote Sensing, Environment and Transportation Engineering, Nanjing, 2011: 1581-1584.

[104] Ma Y, Košecká J, Sastry S. Optimization criteria and geometric algorithms for motion and structure estimation[J]. International Journal of Computer Vision, 2001, 44(3): 219-249.

[105] Lee P Y, Moore J B. Pose estimation via Gauss-Newton on manifold[C]. Proceedings of the Sixth International Symposium on Mathematical Theory of Networks and Systems, Pacific Grove, 2004: 131-135.

[106] Helmke U, Hüper K, Lee P Y, et al. Essential matrix estimation using Gauss-Newton iterations on a manifold[J]. International Journal of Computer Vision, 2007, 74(2): 117-

136.

[107] Huang W. Optimization algorithms on Riemannian manifolds with applications[D]. Tallahassee: Florida State University, 2014.

[108] Huang W, Gallivan K A, Absil P A. A Broyden class of quasi-Newton methods for Riemannian optimization[J]. SIAM Journal on Optimization, 2015, 25(3): 1660-1685.

[109] Genicot M, Huang W, Trendafilov N T. Weakly correlated sparse components with nearly orthonormal loadings[C]. International Conference on Geometric Science of Information, Palaiseau, 2015: 484-490.

[110] Jolliffe I T, Trendafilov N T, Uddin M. A modified principal component technique based on the LASSO[J]. Journal of Computational & Graphical Statistics, 2003, 12(3): 531-547.

[111] Zou H, Hastie T, Tibshirani R. Sparse principal component analysis[J]. Journal of Computational & Graphical Statistics, 2006, 15(2): 265-286.

[112] D'Aspremont A, Ghaoui L E, Jordan M I, et al. A direct formulation for sparse PCA using semidefinite programming[J]. SIAM Review, 2007, 49(3): 434-448.

[113] Journee M, Nesterov Y, Richtarik P, et al. Generalized power method for sparse principal component analysis[J]. Journal of Machine Learning Research, 2010, 11: 517-553.

[114] Grohs P, Hosseini S. ϵ-subgradient algorithms for locally Lipschitz functions on Riemannian manifolds[J]. Advances in Computational Mathematics, 2016, 42(2): 333-360.

[115] Cambier L, Absil P A. Robust low-rank matrix completion by Riemannian optimization[J]. SIAM Journal on Scientific Computing, 2016, 38(5): 440-460.

[116] Candes E J, Eldar Y C, Strohmer T, et al. Phase retrieval via matrix completion[J]. SIAM Review, 2015, 57(2): 225-251.

[117] Ando T, Li C K, Mathias R. Geometric means[J]. Linear Algebra and Its Applications, 2003, 385(1): 305-334.

[118] Rentmeesters Q, Absil P A. Algorithm comparison for Karcher mean computation of rotation matrices and diffusion tensors[C]. The 19th European Signal Processing Conference, Barcelona, 2011: 2229-2233.

[119] Jeuris B, Vandebril R, Vandereycken B. A survey and comparison of contemporary algorithms for computing the matrix geometric mean[J]. Electronic Transactions on Numerical Analysis, 2012, 39: 379-402.

[120] Dario A B, Bruno I. Computing the Karcher mean of symmetric positive definite matrices[J]. Linear Algebra and Its Applications, 2013, 438(4): 1700-1710.

[121] Yuan X R, Huang W, Absil P A, et al. A Riemannian limited-memory BFGS algorithm for computing the matrix geometric mean[J]. Procedia Computer Science, 2016, 80: 2147-2157.

[122] Yuan X R, Huang W, Absil P A, et al. A Riemannian quasi-Newton method for computing the Karcher mean of symmetric positive definite matrices[J/OL]. https://www.math.

fsu.edu/~whuang2/pdf/SPDKarhcerMean_Tech_Rep.pdf. [2019-07-02].

[123] Lu W S, Pei S C, Wang P H. Weighted low-rank approximation of general complex matrices and its application in the design of 2-D digital filters[J]. IEEE Transactions on Circuits and Systems I: Fundamental Theory and Applications, 1997, 44(7): 650-655.

[124] Zhou G F, Huang W, Gallivan K A, et al. Rank-constrained optimization: A Riemannian manifold approach[C]. Proceeding of 23rd European Symposium on Artificial Neural Networks, Computational Intelligence and Machine Learning, Bruges, 2015: 249-254.

[125] Grohs P, Sprecher M. Total variation regularization on Riemannian manifolds by iteratively reweighted minimization[J]. Information and Inference: A Journal of the IMA, 2016, 5(4): 353-378.

[126] Bačák M, Bergmann R, Steidl G, et al. A second order non-smooth variational model for restoring manifold-valued images[J]. SIAM Journal on Scientific Computing, 2015, 38(1): 567-597.

[127] Grohs P, Hosseini S. Nonsmooth trust region algorithms for locally Lipschitz functions on Riemannian manifolds[J]. IMA Journal of Numerical Analysis, 2014, 36(3): 1167-1192.

[128] Laga H, Kurtek S, Srivastava A, et al. A Riemannian elastic metric for shape-based plant leaf classification[C]. International Conference on Digital Image Computing Techniques and Applications, Fremantle, 2012: 1-7.

[129] Drira H, Amor B B, Srivastava A, et al. 3D face recognition under expressions, occlusions, and pose variations[J]. IEEE Transactions on Pattern Analysis & Machine Intelligence, 2013, 35(9): 2270-2283.

[130] Huang W, Gallivan K A, Srivastava A, et al. Riemannian optimization for registration of curves in elastic shape analysis[J]. Journal of Mathematical Imaging and Vision, 2016, 54(3): 320-343.

[131] Huang W, Gallivan K A, Srivastava A, et al. Riemannian optimization for registration of curves in elastic shape analysis[J/OL]. https://www.math.fsu.edu/~whuang2/pdf/Elastic_Shape_Analysis_techrep_v2.pdf. [2019-07-02].

[132] Huang W, You Y Q, Gallivan K, et al. Karcher mean in elastic shape analysis[C]. Proceedings of the 1st International Workshop on Differential Geometry in Computer Vision for Analysis of Shapes, Images and Trajectories, Swansea, 2015: 1-11.

[133] Journee M, Bach F, Absil P A, et al. Low-rank optimization on the cone of positive semidefinite matrices[J]. SIAM Journal on Optimization, 2010, 20(5): 2327-2351.

[134] Zhao Z, Bai Z J, Jin X Q. A Riemannian Newton algorithm for nonlinear eigenvalue problems[J]. SIAM Journal on Matrix Analysis & Applications, 2015, 36(2): 752-774.

[135] Hand P, Lee C, Voroninski V. ShapeFit: Exact location recovery from corrupted pairwise directions[J]. Communications on Pure & Applied Mathematics, 2015, 71(1): 3-50.

[136] Douik A, Hassibi B. Manifold optimization over the set of doubly stochastic matrices: A second-order geometry[J]. IEEE Transactions on Signal Processing, 2019, 67(22): 5761-5774.

[137] Yatawatta S. Radio interferometric calibration using a Riemannian manifold[C]. IEEE International Conference on Acoustics, Speech and Signal Processing, Vancouver, 2013: 3866-3870.

[138] Gonzalez C A, Wertz O, Absil O, et al. VIP: Vortex image processing package for high-contrast direct imaging[J]. Astronomical Journal, 2017, 154(1): 1-12.

[139] Huang W, Hand P. Blind deconvolution by a steepest descent algorithm on a quotient manifold[J]. SIAM Journal on Imaging Sciences, 2018, 11(4): 2757-2785.

[140] Boumal N. Discrete curve fitting on manifolds[D]. Brussels: Catholic University of Louvain, 2010.

[141] Bendory T, Boumal N, Ma C, et al. Bispectrum inversion with application to multireference alignment[J]. IEEE Transactions on Signal Processing, 2018, 66(4): 1037-1050.

[142] Lee J M. Introduction to Smooth Manifolds[M]. New York: Springer-Verlag, 2003.

[143] Lee J M. Riemannian Manifolds: An Introduction to Curvature[M]. New York: Springer-Verlag, 1997.

[144] Vandereycken B, Vandewalle S. Local Fourier analysis for tensor-product multigrid[J]. AIP Conference Proceedings, 2009, 1168(1): 354-356.

[145] Vandereycken B, Vandewalle S. A Riemannian optimization approach for computing low-rank solutions of Lyapunov equations[J]. SIAM Journal on Matrix Analysis & Applications, 2010, 31(5): 2553-2579.

[146] Moravec M, Moravec J. Locally symmetric submanifolds lift to spectral manifolds[J/OL]. https://arxiv.org/abs/1212.3936. [2019-07-02].

[147] Lee J M. Introduction to Smooth Manifolds[M]. 北京: 世界图书出版公司, 2008.

[148] Stewart G W, Mahajan A. Matrix Algorithms, Volume II: Eigensystems[M]. Philadelphia: Society for Industrial and Applied Mathematics, 2001.

[149] Helmke U, Shayman M A. Critical points of matrix least squares distance functions[J]. Linear Algebra & Its Applications, 1995, 215(2): 1-19.

[150] VanLoan C F. The ubiquitous Kronecker product[J]. Journal of Computational & Applied Mathematics, 2000, 123(1): 85-100.

[151] Hairer E, Lubich C, Wanner G. Geometric Numerical Integration[M]. New York: Springer, 2002.

[152] Amari S. Natural gradient learning for over- and under-complete bases in ICA[J]. Neural Computation, 1999, 11(8): 1875-1883.

[153] Theis F J, Cason T P, Absil P A. Soft dimension reduction for ICA by joint diagonalization on the Stiefel manifold[C]. International Conference on Independent Component Analysis and Signal Separation, Paraty, 2009: 354-361.

[154] Vandereycken B. Low-rank matrix completion by Riemannian optimization[J]. SIAM Journal on Optimization, 2013, 23(2): 1214-1236.

[155] Shalit U, Weinshall D, Chechik G. Online learning in the embedded manifold of low-rank matrices[J]. Journal of Machine Learning Research, 2012, 13(1): 429-458.

[156] Mishra B, Meyer G, Sepulchre R. Fixed-rank matrix factorizations and Riemannian low-rank optimization[J]. Computational Statistics, 2014, 29(3-4): 591-621.

[157] Mishra B, Meyer G, Sepulchre R. Low-rank optimization for distance matrix completion[C]. The 50th IEEE Conference on Decision and Control and European Control Conference, Orlando, 2011: 4455-4460.

[158] Jawanpuria P, Mishra B. A unified framework for structured low-rank matrix learning[C]. Proceedings of the 35th International Conference on Machine Learning, Stockholm, 2018: 2259-2268.

[159] Grubisic I, Pietersz R. Efficient rank reduction of correlation matrices[J]. Linear Algebra & Its Applications, 2004, 422(2): 629-653.

[160] Dirr G, Helmke U, Lageman C. Nonsmooth Riemannian optimization with applications to sphere packing and grasping[J]. Lecture Notes in Control and Information Sciences, 2007, 366: 29-45.

[161] Machado A, Salavessa I. Grassmannian manifolds as subsets of Euclidean spaces[J]. Differential Geometry, 1984: 85-102.

[162] Absil P A, Mahony R, Sepulchre R. Riemannian geometry of Grassmann manifolds with a view on algorithmic computation[J]. Acta Applicandae Mathematica, 2004, 80(2): 199-220.

[163] Absil P A, Baker C G, Gallivan K A. Trust-region methods on Riemannian manifolds[J]. Foundations of Computational Mathematics, 2007, 7(3): 303-330.

[164] Baker C G, Absil P A, Gallivan K A. An implicit trust-region method on Riemannian manifolds[J]. IMA Journal of Numerical Analysis, 2008, 28(4): 665-689.

[165] Leichtweiss K. Zur Riemannschen geometrie in Grassmannschen mannig-faltigkeiten[J]. Mathematische Zeitschrift, 1961, 76(1): 334-366.

[166] Manton J H. Optimization algorithms exploiting unitary constraints[J]. IEEE Transactions on Signal Processing, 2002, 50(3): 635-650.

[167] Shub M. Some remarks on dynamical systems and numerical analysis in dynamical systems and partial differential equations[C]. Proc. VII ELAM, Caracas, 1986: 69-91.

[168] Adler R L, Dedieu J, Margulies J Y, et al. Newton's method on Riemannian manifolds and a geometric model for the human spine[J]. IMA Journal of Numerical Analysis, 2000, 22(3): 359-390.

[169] Bloch A. Hamiltonian and Gradient Flows, Algorithms and Control[M]. Ann Arbor: American Mathematical Society, 1994.

[170] Udrişte C. Convex Functions and Optimization Methods on Riemannian Manifolds[M]. Dordrecht: Kluwer Academic Publishers, 1994.

[171] Edelman A, Arias T A, Smith S T. The geometry of algorithms with orthogonality constraints[J]. SIAM Journal on Matrix Analysis and Applications, 1999, 20(2): 303-353.

[172] Yang Y. Globally convergent optimization algorithms on Riemannian manifolds: Uniform framework for unconstrained and constrained optimization[J]. Journal of Optimization Theory & Applications, 2007, 132(2): 245-265.

[173] Smith S T. Geometric Optimization Methods for Adaptive Filtering[D]. Cambridge: Harvard University, 1993.

[174] Shub M. Some remarks on dynamical systems and numerical analysis[J]. Plos One, 2012, 7(8): 69-91.

[175] Owren B, Welfert B. The Newton iteration on Lie groups[J]. BIT Numerical Mathematics, 2000, 40(1): 121-145.

[176] Mahony R, Manton J H. The geometry of the Newton method on non-compact Lie groups[J]. Journal of Global Optimization, 2002, 23(3-4): 309-327.

[177] Dedieu J P, Priouret P, Malajovich G. Newton's method on Riemannian manifolds: Convariant alpha theory[J]. IMA Journal of Numerical Analysis, 2003, 23(3): 395-419.

[178] Huper K, Trumpf J. Newton-like methods for numerical optimization on manifolds[C]. Conference Record of the Thirty-Eighth Asilomar Conference on Signals, Systems and Computers, Pacific Grove, 2004: 136-139.

[179] Hager W W, Zhang H. A survey of nonlinear conjugate gradient methods[J]. Pacific Journal of Optimization, 2006, 2(1): 35-58.

[180] Smith S T. Optimization techniques on Riemannian manifolds[J]. Fields Institute Communications, 1994, 3(3): 113-135.

[181] Nocedal J, Wright S J. Numerical Optimization[M]. 3rd ed. New York: Springer, 2006.

[182] Powell M J D. Convergence properties of a class of minimization algorithms[C]. Proceedings of the Special Interest Group on Mathematical Programming Symposium, Madison, 1975: 1-27.

[183] Sorensen D C. Newton's method with a model trust region modification[J]. SIAM Journal on Numerical Analysis, 1982, 19(2): 409-426.

[184] More J J, Sorensen D C. Newton's method[J]. Mathematical Association of America, 1984, 24: 29-82.

[185] Conn A R, Gould N I M, Toint P L. Trust-Region Methods[M]. Philadelphia: Society for Industrial and Applied Mathematics, 2000.

[186] Walmag J M B, Delhez E J M. A note on trust-region radius update[J]. SIAM Journal on Optimization, 2005, 16(2): 548-562.

[187] Nocedal J, Wright S J. Numerical Optimization[M]. New York: Springer, 1999.

[188] Moré J J, Sorensen D C. Computing a trust region step[J]. SIAM Journal on Scientific & Statistical Computing, 1983, 4(3): 553-572.

[189] Gould N I M, Lucidi S, Roma M, et al. Solving the trust-region subproblem using the Lanczos method[J]. SIAM Journal on Optimization, 1999, 9(2): 504-525.

[190] Steihaug T. The conjugate gradient method and trust regions in large scale optimization[J]. SIAM Journal on Numerical Analysis, 1983, 20(3): 626-637.

[191] Powell M J D. A new algorithm for unconstrained optimization[C]. Proceedings of the Special Interest Group on Mathematical Programming Symposium, Madison, 1970: 31-65.

[192] Dennis J E, Mei H H W. Two new unconstrained optimization algorithms which use function and gradient values[J]. Journal of Optimization Theory and Applications, 1979, 28(4): 453-482.

[193] Byrd R H, Schnabel R B, Shultz G A. Approximate solution of the trust region problem by minimization over two-dimensional subspaces[J]. Mathematical Programming, 1988, 40(1-3): 247-263.

[194] Hager W W. Minimizing a quadratic over a sphere[J]. SIAM Journal on Optimization, 2001, 12(1): 188-208.

[195] Absil P A, Baker C G, Gallivan K A, et al. Adaptive model trust region methods for generalized eigenvalue problems[J]. Lecture Notes in Computer Science, 2005, 3514(4): 3-26.

[196] Absil P A, Baker C G, Gallivan K A. A truncated-cg style method for symmetric generalized eigenvalue problems[J]. Journal of Computational & Applied Mathematics, 2006, 189(1): 274-285.

[197] Celledoni E, Iserles A. Methods for the approximation of the matrix exponential in a Lie-algebraic setting[J]. IMA Journal of Numerical Analysis, 2001, 21(2): 463-488.

[198] Dedieu J P, Nowicki D. Symplectic methods for the approximation of the exponential map and the Newton iteration on Riemannian submanifolds[J]. Journal of Complexity, 2005, 21(4): 487-501.

[199] Roychowdhury A, Parthasarathy S. Accelerated stochastic quasi-Newton optimization on Riemann manifolds[J/OL]. https://arxiv.org/abs/1704.01700v1. [2019-07-02].

[200] Kasai H, Sato H, Mishra B. Riemannian stochastic variance reduced gradient on Grassmann manifold[J/OL]. https://arxiv.org/abs/1605.07367. [2019-07-02].

[201] Hosseini R, Sra S. An alternative to EM for Gaussian mixture models: Batch and stochastic Riemannian optimization[J]. Mathematical Programming, 2019, 181: 1-37.

[202] Nilesh T, Nicolas F, Franci S B, et al. Averaging stochastic gradient descent on Riemannian manifolds[C]. Proceedings of the International Conference on Learning Theory, Stockholm, 2018: 650-687.

[203] Kasai H, Sato H, Mishra B. Riemannian stochastic recursive gradient algorithm[C]. Proceedings of the 35th International Conference on Machine Learning, Stockholm, 2018: 2516-2524.

[204] Ian B, Jonathan M. An improved BFGS-on-manifold algorithm for computing weighted low rank approximations[C]. Proceedings of the 17th International Symposium on Mathematical Theory of Networks and Systems, Kyoto, 2006: 1735-1738.

[205] Gallivan K A, Qi C, Absil P A. A Riemannian Dennis-Moré Condition in High-Performance Scientific Computing: Algorithms and Applications[M]. London: Springer, 2012.

[206] Seibert M, Kleinsteuber M, Hüper K. Properties of the BFGS method on Riemannian manifolds[J]. The European Physical Journal D—Atomic, Molecular, Optical and Plasma Physics, 2013, 5(1): 89-96.

[207] Yuan X, Huang W, Absil P A, et al. A Riemannian limited-memory BFGS algorithm for computing the matrix geometric mean[J]. Procedia Computer Science, 2016, 80: 2147-2157.

[208] Yuan X R, Huang W, Absil P A, et al. A Riemannian quasi-Newton method for computing the karcher mean of symmetric positive definite matrices[R]. Tallahassee: Florida State University, 2017.

[209] Huang W, Absil P A, Gallivan K A. A Riemannian BFGS method without differentiated retraction for nonconvex optimization problems[J]. SIAM Journal on Optimization, 2018, 28(1): 470-495.

[210] Savas B, Lim L. Quasi-Newton methods on Grassmannians and multilinear approximations of tensors[J]. SIAM Journal on Scientific Computing, 2010, 32(6): 3352-3393.

[211] Khalfan H F, Byrd R H, Schnabel R B. A theoretical and experimental study of the symmetric rank one update[J]. SIAM Journal on Optimization, 1993, 3(1): 1-24.

[212] Byrd R H, Khalfan H F, Schnabel R B. Analysis of a symmetric rank-one trust region method[J]. SIAM Journal on Optimization, 1996, 6(4): 1025-1039.

[213] Dennis J E, Schnabel R B. Numerical Methods for Unconstrained Optimization and Nonlinear Equations[M]. Philadelphia: Society for Industrial and Applied Mathematics, 1996.

[214] Byrd R, Liu D, Nocedal J. On the behavior of Broyden's class of quasi-Newton methods[J]. SIAM Journal on Optimization, 1992, 2(4): 533-557.

[215] Absil P A, Oseledets I V. Low-rank retractions: A survey and new results[J]. Computational Optimization and Applications, 2015, 62(1): 5-29.

[216] Koch O, Lubich C. Dynamical low-rank approximation[J]. SIAM Journal on Matrix Analysis & Applications, 2007, 29(2): 434-454.

[217] Absil P A, Malick J. Projection-like retractions on matrix manifolds[J]. SIAM Journal on Optimization, 2011, 22(1): 135-158.

[218] Absil P A, Amodei L, Meyer G. Two Newton methods on the manifold of fixed-rank matrices endowed with Riemannian quotient geometries[J]. Computational Statistics, 2014, 29(3-4): 569-590.

[219] Lubich C, Oseledets I V. A projector-splitting integrator for dynamical low-rank approximation[J]. BIT Numerical Mathematics, 2013, 54(1): 171-188.

[220] Golub G H, Van Loan C F. Matrix Computations[M]. 3rd ed. Baltimore: The Johns Hopkins University Press, 1996.

[221] Rosen J B. The gradient projection method for nonlinear programming[J]. Journal of the Society for Industrial and Applied Mathematics, 1961, 8(1): 181-217.

[222] Pan H, Jing Z L, Qiao L F, et al. Discriminative structured dictionary learning on Grassmann manifolds and its application on image restoration[J]. IEEE Transactions on Cybernetics, 2018, 48(10): 2875-2886.

[223] Pan H, Jing Z L, Li M Z. Robust image restoration via random projection and partial sorted ℓp norm[J]. Neurocomputing, 2017, 222: 72-80.

[224] Banham M R, Katsaggelos A K. Digital image restoration[J]. IEEE Signal Processing Magazine, 1997, 14(2): 24-41.

[225] Gunturk B K, Li X. Image Restoration: Fundamentals and Advances[M]. Boca Raton: CRC Press, 2012.

[226] Peng Y G, Suo J L, Dai Q H, et al. Reweighted low-rank matrix recovery and its application in image restoration[J]. IEEE Transactions on Cybernetics, 2014, 44(12): 2418-2430.

[227] Liu Q, Chen M Y, Zhou D H. Single image haze removal via depth based contrast stretching transform[J]. Science China Information Sciences, 2015, 58(1): 1-17.

[228] Jing Z L, Pan H, Li Y K, et al. Non-Cooperative Target Tracking, Fusion and Control: Algorithms and Advances[M]. New York: Springer International Publishing, 2018.

[229] Jing Z L, Pan H, Xiao G. Application to Environmental Surveillance: Dynamic Image Estimation Fusion and Optimal Remote Sensing with Fuzzy Integral[M]. New York: Springer, 2015.

[230] Wang N N, Tao D C, Gao X B, et al. A comprehensive survey to face hallucination[J]. International Journal of Computer Vision, 2014, 106(1): 9-30.

[231] Hu Y T, Wang N N, Tao D C, et al. SERF: A simple, effective, robust, and fast image super-resolver from cascaded linear regression[J]. IEEE Transactions on Image Processing, 2016, 25(9): 4091-4102.

[232] El-Alfy H, Mitsugami I, Yagi Y. Gait recognition based on normal distance maps[J]. IEEE Transactions on Cybernetics, 2017, 48(5): 1526-1539.

[233] Zou Q, Ni L H, Wang Q, et al. Robust gait recognition by integrating inertial and RGBD sensors[J]. IEEE Transactions on Cybernetics, 2018, 48(4): 1136-1150.

[234] Sui Y, Wang G H, Zhang L. Correlation filter learning toward peak strength for visual tracking[J]. IEEE Transactions on Cybernetics, 2018, 48(4): 1290-1303.

[235] Wang L T, Zhang L, Yi Z. Trajectory predictor by using recurrent neural networks in visual tracking[J]. IEEE Transactions on Cybernetics, 2017, 47(10): 3172-3183.

[236] Wang N N, Gao X B, Sun L Y, et al. Bayesian face sketch synthesis[J]. IEEE Transactions on Image Processing, 2017, 26(3): 1264-1274.

[237] Rodríguez P, Rojas R, Wohlberg B. Mixed Gaussian-impulse noise image restoration via total variation[C]. IEEE International Conference on Acoustics, Speech and Signal Processing, Kyoto, 2012: 1077-1080.

[238] Zou C Z, Xia Y S. Poissonian hyperspectral image super resolution using alternating direction optimization[J]. IEEE Journal of Selected Topics in Applied Earth Observations and Remote Sensing, 2016, 9(9): 4464-4479.

[239] Aharon M, Elad M, Bruckstein A. K-SVD: An algorithm for designing overcomplete dictionaries for sparse representation[J]. IEEE Transactions on Signal Processing, 2006, 54(11): 4311-4322.

[240] Yu G S, Sapiro G, Mallat S. Image modeling and enhancement via structured sparse model selection[C]. The 17th IEEE International Conference on Image Processing, Hong Kong, 2010: 1641-1644.

[241] Garnett R, Huegerich T, Chui C, et al. A universal noise removal algorithm with an impulse detector[J]. IEEE Transactions on Image Processing, 2005, 14(11): 1747-1754.

[242] Hwang H, Haddad R. Adaptive median filters: New algorithms and results[J]. IEEE Transactions on Image Processing, 1995, 4(4): 499-502.

[243] Xia Y S, Leung H, Kamel M S. A discrete-time learning algorithm for image restoration using a novel L2-norm noise constrained estimation[J]. Neurocomputing, 2016, 198: 155-170.

[244] Feng W S, Qiao P, Chen Y J. Fast and accurate poisson denoising with trainable nonlinear diffusion[J]. IEEE Transactions on Cybernetics, 2018, 48(6): 1708-1719.

[245] Wright J, Ma Y, Mairal J, et al. Sparse representation for computer vision and pattern recognition[J]. Proceedings of the IEEE, 2010, 98(6): 1031-1044.

[246] Chen T, Wu H R. Adaptive impulse detection using center-weighted median filters[J]. IEEE Signal Processing Letters, 2001, 8(1): 1-3.

[247] Cai J F, Chan R H, Nikolova M. Two-phase approach for deblurring images corrupted by impulse plus Gaussian noise[J]. Inverse Problems and Imaging, 2008, 2(2): 187-204.

[248] Dabov K, Foi A, Katkovnik V, et al. Image denoising by sparse 3-D transform-domain collaborative filtering[J]. IEEE Transactions on Image Processing, 2007, 16(8): 2080-2095.

[249] Dabov K, Foi A, Katkovnik V. Video denoising by sparse 3D transform-domain collaborative filtering[C]. Proceedings of the 15th European Signal Processing Conference,

Poznan, 2007: 145-149.

[250] Xiao Y, Zeng T Y, Yu J, et al. Restoration of images corrupted by mixed Gaussian-impulse noise via $\ell1$-$\ell0$ minimization[J]. Pattern Recognition, 2011, 44(8): 1708-1720.

[251] Filipovic M, Jukic A. Restoration of images corrupted by mixed Gaussian-impulse noise by iterative soft-hard thresholding[C]. Proceedings of the 22nd European Signal Processing Conference, Lisbon, 2014: 1637-1641.

[252] Xia Y S, Kamel M S. Novel cooperative neural fusion algorithms for image restoration and image fusion[J]. IEEE Transactions on Image Processing, 2007, 16(2): 367-381.

[253] Elad M, Aharon M. Image denoising via sparse and redundant representations over learned dictionaries[J]. IEEE Transactions on Image Processing, 2006, 15(12): 3736-3745.

[254] Mairal J, Elad M, Sapiro G. Sparse representation for color image restoration[J]. IEEE Transactions on Image Processing, 2008, 17(1): 53-69.

[255] Dong W S, Zhang L, Shi G M, et al. Nonlocally centralized sparse representation for image restoration[J]. IEEE Transactions on Image Processing, 2013, 22(4): 1620-1630.

[256] Boumal N, Absil P A. Rtrmc: A Riemannian trust-regionmethod for low-rank matrix completion[C]. Advances in neural information processing systems, Granada, 2011: 406-414.

[257] Simonsson L, Eldén L. Grassmann algorithms for low rank approximation of matrices with missing values[J]. BIT Numerical Mathematics, 2010, 50(1): 173-191.

[258] Gasso G, Rakotomamonjy A, Canu S. Recovering sparse signals with a certain family of nonconvex penalties and DC programming[J]. IEEE Transactions on Signal Processing, 2009, 57(12): 4686-4698.

[259] Ho J, Yang M H, Lim J, et al. Clustering appearances of objects under varying illumination conditions[C]. IEEE Computer Society Conference on Computer Vision and Pattern Recognition, Madison, 2003: 11-18.

[260] Zelnik-Manor L, Rosenblum K, Eldar Y C. Dictionary optimization for block-sparse representations[J]. IEEE Transactions on Signal Processing, 2012, 60(5): 2386-2395.

[261] Bao C L, Cai J F, Ji H. Fast sparsity-based orthogonal dictionary learning for image restoration[C]. IEEE International Conference on Computer Vision, Sydney, 2013: 3384-3391.

[262] Rusu C, Dumitrescu B. Block orthonormal overcomplete dictionary learning[C]. Proceedings of the 21st European Signal Processing Conference, Marrakech, 2013: 1-5.

[263] Harandi M, Sanderson C, Shen C, et al. Dictionary learning and sparse coding on Grassmann manifolds: An extrinsic solution[C]. Proceedings of International Conference on Computer Vision, Sydney, 2013: 3120-3127.

[264] Harandi M, Hartley R, Shen C, et al. Extrinsic methods for coding and dictionary learning on Grassmann manifolds[J]. International Journal of Computer Vision, 2015,

114(2-3): 113-136.

[265] Mittal S, Meer P. Conjugate gradient on Grassmann manifolds for robust subspace estimation[J]. Image and Vision Computing, 2012, 30(6): 417-427.

[266] Xu J, Zhang L, Zuo W M, et al. Patch group based nonlocal self-similarity prior learning for image denoising[C]. IEEE International Conference on Computer Vision, Santiago, 2015: 244-252.

[267] Chen F, Zhang L, Yu H M. External patch prior guided internal clustering for image denoising[C]. Proceedings of the IEEE International Conference on Computer Vision, Santiago, 2015: 603-611.

[268] Larson E C, Chandler D M. Most apparent distortion: Full-reference image quality assessment and the role of strategy[J]. Journal of Electronic Imaging, 2010, 19(1): 011006-011017.

[269] Ponomarenko N, Lukin V, Zelensky A, et al. TID2008—A database for evaluation of full-reference visual quality assessment metrics[J]. Advances of Modern Radioelectronics, 2009, 10(4): 30-45.

[270] Sun W, Zhou F, Liao Q M. MDID: A multiply distorted image database for image quality assessment[J]. Pattern Recognition, 2017, 61: 153-168.

[271] Zhang L, Zhang L, Mou M Q, et al. FSIM: A feature similarity index for image quality assessment[J]. IEEE Transactions on Image Processing, 2011, 20(8): 2378-2386.

[272] 敬忠良, 肖刚, 李振华. 图像融合: 理论与应用[M]. 北京: 高等教育出版社, 2007.

[273] Chen Z, Pu H Y, Wang B, et al. Fusion of hyperspectral and multispectral images: A novel framework based on generalization of pan-sharpening methods[J]. IEEE Geoscience and Remote Sensing Letters, 2014, 11(8): 1418-1422.

[274] Leung H, Mukhopadhyay S C. Intelligent Environmental Sensing[M]. New York: Springer, 2015.

[275] Pan H, Jing Z L, Liu R L, et al. Simultaneous spatial-temporal image fusion using Kalman filtered compressed sensing[J]. Optical Engineering, 2012, 51(5): 1-12.

[276] Pan H, Jing Z L, Qiao L F, et al. Visible and infrared image fusion using ℓ_0-generalized total variation model[J]. Science China Information Sciences, 2018, 61(4): 049103.

[277] Huang B, Song H H. Spatiotemporal reflectance fusion via sparse representation[J]. IEEE Transactions on Geoscience & Remote Sensing, 2012, 50(10): 3707-3716.

[278] Vivone G, Alparone L, Chanussot J, et al. A critical comparison among pansharpening algorithms[J]. IEEE Transactions on Geoscience and Remote Sensing, 2015, 53(5): 2565-2586.

[279] Loncan L, de Almeida L B, Bioucas-Dias J M, et al. Hyperspectral pansharpening: A review[J]. IEEE Geoscience and Remote Sensing Magazine, 2015, 3(3): 27-46.

[280] Yokoya N, Grohnfeldt C, Chanussot J. Hyperspectral and multispectral data fusion: A comparative review of the recent literature[J]. IEEE Geoscience & Remote Sensing

Magazine, 2017, 5(2): 29-56.

[281] Liu J G. Smoothing filter-based intensity modulation: A spectral preserve image fusion technique for improving spatial details[J]. International Journal of Remote Sensing, 2000, 21(18): 3461-3472.

[282] Psjr C, Sides S C, Anderson J A. Comparison of three different methods to merge multiresolution and multispectral data: Landsat tm and spot panchromatic[J]. Photogrammetric Engineering & Remote Sensing, 1991, 57(3): 265-303.

[283] Liao W Z, Huang X, Coillie F V, et al. Processing of multiresolution thermal hyperspectral and digital color data: Outcome of the 2014 IEEE GRSS data fusion contest[J]. IEEE Journal of Selected Topics in Applied Earth Observations & Remote Sensing, 2015, 8(6): 2984-2996.

[284] Moeller M, Wittman T, Bertozzi A L. A variational approach to hyperspectral image fusion[C]. SPIE Defense, Security, and Sensing, Orlando, 2009: 502-511.

[285] Simões M, Bioucas-Dias J, Almeida L B, et al. A convex formulation for hyperspectral image superresolution via subspace based regularization[J]. IEEE Transactions on Geoscience and Remote Sensing, 2015, 53(6): 3373-3388.

[286] Vivone G, Restaino R, Licciardi G, et al. Multiresolution analysis and component substitution techniques for hyperspectral pansharpening[C]. IEEE Geoscience and Remote Sensing Symposium, Quebec City, 2014: 2649-2652.

[287] Chen C, Li Y Q, Liu W, et al. Image fusion with local spectral consistency and dynamic gradient sparsity[C]. IEEE Conference on Computer Vision and Pattern Recognition, Columbus, 2014: 2760-2765.

[288] Chen C, Li Y Q, Liu W, et al. SIRF: Simultaneous satellite image registration and fusion in a unified framework[J]. IEEE Transactions on Image Processing, 2015, 24(11): 4213-4224.

[289] Yokoya N, Yairi T, Iwasaki A. Coupled nonnegative matrix factorization unmixing for hyperspectral and multispectral data fusion [J]. IEEE Transactions on Geoscience and Remote Sensing, 2012, 50(2): 528-537.

[290] Wei Q, Bioucas-Dias J, Dobigeon N, et al. Hyperspectral and multispectral image fusion based on a sparse representation[J]. IEEE Transactions on Geoscience and Remote Sensing, 2014, 53(7): 3658-3668.

[291] Zhu X X, Spiridonova S, Bamler R. A pan-sharpening algorithm based on joint sparsity[C]. Tyrrhenian Workshop on Advances in Radar and Remote Sensing, Naples, 2012: 177-184.

[292] Zhu X X, Grohnfeldt C, Bamler R. Collabrative sparse image fusion with application to pan-sharpening[C]. The 18th International Conference on Digital Signal Processing, Fira, 2013: 1-6.

[293] Zhu X X, Grohnfeldt C, Bamler R. Exploiting joint sparsity for pan-sharpening: The

j-sparsefi algorithm[J]. IEEE Transactions on Geoscience and Remote Sensing, 2016, 54(5): 2664-2681.

[294] Zhang Y F, He M Y. Multi-spectral and hyperspectral image fusion using 3-D wavelet transform[J]. Journal of Electronics, 2007, 24(2): 218-224.

[295] Zhang Y F, Backer S D, Scheunders P. Noise-resistant wavelet-based Bayesian fusion of multispectral and hyperspectral images[J]. IEEE Transactions on Geoscience and Remote Sensing, 2009, 47(11): 3834-3843.

[296] Selva M, Aiazzi B, Butera F, et al. Hyper-sharpening: A first approach on SIM-GA data[J]. IEEE Journal of Selected Topics in Applied Earth Observations and Remote Sensing, 2015, 8(6): 3008-3024.

[297] Wei J B, Wang L Z, Liu P, et al. Spatiotemporal fusion of MODIS and landsat-7 reflectance images via compressed sensing[J]. IEEE Transactions on Geoscience and Remote Sensing, 2017, 55(12): 7126-7139.

[298] Xu Y, Huang B, Xu Y Y, et al. Spatial and temporal image fusion via regularized spatial unmixing[J]. IEEE Geoscience & Remote Sensing Letters, 2015, 12(6): 1362-1366.

[299] Bioucasdias J, Plaza A, Dobigeon N, et al. Hyperspectral unmixing overview: Geometrical, statistical, and sparse regression-based approaches[J]. IEEE Journal of Selected Topics in Applied Earth Observations & Remote Sensing, 2012, 5(2): 354-379.

[300] Kovnatsky A, Glashoff K, Bronstein M M. MADMM: A generic algorithm for non-smooth optimization on manifolds[C]. European Conference on Computer Vision, Amsterdam, 2016: 680-696.

[301] Lewis A S, Malick J. Alternating projections on manifolds[J]. Mathematics of Operations Research, 2008, 33(1): 216-234.

[302] Saad Y, Thanh T N. Scaled gradients on Grassmann manifolds for matrix completion[C]. Proceedings of the 25th International Conference on Neural Information Processing Systems, Siem Reap, 2012: 1412-1420.

[303] Eckstein J, Bertsekas D P. On the Douglas-Rachford splitting method and the proximal point algorithm for maximal monotone operators[J]. Mathematical Programming, 1992, 55(1-3): 293-318.

[304] Nascimento J M P, Dias J M B. Vertex component analysis: A fast algorithm to unmix hyperspectral data[J]. IEEE Transactions on Geoscience & Remote Sensing, 2005, 43(4): 898-910.

[305] Condat L. Fast projection onto the simplex and the $\ell 1$ ball[J]. Mathematical Programming, 2016, 158(1-2): 575-585.

[306] Baumgardner M F, Biehl L L, Landgrebe D A. 220 band AVIRIS hyperspectral image data set: June 12, 1992 Indian pine test site 3[J/OL]. https://purr.purdue.edu/publications/1947/1. [2019-07-02].

[307] Alparone L, Baronti S, Aiazzi B, et al. Spatial methods for multispectral pansharpening:

Multiresolution analysis demystified[J]. IEEE Transactions on Geoscience & Remote Sensing, 2016, 54(5): 2563-2576.

[308] Garzelli A, Nencini F, Capobianco L. Optimal MMSE pan sharpening of very high resolution multispectral images[J]. IEEE Transactions on Geoscience & Remote Sensing, 2007, 46(1): 228-236.

[309] Lee J, Lee C. Fast and efficient panchromatic sharpening[J]. IEEE Transactions on Geoscience and Remote Sensing, 2010, 48(1): 155-163.

[310] Wei Q, Dobigeon N, Tourneret J, et al. R-fuse: Robust fast fusion of multiband images based on solving a Sylvester equation[J]. IEEE Signal Processing Letters, 2016, 23(11): 1632-1636.

[311] Wald L. Quality of high resolution synthesised images: Is there a simple criterion[C]. Third Conference: Fusion of Earth Data: Merging Point Measurements, Raster Maps and Remotely Sensed Images, Sophia Antipolis, 2000: 99-103.

[312] KruseF, Lefkoff A, Boardman J, et al. The spectral image processing system (SIPS)—Interactive visualization and analysis of imaging spectrometer data[J]. Remote Sensing of Environment, 1993, 44(2): 145-163.

[313] Garzelli A, Nencini F. Hypercomplex quality assessment of multi/hyperspectral images[J]. IEEE Geoscience & Remote Sensing Letters, 2009, 6(4): 662-665.

[314] Quiroz E A P, Quispe E M, Oliveira P R. Steepest descent method with a generalized Armijo search for quasiconvex functions on Riemannian manifolds[J]. Journal of Mathematical Analysis & Applications, 2008, 341(1): 467-477.

[315] Cruzado E, Quiroz E A P. An implementation of the steepest descent method using retractions on Riemannian manifolds[J/OL]. http://www.optimization-online.org/DB_FILE/2015/04/4881.pdf. [2019-07-02].

[316] Rakhuba M, Oseledets I. Jacobi-Davidson method on low-rank matrix manifolds[J]. SIAM Journal on Scientific Computing, 2018, 40(2): 1149-1170.

[317] Parlett B N, The Symmetric Eigenvalue Problem[M]. Philadelphia: Society for Industrial and Applied Mathematics, Mathematics, 1980.

[318] Sorensen, Danny C. Numerical methods for large eigenvalue problem[J]. Acta Numerica, 1992, 11(11): 519-584.

[319] Hestenes M R. A method of gradients for the calculation of the characteristic roots and vectors of a real symmetric matrix[J]. Journal of Research of the National Bureau of Standards, 1951, 47(1): 45-61.

[320] Brockett R W. Differential geometry and the design of gradient algorithms[C]. Proceedings of Symposia in Pure Mathematics, Rhode Island, 1993, 45: 69-92.

[321] Moore J B, Mahony R E, Helmke, et al. Numerical gradient algorithms for eigenvalue and singular value calculations[J]. SIAM Journal on Matrix Analysis & Applications, 1994, 15(3): 881-902.

[322] Chu M T. Numerical methods for inverse singular value problems[J]. SIAM Journal on Numerical Analysis, 1992, 29(3): 885-903.

[323] Mahony R. Optimization algorithms on homogeneous spaces: With applications in linear systems theory[D]. Canberra: Australian National University, 1994.

[324] Mahony R E, Helmke U, Moore J B. Gradient algorithms for principal component analysis[J]. Anziam Journal, 1996, 37(4): 430-450.

[325] Moser J, Veselov A P. Discrete versions of some classical integrable systems and factorization of matrix polynomials[J]. Communications in Mathematical Physics, 1991, 139(2): 217-243.

[326] Sanz-Serna J M. Symplectic integrators for Hamiltonian problems: An overview[J]. Acta Numerica, 1992, 1: 243-286.

[327] Knyazev A V. Toward the optimal preconditioned eigensolver: Locally optimal block preconditioned conjugate gradient method[J]. SIAM Journal on Scientific Computing, 2006, 23(2): 517-541.

[328] Hetmaniuk U, Lehoucq R. Basis selection in LOBPCG[J]. Journal of Computational Physics, 2006, 218(1): 324-332.

[329] Oseledets I V. Tensor-train decomposition[J]. SIAM Journal on Scientific Computing, 2011, 33(5): 2295-2317.

[330] White S R. Density matrix formulation for quantum renormalization groups[J]. Physical Review Letters, 1992, 69(19): 2863-2866.

[331] Ostlund S, Rommer S. Thermodynamic limit of density matrix renormalization[J]. Physical Review Letters, 1995, 75(19): 3537-3540.

[332] Schollwock U. The density-matrix renormalization group in the age of matrix product states[J]. Annals of Physics, 2010, 326(1): 96-192.

[333] Holtz S, Rohwedder T, Schneider R. The alternating linear scheme for tensor optimization in the tensor train format[J]. SIAM Journal on Scientific Computing, 2012, 34(2): 683-713.

[334] Dolgov S V, Khoromskij B N, Oseledets I V, et al. Computation of extreme eigenvalues in higher dimensions using block tensor train format[J]. Computer Physics Communications, 2013, 185(4): 1207-1216.

[335] Dolgov S V, Savostyanov D V. Corrected one-site density matrix renormalization group and alternating minimal energy algorithm[C]. Numerical Mathematics and Advanced Application, Lausanne, 2013: 335-343.

[336] Beylkin G, Mohlenkamp M J. Numerical operator calculus in higher dimensions[C]. Proceedings of the National Academy of Sciences of the United States of America, 2002, 99(16): 10246-10251.

[337] Hackbusch W, Khoromskij B N, Sauter S. Use of tensor formats in elliptic eigenvalue problems[J]. Numerical Linear Algebra with Applications, 2012, 19(1): 133-151.

[338] Kressner D, Tobler C. Preconditioned low-rank methods for high-dimensional elliptic PDE eigenvalue problems[J]. Computational Methods in Applied Mathematics, 2011, 11(3): 363-381.

[339] Lebedeva O S. Block tensor conjugate gradient-type method for Rayleigh quotient minimization in two-dimensional case[J]. Computational Mathematics & Mathematical Physics, 2010, 50(5): 749-765.

[340] Lebedeva O S. Tensor conjugate-gradient-type method for Rayleigh quotient minimization in block QTT-format[J]. Russian Journal of Numerical Analysis & Mathematical Modelling, 2011, 26(5): 465-489.

[341] Grasedyck L, Kressner D, Tobler C. A literature survey of low-rank tensor approximation techniques[J]. GAMM-mitteilungen, 2013, 36(1): 53-78.

[342] Vidyasagar M, Desoer C A. Nonlinear systems analysis[J]. IEEE Transactions on Systems Man & Cybernetics, 1978, 10(8): 537-538.

[343] Guckenheimer J, Holmes P. Nonlinear oscillations, dynamical systems, and bifurcations of vector fields[J]. SIAM Review, 1984, 26(4): 600-601.

[344] Bertsekas D P. Nonlinear Programming[M]. 2nd ed. Nashua: Athena Scientific, 1999.

[345] Absil P A, Mahony R, Trumpf J. An extrinsic look at the Riemannian Hessian[C]. International Conference on Geometric Science of Information, Paris, 2013: 361-368.

[346] Rakhuba M, Oseledets I. Calculating vibrational spectra of molecules using tensor train decomposition[J]. Journal of Chemical Physics, 2016, 145(12): 2041-2059.

[347] Davidson E R. The iterative calculation of a few of the lowest eigenvalues and corresponding eigenvectors of large real-symmetric matrices[J]. Journal of Computational Physics, 1975, 17(1): 87-94.

[348] Notay Y. Combination of Jacobi-Davidson and conjugate gradients for the partial symmetric eigenproblem[J]. Numerical Linear Algebra with Applications, 2002, 9(1): 21-44.

[349] Sleijpen G L G, van der Vorst H A. A Jacobi-Davidson iteration method for linear eigenvalueproblems[J]. SIAM Review, 2000, 42(2): 267-293.

[350] Khoromskij B N. Tensor-structured preconditioners and approximate inverse of elliptic operators in R^{d}[J]. Constructive Approximation, 2009, 30(3): 599-620.

附　　录

1. 单位球面约束 Rayleigh 商最小化的 MATLAB 代码

```
X0=input('输入一个初始化向量X0: ');
% 计算输入变量的L2范数
X0_norm = norm(X0);
disp('X0的单位向量X: ');
X = X0/norm(X0);
% 矩阵大小为 i*i
A=input('输入对称矩阵A: ');
% 实验参数
para_alpha = 1;
para_sigma = 0.5;
para_beta = 0.6;
% 近似误差
approx_epsilon = 0.00001;
% 最大迭代次数
iter_max = 100;
k = 1;
tst_Armijo = 0;
disp_str = sprintf('初始点X(i) is: %0.6f', X);
disp(disp_str);
while k<=iter_max,
fprintf('当前迭代 N:%d\n',k);
fprintf('迭代变量X:%0.6f\n',X);
% 计算黎曼梯度
rie_gradf = 2*(A*X-X*X'*A*X);
norm_df = norm(rie_gradf)
if norm_df>=approx_epsilon
    m=0;
f_actual = X'*A*X
% 计算搜索方向
f_eta = -2*(A*X-X*X'*A*X);
% 基于选定的收缩获取下一个迭代变量
```

```
R = (X+f_eta)/norm(X+f_eta);
f_vo = R'*A*R;
dif = f_actual-f_vo;
t = 1;
tst = para_sigma*t*f_eta'*f_eta;
tst_Armijo = tst_Armijo + 1;
     while dif<tst,
      m = m+1;
      tst_Armijo = tst_Armijo + 1;
      % 计算Armijo步长
      t = para_beta^m*para_alpha;
      % 基于选定的收缩获取下一个迭代变量
      r = (X+t*f_eta)/norm(X+t*f_eta);
      dif = f_actual-r'*A*r;
      tst = para_sigma*t*f_eta'*f_eta;
     end
     % 基于选定的收缩获取下一个迭代变量
     X = (X+t*f_eta)/norm(X+t*f_eta);
     fprintf('新的迭代谈到 x(i):%0.6f\n',X)
     k = k+1;
else
    fprintf('近似误差: %0.6f\n',norm_df)
    fprintf('获得的迭代变量x(i): %0.6f\n',X)
    fprintf('函数值: %0.6f\n', f_actual)
    fprintf('迭代次数: %d\n', k-1)
    fprintf('Armijo测试次数: %d\n', tst_Armijo);
    k = 100000;
end
end
if k>999999
    fprintf('迭代次数: %d\n',k);
    else
      fprintf('迭代次数达: %d\n',k-1);
      fprintf('Armijo测试次数: %d\n',tst_Armijo);
    end
```

2. 基于 Stiefel 流形优化的 Brockett 函数最小化 MATLAB 代码

```
M=input('输入一个初始化向量M: ');
```

```
% 大小为 n*p, 且进行QR分解
[Q,R] = qr(M);
A = input('输入一个对称矩阵A: ')
% 大小为n*n, 并将该正交矩阵用作初始点
X = Q;
% 向量的元素必须是0<=u_1<=u_2<=...<=u_p
u = input('输入向量u且0<=u_1<=u_2<=...<=u_p: ');
% 对角化
N = diag(u);
% 实验参数
para_alpha = 1;
para_sigma = 0.5;
para_beta = 0.6;
% 近似误差
approx_epsilon = 0.00001;
% 最大迭代次数
iter_max = 100;
k = 1;
tst_Armijo = 0;
fprintf('初始点X(i) is: %d', X);
while k<=iter_max
    fprintf('当前迭代数N:%d\n',k);
    fprintf('当前迭代变量X(i): %0.8\n',X);
    % 计算黎曼梯度
    rie_gradf = 2*(A*X*N)-(X*X'*A*X*N)-(X*N*X'*A*X);
    norm_df = norm(rie_gradf)
    if norm_df>=approx_epsilon
    m=0;
    f_actual = trace(X'*A*X*N)
    % 计算搜索方向
    f_eta = -2*(A*X*N)-(X*X'*A*X*N)-(X*N*X'*A*X);
    [S,T] = qr(X+f_eta);
    % 使用收缩进行更新迭代变量
    Re = S;
    f_vo = trace(Re'*A*Re*N);
    dif = f_actual-f_vo;
    t = 1;
    tst = para_sigma*t*f_eta'*f_eta;
```

```
    tst_Arm = tst_Armijo + 1;
while dif<tst,
    m = m+1;
    tst_Armijo = tst_Armijo + 1;
    % 计算Armijo步长
    t = para_beta^m*para_alpha;
    % 基于选定的收缩更新当前迭代变量
    [W,Z] = qr(X+t*f_eta);
    r = W;
    dif = f_actual-trace(r'*A*r*N);
    tst = para_sigma*t*f_eta'*f_eta;
end
    % 基于选定的收缩更新当前迭代变量
    [W,Z] = qr(X+t*f_eta);
    X = W;
    fprintf('新的迭代变量x(i):%d\n',X)
    k = k+1;
    else
    fprintf('近似误差: %0.6f\n',norm_df);
    fprintf('获得的迭代变量x(i): %0.6f\n',X);
    fprintf('函数值: %0.6f\n', f_actual);
    fprintf('迭代次数: %d\n', k-1);
    fprintf('Armijo测试次数: %d\n', tst_Armijo);
    k = 100000;
  end
end
if k>999999
    fprintf('迭代次数:%d\n',k);
    else
    fprintf('迭代次数达:%d\n',k-1);
    fprintf('Armijo测试次数: %d\n',tst_Armijo);
end
```

3. 7.5 节中实验一的 MATLAB 代码

```
% 实验参数
para_alpha = 1;
para_sigma = 0.5;
para_beta = 0.6;
```

```
% 近似误差
approx_epsilon = 0.00001;
% 最大迭代次数
iter_max = 100;
k = 1;
tst_Armijo = 0;
X=[0.50 0.90]';
fprintf('初始点X(i): %0.6f\n', X)
while k<=iter_max
    fprintf('当前迭代数N: %d\n',k)
    fprintf('用于当前迭代的点X(i): %0.6f',X);
    D1f = (-(1-2*X(1))*(X(2)-X(2)^2))/(2*(sqrt(-log10(X(1)*...
    (1-X(1))*X(2)*(1-X(2)))))*log(10)*(X(1)*(1-X(1))*...
    X(2)*(1-X(2))));
    D2f = (-(1-2*X(2))*(X(1)-X(1)^2))/(2*(sqrt(-log10(X(1)*...
    (1-X(1))*X(2)*(1-X(2)))))*log(10)*(X(1)*(1-X(1))*...
    X(2)*(1-X(2))));
    % 计算黎曼梯度
    rie_gradf = [D1f D2f]'-X*X'*[D1f D2f]';
    norm_df = norm(rie_gradf)
    if norm_df>=approx_epsilon
    m=0;
    f_actual = sqrt(-log(X(1)*(1-X(1))*X(2)*(1-X(2))))
    % 计算搜索方向
    f_eta = -rie_gradf;
    % 基于选定的收缩进行迭代变量更新
    R = (X+f_eta)/norm(X+f_eta);
    f_vo = sqrt(-log(R(1)*(1-R(1))*R(2)*(1-R(2))));
    dif = f_actual-f_vo;
    t = 1;
    tst = para_sigma*t*f_eta'*f_eta;
    tst_Armijo = tst_Armijo + 1;
while dif<tst,
    m = m+1;
    tst_Armijo = tst_Armijo + 1;
    % 计算Armijo步长
    t = para_beta^m*para_alpha;
    r = (X+t*f_eta)/norm(X+t*f_eta);
```

```
    % 基于选定的收缩更新迭代变量
    fn = sqrt(-log(r(1)*(1-r(1))*r(2)*(1-r(2))));
    dif = f_vo-fn;
    tst = para_sigma*t*f_eta'*f_eta;
end
    % 基于选定的收缩更新迭代变量
    X = (X+t*f_eta)/norm(X+t*f_eta);
    fprintf('新的迭代变量x(i):%0.6f\n',X)
    k = k+1;
else
    fprintf('近似误差: %0.6f\n',norm_df);
    fprintf('获得的迭代变量x(i): %0.6f\n',X);
    fprintf('函数值: %0.6f\n', f_actual);
    fprintf('迭代次数: %d\n', k-1);
    fprintf('Armijo测试次数: %d\n', tst_Armijo);
    k = 100000;
    end
 end
    if k>999999
    fprintf('迭代次数: %d\n',k);
    else
    fprintf('迭代次数达: %d\n',k-1);
    fprintf('Armijo测试次数: %d\n',tst_Armijo);
end
```

编 后 记

《博士后文库》是汇集自然科学领域博士后研究人员优秀学术成果的系列丛书。《博士后文库》致力于打造专属于博士后学术创新的旗舰品牌，营造博士后百花齐放的学术氛围，提升博士后优秀成果的学术和社会影响力。

《博士后文库》出版资助工作开展以来，得到了全国博士后管委会办公室、中国博士后科学基金会、中国科学院、科学出版社等有关单位领导的大力支持，众多热心博士后事业的专家学者给予积极的建议，工作人员做了大量艰苦细致的工作。在此，我们一并表示感谢！

《博士后文库》编委会